本书获得新世纪优秀人才支持计划（NCET-110856）

中央高校基本科研业务费专项资金（暨南远航计划：12JNYH002）

广东省人文社科重点研究基地暨南大学资源环境与可持续发展研究所项目
(2012JDXM_0009) 资助

HUANJING YUEShUXIA
ZHONGGUO JINGJI
JIXIAO YANJIU

环境约束下
中国经济绩效研究

基于全要素生产率的视角

王 兵 著

在可持续发展中，环境和资源不仅是经济发展的内生变量，
而且是经济发展规模和速度的刚性约束。

人民出版社

目 录

CONTENTS

序

大凡每个时代或一定的历史发展阶段，都不能回避发展尤其是经济发展这一永恒的主题，都要回答什么是经济发展（涉及数量纬度、速度纬度，涵盖技术含量、创新含量、结构优化含量的质量纬度，以及涵盖人力成本、社会成本、环境成本的成本纬度）、经济发展方式（怎样发展）、经济发展目标和任务（为谁发展）、经济发展的主体（依靠谁发展）、经济发展成果的分配（谁来享受发展成果）以及发展成果评估指标体系等。我们正处在一个波澜壮阔的历史性转型时期，非科学发展向科学发展的转型为重中之重。后者就是创新型发展（非依附型发展）、协调型发展、公平与和谐型发展、软发展（人这个经济发展主体自身的全面而自由地发展），以及绿色型发展的集合体。经济发展应该采取环境友好型和资源节约型发展模式而不是环境恶化型模式、资源耗竭性模式和人力资源耗竭性模式。2012年5月，联合国环境与经济核算委员会正式颁布了《环境与经济综合核算体系》（SEEA）框架白皮书，把自然资源与环境等因素考虑到国民经济账户中，建议各国用SEEA取代传统的SNA核算体系。"美丽中国"和经济强国应该是并行不悖的。"无边落木萧萧下，不尽长江滚滚来"（杜甫）；"潮平两岸阔，风正一帆悬"（王湾）、"五百里滇池奔来眼底"（孙髯）和"天苍苍，野茫茫，风吹草低见牛羊"（《敕勒歌》），就是凸显人与环境和谐发展的"美丽中国"的生动写照。这就是王兵的《环境约束下中国经济绩效研究——基于全要素生产率的视角》一书的大背景、积极意义和现实价值之所在。

中国作为一个新兴崛起的经济大国，尤其自改革开放以来，年均近10%的GDP增长率令世人瞩目。在当前世界经济普遍衰退的复杂情况下，中国经济仍以傲人的成绩独占鳌头。但在这华丽的名义GDP的掩饰下，"高增长、高污染"也成为中国经济发展的代名词。由于盲目的粗放型经济增长所带来的自然资源枯竭和环境污染损失,从而使原本和谐的社会、经济和自然系统一度失衡,这让曾经对经济崛起充满幻想的乐观主义者也开始权衡当前经济增长模式下所付出的沉重代价。对此,无论是从实务层面,还是学术层面,世界经济绿色国民核算体系下的真实 GDP 已成为我们关注的重点。"十二五"规划中,电力、能源、煤炭等高能耗、高污染行业都提出要寻求建立绿色生态系统以与能源、环境和谐发展。2009 年 11 月,国务院常务会议决定,到 2020 年我国单位国内生产总值二氧化碳排放比 2005 年下降 40%—45%,并把碳排放作为约束性指标纳入国民经济和社会发展中长期规划,进而,绿色经济、低碳经济发展理念和相关发展目标也被纳入"十二五"规划和相关产业发展规划。总之,名义的经济增长早已不是一个衡量一国发展水平的指标,而环境约束下的经济增长则成为众多学者研究重点。

在新古典学派的经济增长理论中,全要素生产率是衡量除去劳动、资本等有形生产资料以外的技术进步在生产中的作用,尤其自 20 世纪 60 年代以来,全要素生产率通常被作为长期经济增长的主要来源,是技术进步对经济发展作用的综合反映。面对中国经济的高速发展,国内外经济学者一直对中国的全要素生产率问题表现出极大的关注:中国的真实 GDP 究竟是多少? 技术进步对推动中国经济发展的贡献究竟是多少? 考虑环境成本后的全要素生产率究竟是多少?

《环境约束下中国经济绩效研究——基于全要素生产率的视角》(以下简称《环境约束》)一书就紧扣"环境约束"和"全要素生产率",利用数据包络分析(Data Envelopment Analysis, DEA)方法,对中国经济的真实发展水平,从跨国比较、各行业细分等角度,进行了严谨地剖析。《环境约束》一书不仅在理论研究上提出了新的观点与方法,同时对经济政策制定者也具有深远的指导意义。该书具有以下几个特点:

1. 研究方法的前沿性。中国生产率的研究需要一种能够解释和定量描述"缺乏效率的经济增长"的理论与经验方法,并且在研究中国宏观经济中价格信息缺乏。所以,用数据包络分析来研究中国环境约束下的全要素生产率。DEA 方法所具有的不需要构造函数形式,可以分解生产率等优点,无论是从理论研究还是实证分析方面,都为研究中国生产率提供了一种科学有效的方法。王兵从博士阶段便开始将 DEA 运用到中国宏观经济的研究中,我们合作发表在《经济研究》上的论文《技术效率、技术进步与生产率增长:基于 DEA 的实证分析》(2004 年第 12 期)是国内较早的相关研究成果之一,目前在中国期刊网上已经被引用超过 600 次。其后续研究成果在《数量经济技术经济研究》(2006 年第 8 期)、《经济研究》(2007 年第 5 期)、《经济研究》(2008 年第 5 期)、《经济研究》(2010 年第 5 期)、《经济研究》(2011 年第 5 期)等杂志相继发表。澳大利亚西澳大学还邀请他作为访问学者就这一问题进行学术交流。本书就是他近年来运用 DEA 方法对中国生产率研究成果的体现。王兵是较早应用这种方法评价包含污染物的中国经济绩效。但是,他并没有只局限于这一种传统的方法,而是在不断学习的过程中发展新的方法来保证对中国经济绩效评估的准确性,不仅为研究人员的深入探讨提供了一条有效的途径,也为相关部门的政策制定提出了有效的政策建议。比如,他对中国区域环境效率和全要素生产率的估计使用了更先进的 SBM 方向性距离函数,这种非角度、非径向的方法不仅解决了早期的角度性和径向性问题,同时对无效率值进行了有效分解;从而进一步探究导致无效率出现的根源,这对提高中国各省环境治理质量具有很实际的指导价值。再如,他考虑了研究对象的异质性问题,使用 Metafrontier－Malmquist－Luenberger 对环境约束下的中国长三角和珠三角的城市群的全要素生产率进行了分析,而不只是停留在早期的 Metafrontier 模型。

2. 研究视角的独特性。全要素生产率增长使得整个世界的生活水平在 20 世纪有了迅速地提高。在可持续发展中,资源和环境不仅是经济发展规模和速度的刚性约束,而且是经济发展的内生变量,但是传统的全要素生产率仅仅考虑劳动、资本等生产要素的投入约束,并没有考虑资源环境的约束,从而扭曲了对社会福利变化和经济绩效的评价,从而误导政策建议。为了将资源和环境因素纳入到效率和生产率的分析框架中,经济学家做了大量的工作,研究出了多样的测度方法。在日益严厉的节能减排约束下,全要素生产率对经济发展的推动作用,则取决于环境政策的设计和执行。成功的环境政策则有利于全要素生产率的提高和扩散。本书将环境约束纳入到效率和生产率的分析框架中,转变经济发展方式已经成为共识。在环境约束下,其主要的内涵之一就是经济发展的动力由投资驱动转为全要素生产率的提高。把节能减排作为加快转变经济发展方式的重要着力点,则意味着存在节能减排对全要素生产率提高的机制,即节能减排对加快转变经济发展方式的倒逼机制。全要素生产率就成为连接节能减排与经济发展方式转变之间的桥梁。所以,考虑了环境约束的效率和全要素生产率及其测度方法就为评价中国经济绩效提供了研究的独特视角。

3.研究内容的系统性。本书从多个层面、多个角度对环境约束下的中国经济绩效进行了研究。APEC包括了本地区所有重要的经济体和世界上最有活力、发展最快的经济组织。但其 CO_2 的排放量也占到了整个世界的大约60%。为了减排温室气体,从国际比较的角度研究了环境管制下APEC的生产率。区域经济发展差距的日益扩大和环境问题的日益恶化将影响到中国未来的可持续增长。从省级区域的角度研究了中国区域的环境效率和环境全要素生产率和环境约束下的中国全要素能源效率。工业经济是国民经济的主导,是衡量一个国家和地区生产力发展水平的重要标志,而工业尤其制造业是环境污染的主要源头,从工业经济的视角研究了环境约束下的中国区域工业效率、环境管制下中国制造业行业的效率与生产率、环境约束下中国火电行业的生产率。在改革开放中崛起的广东一直是国内经济发展的排头兵,作为改革开放的试验田和先行地区,广东一直是全国经济社会发展最快的省份之一,广东最具有竞争力的珠三角地区存在着土地开发强度过高,能源资源保障能力较弱,环境污染问题比较突出,资源环境约束凸显,传统发展模式难以持续等问题。从城市区域层面研究了环境约束下广东工业的生产率、环境约束下长三角和珠三角的效率和生产率的比较,并有针对性地提出若干有价值的政策建议。另外,文末提出的一些未来研究方向也具有很高的研究价值。

子曰:"后生可畏,焉知来者之不如今也? 四十、五十而无闻焉,斯亦不足畏也已。"作为本书作者的硕士生导师和博士生导师,愿作此序而共勉之。

颜鹏飞

于武昌珞珈山

2013年5月24日

第一章 导 论

第一节 问题的提出

改革开放以来,中国经济经历了 30 多年的高速增长,1978 年至 2011 年中国 GDP 年均增长率为 9.9%。2003—2011 年,国内生产总值年均实际增长 10.7%,其中有六年实现了 10% 以上的增长速度,在受国际金融危机冲击最严重的 2009 年依然实现了 9.2% 的增速。这一时期的年均增速不仅远高于同期世界经济 3.9% 的年均增速,而且高于改革开放以来 9.9% 的年均增速。经济总量居世界位次稳步提升。2008 年国内生产总值超过德国,居世界第三位;2010 年超过日本,居世界第二位,成为仅次于美国的世界第二大经济体。2011 年,在欧债危机蔓延,世界经济普遍衰退的复杂形势下,中国经济继续保持高速增长,为世界经济的复苏作出了巨大贡献。中国经济总量占世界的份额由 2002 年的 4.4% 提高到 2011 年的 10% 左右,对世界经济增长的贡献率超过 20%。

中国经济的高速增长,也带来了更为迅速增长的能源需求和愈来愈严重的环境污染问题。中国非凡的经济增长是付出极高的环境代价实现的,被世界银行(2010)归纳为"高增长、高污染"的经济发展,经济增长很难与污染排放脱钩。中国科学院(2009)发现,资源高消耗、环境污染严重和生态破坏已成为中国经济快速增长的副产品。

从表 1—1 中可以看出,虽然从 2007 年开始,化学需氧量、氨氮排放量、SO_2 排放量、烟尘排放量、工业粉尘排放量、氮氧化物排放量以及工业固废排放量等指标均呈环比下降,但是这些"三废"排放的绝对量仍然很大。中国经济节能减排的道路也任重道远。

中国政府充分认识到这种趋势的不可持续性,提出了"科学发展观"和构建"和谐社会"的发展理念,把建设资源节约型、环境友好型社会作为加快转变经济发展方式的重要着力点,把节约资源和保护环境作为一项基本国策,并将节能减排的目标纳入到中长期规划中。为了应对全球气候变化,我国也提出 2020 年单位 GDP 碳排放比 2005 年减少 40%—45%的目标。"十二五"时期是我国全面建设小康社会的关键时期,随着人口增加,工业化、城镇化进程加快,经济总量不断扩大,资源环境约束将更加突出,气候变暖和能源资源安全等全球性问题加剧。"十二五"规划中,明确提出"非化石能源占一次能源消费比重达到 11.4%,单位国内生产总值能源消耗降低 16%,单位国内生产总值二氧化碳排放降低 17%,主要污染物排放总量减少8%"。并制定了相应的专项规划和工作方案,如《国家环境保护"十二五"规划》、《"十二五"节能减排综合性工作方案》、《"十二五"控制温室气体排放工作方案》。这些战略目标和规划方案的提出表明中国政府已下定决心真正来解决能源和环境问题,把节能减排摆到前所未有的战略高度。

表 1—1 中国近 10 年来废水、废气及工业固体废物排放情况

年度	废水排放量	化学需氧量	氨氮排放量	SO₂	烟尘	工业粉尘	氮氧化物	工业固废产生量	工业固废排放量
2001	433.0	1404.8	125.2	1947.8	1069.8	990.6	—	88746	2894
2002	439.5	1366.9	128.8	1926.6	1012.7	941	—	94509	2635
2003	460.0	1333.6	129.7	2158.7	1048.7	1021	—	100428	1941
2004	482.4	1339.2	133.0	2254.9	1094.9	904.8	—	120030	1762
2005	524.5	1414.2	149.8	2549.3	1182.5	911.2	—	134449	1655
2006	536.8	1428.2	141.3	2588.3	1088.8	808.4	1523.8	151541	1302
2007	556.8	1381.8	132.4	2468.1	986.6	698.7	1643.4	175632	1197
2008	571.7	1320.7	127.0	2321.2	901.6	584.9	1624.5	190127	782
2009	589.7	1277.5	122.6	2214.4	847.7	523.6	1692.7	203943	710
2010	617.3	1238.1	120.3	2185.1	829.1	448.7	1852.2	240944	498
2011	659.2	1293.6	175.8	2217.91	1100.9	—	2404.3	322772	433
增长率(%)	4.7	−3.1	−1.9	−1.3	−2.2	−14.3	9.4	18.1	−30.0

注:(1)数据来源是根据中国环境保护部历年环境保护公报整理;(2)我国从 2006 年开

始统计氮氧化物排放量,生活排放量中含交通源排放的氮氧化物;(3)废水的单位是亿吨,其他指标的单位为万吨;(4)2011年起增加了农业源的污染排放,为了可比我们仅仅考虑工业和生物污染;(5)从2011年起,不再单独统计烟尘和粉尘量,统一以烟(粉)尘统计,所以没有工业粉尘量。

新古典经济增长理论把全要素生产率的增长视为可持续增长的唯一源泉。自改革开放以来,国内外经济学者一直对中国的全要素生产率问题给予了极大的关注。这其中的一个重要原因是,如果中国的生产率水平能够达到西方发达国家的几分之一,那么由于中国众多的人口和幅员广阔的国土,也会使其成为世界上的经济强国,从而改变东西方政治经济力量对比(Krugman,1994)。在泰国爆发危机之后的1997年8月,尽管克鲁格曼(1999)赞扬中国:"在近20年的时间里,其10多亿人口的收入提高了4倍。在人类历史上,还从来没有如此多的人,在物质生活方面经历如此快的改善。"但是,他从Young(1992,1994,1995)和Kim、Lau(1994)的研究结果出发,指出亚洲经济增长"主要来自于汗水而不是灵感,来自于更努力的工作而不是更聪明的工作。"易纲、樊纲和李岩(2003)认为对于中国经济增长可持续性的怀疑来自于否认中国经济存在效率的提升,或者说,由于中国的全要素生产率太低了。但他们认为:"中国的经济增长不是单纯数量上的扩张,改革开放以来的中国社会在四个方面的表现说明了这一点。这四个方面包括改革带来的制度变迁、技术进步、人力资本的变化,以及人民币汇率的走势和中国官方外汇储备的增长。所以中国和发达国家相比在全要素生产率上的巨大差别,在相当程度上应当来源于测算方法的不足。"胡鞍钢(2004)认为,中国今后经济增长的关键,主要是提高全要素生产率。这主要是由于:首先,中国劳动力的增长已经不太可能,尽管未来劳动力供给的绝对数还会比较高,但增长率并不会很高。20世纪80年代平均增长率曾高达3.0%,90年代降为1.1%,估计未来10年在1%左右。其次,从资本增长来源看,中国国内的储蓄率大概是40%,也不大可能再增高,因为中国是一个高储率国家,也是较高的国内投资率国家,在这方面已经是世界第一。所以,全要素生产率问题是研究中国经济可持续增长的核心问题(郑京海,2005)。由于经济改革道路的非正统性,一个以促进生产率为特征的经济增长模式在中国的形成将对世界其他经济转型国家的改革理念和政策选择产生深刻的影响,并为广大发展中国家的发展战略和制度建设提供宝贵的经验和理论依据(Nolan,2005)。另外,以生产率增长为主要内容的中国经济的日益发展壮大及其积极参与全球化进程也将会在本质上改变世界经济发展的格局(郑京海,2005)。

而且,在经济学理论界也愈来愈认识到全要素生产率的重要性。2004年诺贝尔奖获得者 Prescott(1998)的研究表明不同国家的差距并不能由包含物质资本、人力资本等在内的要素投入来解释,因此,全要素生产率必然能够解释这一问题;他认为有必要对这一现象进一步理论化。Hall 和 Jones(1999)、Klenow 和 Rodriguez Clare(1997)等人也得到了相似结论。Easterly 和 Levine(2001)检验了五个典型化事实,主要目的是强调一个简单的主题:研究者需要对全要素生产率以及它对于长期经济增长模型的影响予以更好的理解,并且提出适当的政策。Klenow(2001)在评论 Easterly 和 Levine(2001)时,也提出全要素生产率应当是增长研究的焦点。

在可持续发展中,资源和环境不仅是经济发展规模和速度的刚性约束,而且是经济发展的内生变量。但是传统的全要素生产率仅仅考虑劳动、资本等生产要素的投入约束,并没有考虑资源环境的约束,从而扭曲了对社会福利变化和经济绩效的评价,从而误导政策建议(Hailu et al.,2000)。为了将资源和环境因素纳入到效率和生产率的分析框架中,经济学家进行了大量的工作,发展出了大量的测度方法(Pittman,1983;Tyteca,1996;Chung et al.,1997;Färe et al.,2001;Scheel,2001;Zhou et al.,2008a;Oh,2010;Färe et al.,2011 等)。在日益严厉的节能减排约束下,全要素生产率对经济发展的推动作用,则取决于环境政策的设计和执行。成功的环境政策则有利于全要素生产率的提高和扩散(Jaffe et al.,2003)。

转变经济发展方式已经成为共识。在节能减排下,其主要的内涵之一就是经济发展的动力由投资驱动转为全要素生产率的提高。把节能减排作为加快转变经济发展方式的重要着力点,则意味着存在节能减排对全要素生产率提高的机制,即节能减排对加快转变经济发展方式的倒逼机制。全要素生产率就成为连接节能减排与经济发展方式转变之间的桥梁。加快转变经济发展方式的根本问题就是要全面提高经济发展全要素生产率(陈诗一,2011)。

而全要素生产率增长率测算结果的不同是由许多因素引起的。例如,数据的选择,生产函数的不同形式(例如,C—D,或者超越对数),技术变化的假设不同(例如希克斯中性,哈罗德中性),估计方法的不同(例如,最小二乘法(OLS),(随机边界分析)SFA,数据包络分析(DEA))和不同折旧率的选择等。一些研究认为,例如 Huang 等(1997)和 Wu(1996)认为估计的方法是差异的主要原因。

本书就是在前人研究的基础上运用最新发展的数据包络分析方法(DEA),对节能减排约束下中国经济的全要素生产率进行研究,从而对中国经济增长的可持续性,中国经济转变发展方式的动力给予进一步的解答,从而为实现中国经济又好又快的发展提供有价值的建议。

第二节 本书的研究方法

总量经济的应用生产率分析工作从本质上讲属于经济增长问题的实证研究范畴(郑京海,2005)。Coelli et al.(1998)将全要素生产率的测度方法分为四种:计量经济学方法(Econometric Approach)、数据包络分析方法(Data Envelopment Analysis,简称 DEA)、指数法(Index Number)和随机边界法(Stochastic frontiers)OECD(2001)生产率手册将全要素生产率的测度方法归纳为:增长核算方法和经济计量学方法;Carlaw & Lipsey(2003)将全要素生产率的测度方法归纳为:增长核算、指数法、距离函数法。而这些所有的方法,又可归结为边界和非边界两种方法(见图 1—1)(Mahadevan,2003)。大多数人在研究中均是运用非边界的方法测度全要素生产率的增长。边界方法由 Farrell(1957)首先提出,但是直到 20 世纪 70 年代后期,这种方法才被形式化并运用到实证研究中。边界和非边界的主要区别在于"边界"的定义。一个边界是指一个有约束的函数,更准确地说是一个最好可以达到的位置的集合。因此,一个生产边界就是在给定技术和投入的条件下可以得到的最大产出的轨迹,而一个成本边界就是给定投入价格和产出最小可接受成本的轨迹。非边界方法假设所有的研究对象均是有效率的,而边界方法允许无效率的存在。但是,无论边界方法和非边界方法都可以分为参数方法(parametric)和非参数方法(non-parametric)。参数方法就是选择一个特定形式的函数,然后运用经济计量方法估计出参数。它的优点就是可以进行统计检验,但是,其缺陷就在于函数形式选择的主观性从而导致不同的结果。非参数方法不需要选择具体的函数形式,但是无法对其有效性进行检验。

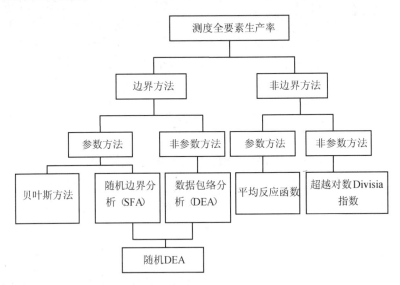

图1—1　全要素生产率的测度方法

资料来源:Mahadevan(2003)。

一、边界方法还是非边界方法

非边界方法主要在增长核算的基础上进行,而增长核算方法中面临的一个问题就是劳动和资本的收入份额的确定(邓翔、李建平,2004)。如果采用劳动的收入份额,即劳动者报酬占国民收入的比重来代替劳动投入的产出弹性,进而得到资本的收入份额的方法,需要满足完全竞争和规模报酬不变的条件。但问题在于,第一,中国缺乏必要的要素收入的数据;第二是该方法的假设,即完全竞争状态也不一定存在,从而给估计的可靠性带来了疑问。如果采用计量经济学的回归方法来估计投入要素的产出弹性,我们可以在不用假定完全竞争和规模报酬不变的情况下,利用回归的方法估计出相应的参数值。然而,这一估计方法也存在着和可能存在着多重共线性问题的限制,以及函数的选择问题。并且,增长核算将全要素生产率的增长全部归结为技术进步,而没有考虑效率问题。

以微观生产经济学理论为基础的现代边界生产率分析方法,不仅沿用了宏观经济增长模型中与总量生产函数相关联的技术进步概念(Solow,1957)并且严格定义了技术效率的概念(Farrell,1957),另外还给出了两者与全要素生产率概念之间的关系(Nishimizu 和 Page,1982)。在探讨增长问题时引入生产效率概念对于中国这样一个处于经济转型的发展中国家来说具有重要的现实意义和学术价值(Felipe,1999)。中国全要素生产率问题具有一定的特殊性,即在高增长的情况下,宏观经济运行效率问题与微观生产效率问题并存(Wolf,2005 和 Pigott,2002),其相关研究处于经济增长理论与发展经济学问题的交汇点(Islam,1995,2004)。因此,中国生产率的研究需要一种能够解释和定量描述"缺乏效率的经济增长"的理论与经验方法。一个比较可行的途径是以新古典经济增长理论为参照系,采用以边界生产函数概念和以公理法为基础的应用生产率分析技术,从而为全面地对经济增长中的生产率绩效评估提供一个较好的实证研究框架。这样的方法有利于对传统经济学理论进行拓展,即尽可能地把中国经济运行的特点和规律通过引入新的假设纳入新古典体系中去(斯蒂格利茨,2005 和陈平,2005),以便建构一个更加符合发展中国家国情的新增长理论框架(Islam,2004)[①]。所以本书要选择边界方法。

二、参数方法还是非参数方法[②]

生产边界方法可划分为两大类:参数方法和非参数方法。参数方法可被进一步划分成三种主要方法来确定最佳生产边界。第一种方法是随机边界方法,它由 Aigner、Lovell 和 Sehmidt(1977),Meeuser、Van den Broeck(1977)分别独立发展而成。随机边界方法界定了成本、利润或生产函数的函数形式,并且允许误差项中包括无效率因素。为区分两种成分而对误差

---

① 本段内容引自郑京海(2005)。
② 参考了姚树洁等(2004)对生产边界的非参数方法和参数方法的评述。

项分布所作的两个假设是：(1)无效率用 μ 表示，服从非对称半正态分布，这一假设的逻辑是无效率只能使成本增加而超出最佳边界水平；(2)随机误差项用 v 表示，由于随机波动可增加或减少成本，所以随机误差项服从对称标准正态分布(Bauer et al.，1993)。其他两种确定最佳生产边界的方法是自由分布方法(DFA)和厚边界方法(TFA)。DFA 假定在所有时间内效率差别是稳定的，对每个生产单位估计的效率是其平均剩余和在边界线上的行业平均剩余之间的差额。

非参数方法不要求事先界定生产函数的具体形式，也不要求对研究样本的无效率分布作先定假设。最常见的非参数方法就是数据包络分析(DEA)。DEA 最初由 Charnes et a1.(1978)提出，它是直接基于一组特定的决策单位的数据而不是某种特定的函数形式来界定生产边界的，某个决策单位的实际生产点与最优生产边界的距离即反映了这一决策单位的无效率。给定一个生产集，DEA 通过解线性规划找出一个包络所有实际生产点的最小凸锥，由此确定的生产边界即是最优生产点的一个分段线形组合(piecewise linear combinations)。另一种非参数方法是自由可处置壳(Free Disposal Hull，FDH)，它是 DEA 的一种特例，只是放松了凸性假定而已①。

用于确定效率最佳边界的方法各有利弊。参数方法需要对生产函数的形式和分布给出明确的假设，这对于样本量较少的经验研究而言，存在较大的问题(Gong and Sickles，1992)。当然参数方法的优点是，考虑了随机误差影响生产单位的效率。而非参数方法的最大优点则允许效率在一定时期内发生变动，不要求对所有研究样本数据的无效率分布作先定假设，并且不需要假设具体的函数形式，并且可以进一步将全要素生产率增长的成分分解得更加详细。然而，它的一大缺陷是假设忽略潜在的偏误，随机误差的影响可能会包括到效率项的估计中。非参数方法的另一个缺陷是忽略了价格对效率配置效率的影响，只是说明了技术效率。

DEA 自从美国著名的运筹学家 Charnes 等 1978 年创立以来，各种概念和理论取得了很快的发展。DEA 由最初主要应用于公共部门(如学校和医

---

① Tulken et al.(1995)对 DEA 和 FDH 做了详细的介绍。

院)的评价,现在已经广泛应用于私人部门,如银行、电信、航空公司以及其他服务和制造业。Fare et al.(1994)在距离函数(Distance Function)的基础上将 DEA 应用于宏观经济研究。数据包络分析的主要优点是不需要假设具体的函数形式,并且可以进一步将全要素生产率增长的成分分解得更加详细,尤其重要的是,它不需要价格信息。

由于在研究中国宏观经济中价格信息缺乏,因而非参数的数据包络分析不需要价格信息反而变成了它的优点。考虑到中国正处于经济转轨过程,在研究中需要的假设越少越符合中国的现实,而相对来说数据包络分析需要的假设较少,所以我们选择数据包络分析方法作为本书的分析方法。

第三节 本书的框架结构

正如前文所述,本书的目的就是在前人研究的基础上运用最新发展的数据包络分析方法(DEA),对节能减排约束下中国经济的全要素生产率进行研究,从而对中国经济增长的可持续性,中国经济转变发展方式的动力给予进一步的解答。下面的安排是这样的:

第二章,运用曼奎斯特—卢恩伯格指数方法测度了 APEC17 个国家和地区 1980—2004 年包含 CO_2 排放的全要素生产率增长及其成分。首先,估计了对 CO_2 的排放没有管制,CO_2 排放水平保持不变,CO_2 排放水平减少三种情形下的生产率指数及其成分。其次,对影响环境管制下全要素生产率增长的因素进行了实证检验。

第三章,运用 SBM 方向性距离函数和卢恩伯格生产率指标测度了考虑资源环境因素下中国 30 个省份 1998—2007 年的环境效率、环境全要素生产率及其成分,并对影响环境效率和环境全要素生产率增长的因素进行了实证研究。

第四章,运用 1998—2007 年中国各地区规模以上工业企业的面板数据,采用序列数据包络分析(Sequential DEA)方法和曼奎斯特—卢恩伯格生产率指数(ML)测量环境约束下的技术效率、环境管制成本及地区工业全要素生产率,并使用动态面板数据的 GMM 方法对影响技术效率和工业全要素生产率的因素进行实证分析。

第五章,运用基于 DEA 的方向性距离函数方法构建环境约束下全要素能源效率及全要素能源生产率模型。对中国各省区市能源绩效进行了研究,并对能源节约率和环境管制的成本与效果进行了初步探讨。根据环境经济学理论、生产率理论和经济增长理论对能源绩效结果进行实证分析,并对影响环境约束下全要素能源绩效的因素进行了实证检验。

第六章,选取我国大中型工业制造业 28 个子行业 1999—2008 年面板数据,运用基于 DEA 的 Maimquist 指数方法,测算行业环境技术效率及全要素生产率,在考虑环境因素下核算工业绩效。

第七章,运用方向性距离函数,测度了环境约束下我国 30 个省区市火电行业 2001—2007 年的技术效率,同时对考虑与不考虑环境约束的技术效率值进行比较,并分析环境技术效率变化率与火电行业增长模式之间的关系。利用联合产出框架下的分解模型,研究哪些因素驱动着火电行业 CO_2、SO_2 污染总量的变化。

第八章,运用曼奎斯特—卢恩伯格生产率指数方法对广东省 21 个市 1998—2007 年工业全要素生产率增长及其成分进行测算,在此基础上对 21 个市的发展水平进行排名,并对影响环境管制下全要素生产率增长的因素进行实证分析。在分析方法上,不仅对广东省进行了区域划分,而且设定了三种不同的"坏"产出情形,这样不仅可以作比较研究还可以探讨经济发展水平与环境管制之间的关系。

第九章,运用 Metafrontier－Malmquist－Luenberger 生产率指数测度了环境约束下 1998—2008 年长三角和珠三角城市群的全要素生产率及其成分,并对影响城市环境效率和环境全要素生产率的因素进行了实证研究。

最后,第十章进一步总结全书,指出本书的结论、政策含义以及不足之处,提出了未来的研究方向和思路。

第二章 环境管制下中国全要素生产率增长:基于 APEC 的比较

第一节 引 言

传统的增长理论主要致力于分析和解释经济增长过程中的"典型化事实"或者规律,探索政府通过何种方式来影响增长率,并没有对经济增长和环境管制之间的关系给予过多的关注。但是,近些年来,这个问题已经引起了经济增长理论的重视(Xepapadeas,2005)。尤其是,环境管制对经济增长的效应日益受到政策制定者和学术界的重视。为了全面控制二氧化碳等温室气体排放,以应对全球气候变暖给人类经济和社会带来不利影响,1992 年5 月 22 日联合国政府间谈判委员会就气候变化问题达成了《联合国气候变化框架公约》(简称《气候公约》),并于 1992 年 6 月 4 日在巴西里约热内卢举行的联合国环境发展大会(地球首脑会议)上通过。在《气候公约》中,工业化国家承诺同意在本国采取政策和措施,以实现到 2000 年使本国温室气体排放量降低至 1990 年水平这一具体目标。截至 2007 年 6 月,已有 191 个国家批准了《气候公约》。在《气候公约》的基础上,联合国气候大会于 1997 年12 月在日本京都通过了《京都议定书》,具体目标是 2008—2012 年,工业化国家温室气体排放总量在 1990 年的基础上平均减少 5.2%,发展中国家没有减排义务。截至 2007 年 6 月已有 174 个国家批准了《京都议定书》。

作为经济增长的一个重要引擎,生产率增长使得整个世界的生活水平在 20 世纪有了迅速提高。所以,已经有大量的研究关注环境管制对于传统全要素生产率的影响(Jaffe et al.,1995)。然而,传统的全要素生产率测度,如 Tornqvist 指数和 Fischer 指数,仅仅考虑市场性的"好"产出(Good Output)的生产,并没有考虑生产过程中产生的非市场性的"坏"产出(Bad Output),如 CO_2 的排放[①]。这主要是由于研究者无法得到"坏"产出的价格信息。环境管制将本来可以用于生产的投入配置到污染治理活动中(Färe et al. ,2001a)。当生产单位面临环境管制的时候,由于治理污染投入的成本包含在测算全要素生产率的投入中,而传统的测度方法仅仅用"好"产出的增长率减去所有投入的贡献,"坏"产出的下降并没有被考虑,从而得到全要素生产率下降的结论(Repetto et al. ,1997)。因此,传统全要素生产率的测度方法使得生产率增长的测算出现了偏差。对于"好"产出和"坏"产出的不平衡处理扭曲了对经济绩效和社会福利水平变化的评价,从而会误导政策建议(Hailu et al. ,2000)。

Caves et al. (1982a)根据 Farrell (1957)的工作,在假设技术是有效率的前提下,定义了一个指数——Malmquist 生产率指数,这种指数不需要价格信息。Fare et al. (1994a)将 Caves et al. 的方法扩展到了存在技术无效率的情形,并且发展了一个可以将全要素生产率增长分解为效率变化和技术进步两个成分的 Malmquist 生产率指数。这种双重分解对于解释不同国家和地区增长模式的差异是非常重要的。然而,如果存在"坏"产出,这种依靠传统距离函数(Distance Function)的 Malmquist 生产率指数便无法计算全要素生产率。在测度瑞典纸浆厂的全要素生产率时,Chung et al. (1997)在介绍一种新函数——方向性距离函数(Directional Distance Function)的基础上,提出了 Malmquist—Luenberger 生产率指数,这个指数可以测度存在"坏"产出时的全要素生产率。这个指数同时考虑了"好"产出的提高和"坏"产出的减少,并且具有 Malmquist 指数所有的良好性质。尽管 Malmquist 指数已经被广泛应用,但是仅仅是有限的文献运用 Malmquist—Luenberger 指数来测度生产率的增长。

由于亚洲和太平洋地区内各经济体的相互依赖关系不断加强,1989 年成立了亚太经济合作组织(APEC)。APEC 由最初的非官方对话组织,逐渐成为用来促进开放贸易及基本经济合作的主要地区媒介。尽管经历了

---

① 在一些文献中"好"产出称为合意产出(Desirable Output),"坏"产出称为非合意产出(Undesirable Output)。

1997—1998 年经济危机，但亚太地区依然是全世界经济增长最快的地区之一，对全球的繁荣和稳定作出了重要的贡献。现在，APEC 包括了本地区所有重要的经济体和世界上最有活力、发展最快的经济组织。但是，其 CO_2 的排放量也占到了整个世界的大约 60%。为了减排温室气体，APEC 第十五次领导人非正式会议 2007 年 9 月 8 日就气候变化问题通过一份宣言，确定了降低亚太地区能源强度和增加森林面积的具体目标。

本章试图从以下两个方面对现有文献进行拓展。1. 运用 Malmquist—Luenberger 生产率指数测度并比较对 CO_2 排放作出不同管制的三种情形下 APEC17 个国家和地区 1980—2004 年的全要素生产率增长。2. 对影响环境管制下全要素生产率增长的因素进行实证研究。

本章下面的安排是：第二节是文献综述，第三节是研究方法的介绍；第四节是数据处理及实证结果的分析；第五节是对影响环境管制下全要素生产率增长因素进行实证分析；第六节是结论。

第二节　文献综述

经济学家很早就认识到，由于没有考虑"坏"产出而使得全要素生产率的测度出现偏差。Pittman（1983）在对威斯康星州造纸厂的效率进行测度时，发展了 Caves et al.（1982b）超对数生产率指数，第一个尝试了在生产率测度中引入"坏"产出。在研究中，Pittman（1983）用治理污染成本作为"坏"产出价格的代理指标。从此以后，大量的研究者开始将环境污染变量纳入到估计的生产模型中，主要的思路有两个：一是，将污染变量作为一种投入（如，Hailu 和 Veeman，2001）；二是，将污染变量作为具有弱可处置性的"坏"产出（如 Chung et al.，1997；Fare et al.，2001a）。一般来说，这些对环境绩效的测度主要是通过对标准的参数和非参数效率分析方法的改进来实现[1]。下面主要对与本书研究相关的文献进行综述，这方面的文献主要包括运用 Malmquist—Luenberger 生产率指数进行研究的文献（Chung et al.，

---

[1]　Tyteca(1996)和 Scheel(2001)对测度环境效率绩效的方法进行了全面的综述。Coelli et al.(2005)对这些标准的方法作了较为全面的介绍。

1997；Färe et al.，2001a；Lindmark et al.，2003；Jeon and Sickles，2004；Lin-denberge，2004；Domazlicky and Weber，2004；Yoruk and Zaim，2005；Ku-mar，2006)以及对 APEC 全要素生产率进行跨国比较研究的文献(Cham-bers et al.，1996；Chang and Luh，1999；Färe et al.，2001b；Wu，2004；王兵和颜鹏飞，2007)[1]。

Chung et al.（1997)在介绍方向性距离函数的基础上，构造了 Malmquist－Luenberger 生产率指数，并对如何利用数据包络分析的方法计算指数做了说明。这个指数一方面允许生产者同时提高合意产出的生产而减少非合意产出的生产，另一方面可以将全要素生产率的增长分解为效率变化和技术进步，并且不需要非合意产出的价格信息。他们运用这个指数测度了瑞典纸浆厂 1986—1990 年的生产率。

Färe et al.（2001a)利用微观面板数据，核算了 1974—1986 年美国州际制造业部门包含市场性产出和污染排放的生产率。他们发现，生产率平均每年增长 3.6%，如果不考虑污染排放，则增长率为 1.7%。Weber and Domazlicky（2001)运用同样的方法，利用美国各州制造业的加总数据和美国环保局毒气排放清单系统的数据测度了 1988—1994 年美国州际制造业部门的生产率。他们发现考虑毒气排放的生产率增长率为 1.4%，而不考虑毒气排放则明显地低估全要素生产率的增长。

Lindmark et al.（2003)分析了 59 个国家 1965—1990 年的生产率趋同。他们发现，不考虑"坏"产出的全要素生产率的差异更加符合传统的新古典增长理论，而与内生增长理论的预期相差较远。考虑"坏"产出后，全要素生产率及其成分效率变化和技术进步的增长率均降低了。他们认为，以上这些事实可以通过增长和"坏"产出的关系，以及降低"坏"产出而不降低"好"产出的技术可能性来解释。

Jeon and Sickles（2004）分析了在对 CO_2 不同处理情况下 1980—1990

---

① Ray 和 Mukherjee(2007)把目前对跨国温室气体排放与经济增长关系研究的文献划分为三类：1. 根据环境库兹涅茨曲线理论，主要研究温室气体排放与人均 GDP 的关系；2. 运用指数分解法，寻求解释变量对于被解释变量的贡献；3. 将"好"产出(GDP)和"坏"产出(污染)连同资源利用一起放在分析框架中，从而测度一个国家的环境绩效。本书应归属于第三类文献。

年 OECD17 个国家和 1980—1995 年亚洲 11 个国家的生产率增长。当他们将 CO_2 作为经济中的"坏"产出纳入到分析中时,OECD 国家和亚洲国家的平均全要素生产率变化很小。他们也用最新发展的自助(Bootstrap)方法检验了结果的统计显著性,发现 OECD 和亚洲国家的全要素生产率增长均具有统计显著性,但是效率变化和技术进步均没有统计显著性。所以,无法在统计意义上确定全要素生产率增长的源泉。

Lindenberger(2004)测度了 1975—1990 年 OECD22 个国家的经济和生态绩效。他分析了在不同规模收益的假设下以及不同的投入和产出组合下结果的变动。他发现,投入和产出指标的选择对于生产率的加总分析至关重要,并且加总效率和生产率的最终结论要建立在详细地分解分析基础之上。

Domazlicky and Weber (2004)测度了美国三位数产业代码 6 个化工行业 1988—1990 年的效率和生产率变化。他们发现,各个区域的生产率存在显著的差异。由于 1990—1991 年的经济衰退,六个行业中五个行业的效率下降。他们的结果表明,如果不考虑污染产出,将明显地高估无效率的水平。另外他们发现:尽管环境管制需要成本,但这些成本与生产率的增长没有关系,没有证据说明环境管制降低生产率的增长。

Yoruk and Zaim (2005)测度了 28 个 OECD 国家 1985—1998 年的生产率增长。他们发现,传统的生产率指数不能够很好地测度存在负外部性条件下的生产率增长。考虑环境因素的生产率指数比传统的生产率增长至少高 7%。他们也考察了影响生产率增长的因素,发现《气候公约》的签订对于生产率指数具有正的、显著的影响。

Kumar(2006)测度了 41 个发达国家和发展中国家 1971—1992 年传统的全要素生产率和环境敏感性全要素生产率。他发现,两种情况下的生产率指数是非常不同的,但是技术进步和效率变化拒绝了在两种情况下不同的零假设检验。最后,他还检验了这些国家生产率增长的追赶、收敛和发散问题,以及开放度对于两种情况下生产率增长的冲击。

也有一些学者研究了 APEC 国家生产率的增长(具体结果见表 2—1)。Chambers et al. (1996)运用方向性距离函数计算了 APEC17 个国家 1975—1990 年的 Luenberger 生产率指标(Indicator)。通过选取不同的方向变量,他们计算了三个不同的生产率指数。三种情况下,生产率平均增长率均为正的国家和地区包括澳大利亚、加拿大、中国香港和美国。总的来说,平均生产率下降是由于效率的恶化,技术进步则一般是正的。

Chang and Luh (1999)运用 Malmquist 生产率指数分别计算了 19 个 APEC 国家和地区 1970—1980 年和 1980—1990 年的生产率增长及其成分。并且对 FDI 和教育在追赶效应和创新效应方面的作用进行了回归分析。他们的结果表明,美国并不是唯一的"创新者",中国香港和新加坡在 20 世纪 80 年代也作为创新者推动了生产边界的移动。这个结果是非常令人鼓舞的,因为东亚新兴工业经济不仅朝着生产边界移动(即出现了追赶效应),而且也是潜在的创新者。Chang and Luh (1999)证明 FDI 通过追赶和创新两个方面的效应促进全要素生产率的增长。Fare et al. (2001b)也运用 Malmquist 生产率指数计算了 17 个 APEC 国家和地区 1975—1996 年的全要素生产率增长及其两个成分。他们的结果表明,对于所有全要素生产率增长较低的国家和地区,主要是由于效率的恶化。他们也发现,资本积累是劳动生产率增长的主要源泉 。不同于以前的研究,他们没有发现新加坡全要素生产率增长率较低的证据。

Chambers et al. (1996)、Chang and Luh (1999)和 Fare et al. (2001b)均运用了 DEA 的研究方法,而 Wu(2004)则运用随机边界分析(SFA)的方法实证分析了 1980—1997 年开放度对 APEC 国家和地区的生产率和增长的影响。按照他的研究,开放度不仅影响效率变化而且影响生产技术的结构;APEC 中的发达国家比发展中国家具有更高的生产率的增长率,并且在美国的主导下,发达国家具有更多的创新;发展中国家迅速地向他们富裕的邻居追赶,韩国和中国中国台湾是 80 年代的主导者,90 年代的主导者则是中国。

表 2—1 对 APEC 生产率增长研究的主要文献

作者	样本	方法	时期	TFP (%)	EC (%)	TP (%)
Chambers et al. (1996)	17	DEA	1975—1990	−0.26	−0.84	0.58
				−2.46	−4.39	1.93
				−0.52	−0.37	−0.15
Chang et al (1999)	19	DEA	1970—1980	−1.38	−1.5	0.1
			1980—1990	0.03	0.35	−0.32

（续表）

作者	样本	方法	时期	TFP（%）	EC（%）	TP（%）
Färe et al.（2001b）	17	DEA	1975—1990	0.07	−1.13	1.21
			1975—1996	0.28	0.48	0.76
Wu（2004）	16	SFA	1980s	3.98	1.32	2.66
			1990s	2.71	−0.66	3.38
王兵、颜鹏飞（2007）	17	CDEA（SDEA）	1960—1970	1.7(1.86)	0.99(0.38)	0.07(1.47)
			1971—1980	0.14(0.63)	0.56(0.02)	−0.42(0.61)
			1981—1990	0.17(0.65)	−0.52(−0.34)	0.69(0.99)
			1991—2004	0.2(0.84)	0.4(0.27)	−0.19(0.57)

注：①TFP 表示全要素生产率，EC 表示效率变化，TP 表示技术进步；②CDEA 表示当期 DEA（Contemporaneous DEA），SDEA 表示序列 DEA（Sequential DEA）；③ Wu（2004）的效率变化包含规模效率。

王兵和颜鹏飞（2007）运用当期 DEA 和序列 DEA 两种方法测度了 1960—2004 年 APEC17 个国家和地区的技术效率、技术进步及曼奎斯特生产率指数，并且对 APEC 经济增长的趋同效应进行了实证检验。他们发现：20 世纪 80 年代，东亚地区全要素生产率平均增长超过了 APEC 其他地区，但是全要素生产率对于劳动生产率增长的贡献仍然低于发达国家。在整个样本期存在显著的趋同，资本积累是趋同最重要的源泉，而技术进步则使经济增长发散。序列 DEA 避免了技术的退步，是一种比当期 DEA 测度技术进步更好的方法。

通过上述文献，我们发现，尽管 Chambers et al.（1996）、Chang and Luh（1999）、Fare et al.（2001b）、Wu（2004）及王兵和颜鹏飞（2007）研究了 APEC 的生产率增长，但是他们都没有考虑环境问题，即污染的排放。Fare et al.（2001a）、Weber and Domazlicky（2001）和 Domazlicky and Weber（2004）主要是关注微观水平的生产率增长。虽然其他研究将宏观数据运用到生产率增长中，但是除了 Jeon and Sickles（2004）外，均是仅仅考虑了两种生产率指数，而 Jeon and Sickles（2004）却没有对影响生产率的因素进行考察。本章的目的就是填补这些研究上的不足。

第三节　研究方法

为了将环境管制纳入到生产率分析框架中，我们首先需要构造一个既包含"好"产出,又包含"坏"产出的生产可能性集,即环境技术(The Environmental Technology)。假设每一个国家或者地区使用 N 种投入 $x = (x_1, \cdots, x_N) \in R_N^+$ 得到 M 种"好"产出 $y = (y_1, \cdots, y_M) \in R_M^+$,以及 I 种"坏"产出 $b = (b_1, \cdots, b_I) \in R_I^+$。用 $P(x)$ 表示生产可行性集:

$$P(x) = \{(y, b) : x\text{ 可以生产}(y, b)\}, x \in R_+^N \tag{2.1}$$

我们假设生产可行性集是一个闭集和有界集,"好"产出和投入是可自由处置的[①]。根据 Fare et al. (2007),为了使 $P(x)$ 表示环境技术,需要增加两个额外的环境公理:

公理1:如果 $(y, b) \in P(x)$ 及 $b = 0$,则 $y = 0$ $\tag{2.2}$

公理2:如果 $(y, b) \in P(x)$ 及 $0 \leqslant \theta \leqslant 1$,则 $(\theta y, \theta b) \in P(x)$ $\tag{2.3}$

第一个公理叫做零结合公理(Null-jointness Axiom)或者副产品公理(Byproducts Axiom)。这个公理意味着一个国家如果没有"坏"产出,就没有"好"产出,或者说,有"好"产出就一定有"坏"产出,从而将环境因素纳入到分析框架中。第二个公理叫做产出弱可处置性公理(Weak Disposability of Outputs Axiom),即"好"产出和"坏"产出同比例减少,仍然在生产可行性集中。这个公理意味着,若要减少"坏"产出就必须减少"好"产出,表明污染的减少是有成本的,从而将环境管制的思想纳入到分析框架中。

假设在每一个时期 $t = 1, \cdots, T$,第 $k = 1 \cdots K$ 个国家或地区的投入和产出值为 $(x^{k,t}, y^{k,t}, b^{k,t})$。运用数据包络分析(DEA)可以将满足上述公理的环境技术模型化为:

$$P^t(x^t) = \{(y^t, b^t) : \sum_{k=1}^{K} z_k^t y_{km}^t \geqslant y_{km}^t, m = 1, \cdots, M$$

$$\sum_{k=1}^{K} z_k^t b_{ki}^t = b_{ki}^t, i = 1, \cdots, I$$

$$\sum_{k=1}^{K} z_k^t x_{kn}^t \leqslant x_{kn}^t, n = 1, \cdots, N \tag{2.4}$$

$$z_k^t \geqslant 0, k = 1, \cdots, K\}$$

z_k^t 表示每一个横截面观察值的权重。非负的权重变量表示生产技术是规模

---

① Fare and Primont (1995)对此进行了详细的讨论。

报酬不变的[①]。在模型(2.4)中,"好"产出和投入变量的不等式约束意味着"好"产出和投入是自由可处置的。加上"坏"产出的等式约束后,则表示"好"产出和"坏"产出是联合起来是弱可处置的。此外,为了表示产出的零结合,需要对 DEA 模型强调下面两个条件:

$$\sum_{k=1}^{K} b'_{ki} > 0, i = 1, \cdots, I \tag{2.5a}$$

$$\sum_{i=1}^{I} b'_{ki} > 0, k = 1, \cdots, K \tag{2.5b}$$

条件(2.5a)表示每一种"坏"产出至少有一个国家或地区生产。条件(2.5b)表示每一个国家或地区至少生产一种"坏"产出。

尽管环境技术的构造有利于概念的解释,但是却无助于计算,为了计算环境管制下的生产率,下面我们介绍方向性距离函数[②]。

1. 方向性距离函数

环境管制的目标是减少污染("坏"产出),保持经济增长("好"产出)。为了将这样的生产过程模型化,我们需要引入方向性距离函数,这个函数是谢泼德(Shephard)产出距离函数的一般化[③]。基于产出的方向性距离函数可以用下式表述:

$$\vec{D}_o(x, y, b; g) = \sup\{\beta : (y, b) + \beta g \in P(x)\} \tag{2.6}$$

$g = (g_y, g_b)$ 是产出扩张的方向向量。根据"坏"产出表现出技术上的强弱可处置性,方向性距离函数需要选择不同的方向向量[④]。本书主要考虑了三种情形:

◎ 情形 1:方向向量是,且在构造生产技术时不考虑"坏"产出。
◎ 情形 2:方向向量是,且"坏"产出在技术上具有弱可处置性。
◎ 情形 3:方向向量是,且"坏"产出在技术上具有弱可处置性。

第一种情形意味着没有环境管制。第二种情形表示,在环境管制下,"好"产

---

① 我们之所以假设技术为规模报酬不变,因为这个假设是,使得作为结果的生产率指数是真正的全要素生产率指数的必要条件(Fare et al.,1996)。
② 方向距离函数是 Luenberger (1992, 1995)短缺函数(Shortage Function)的一个变体。
③ 根据 Chung et al.(1997),方向距离函数和谢泼德距离函数的关系为:$\vec{D}_o(x, y, b; g) = 1/D_o(x, y, b) - 1$。
④ Chambers et al. (1996)和 Fare et al. (2005)对此进行了详细的讨论。

出提高而"坏"产出保持不变。第三种情形表示,存在更加严格的环境管制,要求同比例地增加"好"产出而减少"坏"产出。我们利用 DEA 来求解方向性距离函数,这需要解线性规划。

情形 1:(没有环境管制)

$$\vec{D}_o^t(x^{t,k'}, y^{t,k'}, 0; y^{t,k'}, 0) = Max\beta$$

s. t.

$$\sum_{k=1}^{K} z_k^t y_{km}^t \geqslant (1+\beta) y_{k'm}^t, m = 1, \cdots, M \tag{2.7}$$

$$\sum_{k=1}^{K} z_k^t x_{kn}^t \leqslant x_{k'n}^t, n = 1, \cdots, N$$

$$z_k^t \geqslant 0, k = 1, \cdots, K$$

情形 2:(CO_2 排放量保持不变)

$$\vec{D}_o^t(x^{t,k'}, y^{t,k'}, b^{t,k'}; y^{t,k'}, 0) = Max\beta$$

s. t.

$$\sum_{k=1}^{K} z_k^t y_{km}^t \geqslant (1+\beta) y_{k'm}^t, m = 1, \cdots, M$$

$$\sum_{k=1}^{K} z_k^t b_{ki}^t = b_{k'i}^t, i = 1, \cdots, I \tag{2.8}$$

$$\sum_{k=1}^{K} z_k^t x_{kn}^t \leqslant x_{k'n}^t, n = 1, \cdots, N$$

$$z_k^t \geqslant 0, k = 1, \cdots, K$$

情形 3:(CO_2 排放量减少)

$$\vec{D}_o^t(x^{t,k'}, y^{t,k'}, b^{t,k'}; y^{t,k'}, -b^{t,k'}) = Max\beta$$

s. t.

$$\sum_{k=1}^{K} z_k^t y_{km}^t \geqslant (1+\beta) y_{k'm}^t, m = 1, \cdots, M$$

$$\sum_{k=1}^{K} z_k^t b_{ki}^t = (1-\beta) b_{k'i}^t, i = 1, \cdots, I \tag{2.9}$$

$$\sum_{k=1}^{K} z_k^t x_{kn}^t \leqslant x_{k'n}^t, n = 1, \cdots, N$$

$$z_k^t \geqslant 0, k = 1, \cdots, K$$

方向性距离函数的值如果等于零,表明这个国家的生产在生产可能性边界上,具有技术效率,否则表示技术无效率。有了方向性距离函数,我们便可以构造全要素生产率指数。

2. Malmquist—Luenberger 生产率指数

根据 Chung et al. (1997),基于产出的 Malmquist—Luenberger(ML) t 期和期之间的生产率指数为

$$ML_t^{t+1} = \left\{ \frac{[1+\vec{D}_o^t(x^t, y^t, b^t; g^t)]}{[1+\vec{D}_o^t(x^{t+1}, y^{t+1}, b^{t+1}; g^{t+1})]} \times \frac{[1+\vec{D}_o^{t+1}(x^t, y^t, b^t; g^t)]}{[1+\vec{D}_o^{t+1}(x^{t+1}, y^{t+1}, b^{t+1}; g^{t+1})]} \right\}^{\frac{1}{2}}$$

(2.10)

ML 指数可以分解为效率变化(EFFCH)和技术进步指数(TECH):

$$ML = EFFCH \times TECH \tag{2.11}$$

$$EFFCH_t^{t+1} = \frac{1+\vec{D}_o^t(x^t, y^t, b^t; g^t)}{1+\vec{D}_o^{t+1}(x^{t+1}, y^{t+1}, b^{t+1}; g^{t+1})} \tag{2.12}$$

$$TECH_t^{t+1} = \left\{ \frac{[1+\vec{D}_o^{t+1}(x^t, y^t, b^t; g^t)]}{[1+\vec{D}_o^t(x^t, y^t, b^t; g^t)]} \times \frac{[1+\vec{D}_o^{t+1}(x^{t+1}, y^{t+1}, b^{t+1}; g^{t+1})]}{[1+\vec{D}_o^t(x^{t+1}, y^{t+1}, b^{t+1}; g^{t+1})]} \right\}^{\frac{1}{2}} \tag{2.13}$$

ML,EFFCH 和 TECH 大于(小于)分别表明生产率增长(下降),效率改善(恶化),以及技术进步(退步)。在每一种不同的情形下,有不同的方向性距离函数,因此就有三个生产率指数。每一种生产率指数的计算需要解四个线性规划,从而求四个方向性距离函数。其中两个线性规划求解当期方向性距离函数(如,利用 t 期的技术和 t 期的投入产出值),另外两个线性规划求解混合方向性距离函数(如,利用 t 期的技术和 $t+1$ 期的投入产出值)。在计算混合方向性距离函数时,如果 $t+1$ 期的投入产出值在 t 期的技术下是不可行的,则线性规划无解。为了减少计算 ML 指数不可行解的数量,本书运用序列 DEA 的方法,即每一年的参考技术由当期及其前所有可得到的投入产出值决定[1]。根据上述方法,本书测度了 17 个 APEC 国家和地区 1980—2004 年的生产率指数、效率变化指数及技术进步指数。

---

① 王兵和颜鹏飞(2007)对序列 DEA 进行了介绍。Fare et al. (2001a)及上述大多数文献的处理方法是窗式 DEA(Window DEA),即每一年的参考技术由当期及其前两年的投入产出值决定。例如,2000年的参考技术将由 2000 年、1999 年和 1998 年的数据来构造。Fare et al. (2006)认为窗式 DEA 是当期 DEA 和序列 DEA 的折中。但是,窗式 DEA 的缺陷在于:一方面,它无法避免技术退步的情况;另一方面,它在降低不可行的效果方面也不如序列 DEA。所以,根据王兵和颜鹏飞(2007),我们选择了序列的 DEA。我们也运用窗式 DEA 对生产率指数进行了测算,需要结果的可以与作者联系。

第四节 实证结果

按照上述理论方法,我们需要 APEC 各个国家和地区 1980—2004 年的"好"产出、"坏"产出和投入数据。根据数据的可得性,我们主要选择 APEC17 个国家和地区:澳大利亚、加拿大、智利、中国、中国香港、印度尼西亚、日本、韩国、马来西亚、墨西哥、新西兰、秘鲁、菲律宾、新加坡、中国中国台湾、泰国和美国。"好"产出和投入的基础数据主要来源于 Heston, Summers and Aten PWT6.2。

(1)"好"产出。"好"产出选用各个国家或地区以 2000 年为基期的实际国内生产总值,这些数据通过 PWT6.2 不变价格链式序列人均国内生产总值与样本国家或地区的人口数相乘得到。

(2)"坏"产出。由于 CO_2 的排放量占整个温室气体排放量的 80%,因此,我们选择 CO_2 的排放量作为"坏"产出的指标。CO_2 排放量的数据来源于 World bank(2007)WDI 数据库,CO_2 排放量单位为千公吨[①]。

(3)劳动投入。本书采用历年各个国家和地区的 GDP 除以劳均 GDP 得到劳动力投入的数据。

(4)资本投入。由于 PWT6.2 中无法得到资本存量数据,所以本书进行了估算。估算按可比价格计算的资本存量最常用的方法是所谓的"永续盘存法"。在使永续盘存法时主要涉及基期资本数量的计算,折旧率的选择和投资平减三个问题。我们利用 GDP 乘以按照 2000 年不变价格计算的投资占 GDP 的份额,得到各国家和地区不变价格的投资序列数据。我们利用式子(12)得到资本存量:

$$K_t = I_t + (1-\delta)K_{t-1} \tag{2.14}$$

K_t 是 t 期的资本存量,δ 是折旧率,I_t 是 t 期投资额。我们可以得到 1950—2004 年各个国家和地区的 I_t,并且通过对现有各个国家的投资数据

---

① 中国台湾的数据来源于 Oak Ridge Data set (Marland et al. 2003),为了和 WDI 数据的单位保持一致,每个数值通过原始数据乘以 3.664 得到(Oak Ridge Data set 中 CO_2 排放量的单位为千公吨碳)。在 WDI 中,缺少大多数国家和地区的 2003 年和 2004 年的数据,我们采取插补法得到。

序列的对数与时间之间的回归，从而模拟出 1900—1950 年各个国家的投资序列，因而式子(2.14)可以通过迭代变为[①]：

$$K_t = \sum_{k=0}^{t-1901} (1-\delta)^k I_{t-k} + (1-\delta)^{t-1900} K_{1900} \tag{2.15}$$

式子(2.15)意味着，只要得到 1900 年的资本存量以及合适的折旧率，便可以得到历年的资本存量。我们假设 1900 年的资本存量为 0，这个假定主要是基于 1900 年的资本存量到了 1950 年将折旧完毕的事实，并且假设折旧率为 7%[②]。

　　样本数据的描述性统计在表 2—2 中。从 1980 年以来，中国、马来西亚、泰国和东亚新兴工业经济都有很高的增长率。这些国家和地区均包含在 Spence(2007)所列举的 11 个持续高速增长的经济体中[③]。但是，我们也看到，在这些经济体中，高速的经济增长也伴随着资本存量和 CO_2 排放量的迅速增长。为了考察《气候公约》对 CO_2 排放量的可能冲击，在时间上将样本期划分为两个阶段：1980—1991 年(《气候公约》签订前)和 1992—2004 年(《气候公约》签订后)；在空间上，我们将 17 个国家和地区分为两组：附件 I 国家(加拿大、美国、日本、澳大利亚、新西兰)和非附件 I 国家[④]。其中，非附件 I 国家可以划分为发展中国家(墨西哥、智利、印度尼西亚、马来西亚、菲律宾、泰国、中国、秘鲁)和东亚新兴工业经济体(中国香港、韩国、新加坡、中国台湾)。截至 1994 年，除了新加坡外，所有其他的 APEC 成员国家或地区均在《气候公约》上签字。美国是目前唯一一个没有在《京都议定书》上签字的国家。附件 I 国家和中国是 CO_2 排放的主要国家，它们的 CO_2 排放总量占整个研究样本总量的 87.24%。在整个样本期，泰国 CO_2 排放量平均增长

---

　　① 本书研究的初期为 1980 年，之所以从 1900 年开始主要是为了降低初始资本存量的影响。需要注意的是，有些国家和地区(新加坡、印度尼西亚、中国香港)缺少 1950—1959 年的数据，按照上面的方法计算的就是模拟出 1900—1960 年各个国家或地区的投资序列。

　　② 我们对折旧率敏感性进行了分析，即在假设发达国家和发展中国家的折旧率分别为 7% 和 4% 的基础上，重新计算资本存量及生产率。但是，我们发现结果几乎没有受到影响。

　　③ Spence(2007)给"持续高速增长"下了一个定义："高"是指 GDP 增长超过 7%，持续是指超过 25 年。这也是本书以 APEC 为研究对象的一个重要原因。

　　④ 没有考虑《京都议定书》对排放量的影响，主要是由于《京都议定书》生效的时间为 2005 年 2 月 16 日，这已经超出了我们研究的样本期。附件 I 国家是指《气候公约》附件 I 所列的国家，主要包括发达国家和地区组织(欧盟)。

率最高,达到8.14%。通过表2—2也可以看到,1992—2004年间,CO_2排放量平均增长率下降,这表明《气候公约》对于降低CO_2排放量具有积极地影响,Yoruk and Zaim(2005)在对OECD的研究中,也得到了同样的结论。

表2—2　样本描述性统计

国家或地区	平均增长率（%，1980—2004）			CO_2排放量平均增长率（%）			CO_2排放量份额（%）
	Y	L	K	1980—1991	1992—2004	1980—2004	1980—2004
澳大利亚	3.31	1.76	3.71	2.37	2.64	2.57	2.6
加拿大	2.9	1.46	3.59	−0.2	2.15	1.05	4.04
智利	4.24	2.39	4.41	1.83	4.05	3.04	0.36
中国	9.77	1.53	9.75	4.97	3.01	3.98	23.83
中国香港	5.05	2.08	6.31	4.87	2.7	4.18	0.27
印度尼西亚	4.69	2.79	6.15	4.97	4.0	4.83	1.67
日本	2.34	0.74	3.44	1.57	0.89	1.21	9.79
韩国	7.04	2.01	9.03	7.06	4.02	5.63	2.69
墨西哥	2.35	3.04	3.18	2.38	0.99	1.85	3.25
马来西亚	6.32	2.8	7.93	8.36	6.66	7.57	0.78
新西兰	2.69	1.73	2.67	3.15	2.59	2.97	0.24
秘鲁	1.62	3.19	1.56	−1.12	2.12	0.56	0.22
菲律宾	2.95	2.7	3.01	2.05	3.58	3.13	0.49
新加坡	6.33	3.17	5.64	3.62	3.00	3.23	0.42
泰国	5.76	1.86	6.4	10.15	6.24	8.14	1.21
中国台湾	6.42	1.27	7.61	4.73	4.53	4.74	1.38
美国	3.22	1.29	3.89	0.39	1.64	1	46.74
平均1	2.89	1.4	3.46	1.46	1.6	1.76	63.41
平均2	5.21	2.4	5.92	4.49	3.74	4.24	36.57
平均3	4.71	2.54	5.3	4.2	3.1	4.14	31.81
平均4	6.21	2.13	7.15	5.07	4.01	4.45	4.76
总体平均	4.53	2.11	5.19	3.6	2.25	3.51	99.98

注:平均1=附件Ⅰ国家;平均2=非附件Ⅰ国家;平均3=发展中国家;平均4=东亚新兴工业经济体。

一、不同环境规制下的全要素生产率

根据上述的研究方法及所得到的数据,运用GAMS22.4软件包得到三种类型的全要素生产率指数及其成分的结果①。情形 1 下没有考虑环境管制,其实质是生产率增长文献中的传统的 Malmquist 生产率指数。情形 2 考虑一个国家和地区在环境管制下 CO_2 排放量保持不变,而"好"产出(GDP)尽可能地提高,这种情形似乎和《京都议定书》设定的关于 CO_2 排放的目标是一致的(Jeon and Sickles,2004)。情形 3 就是 ML 生产率指数,它要求同比例地增加 GDP 而减少 CO_2 排放量。这种情形可以看作是支持以经济增长为目标和反对经济增长的环保运动之间的折中(Jeon and Sickles,2004)。这也是和当前的实践,以及《气候公约》中减少 CO_2 排放的目标是一致的。表 2—3 是 1980—2004 年全要素生产率指数及其成分的平均增长率(表中 PI 表示全要素生产率指数)。1980—1991 年和 1991—2004 年两个子时期全要素生产率指数及其成分的平均增长率在表 2—4 和表 2—5 中。

在情形 1 下(不考虑 CO_2 的排放),整个样本期内,APEC 总体平均全要素生产率指数为 1.0044,表明各个国家和地区的全要素生产率平均每年的增长率为 0.44%。从平均意义上来看,全要素生产率的增长主要是由 0.76% 的技术进步推动,而效率变化则出现恶化。附件 I 国家的全要素生产率增长、技术进步率和效率变化(0.71%、0.91% 和 −0.2%)均高于非附件 I 国家(0.32%、0.7% 和 −0.38%)。四个东亚新兴工业化经济的全要素生产率增长率为 1.2%,其中技术进步率为 1.17%,技术效率增长率为 0.03%。发展中国家的全要素生产率平均增长率为 −0.11%,主要是由于效率出现恶化。从各个国家和地区来看,在 1980—2004 年期间,53%(9/17)的 APEC 成员表现出了全要素生产率的增长。全要素生产率增长最快的三个国家和地区是新加坡(3.06%)、日本(1.59%)、美国和中国台湾(1.12%)。在这些国家和地区,技术进步对全要素生产率增长的贡献要大于效率变化,尤其是日本的技术效率增长率为负。这个发现和 Fare et al.(2001b)是一致的,他们发现,在 1975—1996 年间,新加坡是 APEC 中全要素生产率增长最快的国家。

在情形 2 下(CO_2 的排放量保持不变),平均全要素生产率指数为

① 感谢美国环境保护局(Environmental Protection Agency)的 Carl A. Pasurka 教授对计算程序编写的帮助。

1.0055,高于情形 1 下的全要素生产率指数,这个发现支持了 Jeon and Sickles (2004)的结果。在他们的研究中,无论是 OECD 还是亚洲经济,情形 2 下的平均全要素生产率指数均高于情形 1 下的全要素生产率指数。但是,附件 I 国家则是由于技术进步的加快,而非附件 I 国家,则主要是由于效率的改善。同情形 1 一样,附件 I 国家的全要素生产率增长和技术进步率(1.08%和 1.48%)高于非附件 I 国家(0.34%和 0.71%),但是技术效率的增长率在非附件 I 国家中更高一些。并且与情形 1 项比较,从各个国家和地区来看,在 1980—2004 年期间,71%(12/17)的 APEC 成员表现出了全要素生产率的增长。全要素生产率增长最快的三个国家和地区是新加坡(3.05%)、美国(2.11%)、中国香港(2.05%)。在这些国家和地区,技术进步对全要素生产率增长的贡献要大于效率变化。

表 2—3　1980—2004 年全要素生产率指数及其成分的平均增长率

国家或地区	情形 1			情形 2			情形 3		
	PI	EC	TP	PI	EC	TP	PI	EC	TP
澳大利亚	1.0052	0.9976	1.0077	1.0066	0.9949	1.0118	1.0091	0.9956	1.0135
加拿大	0.9989	0.9966	1.0023	1.0082	0.9965	1.0117	1.0097	0.9967	1.013
智利	1.005	0.9963	1.0087	1.0014	1.0007	1.0007	1.0019	1.0013	1.0006
中国	1.0061	1.0061	1	0.9795	0.9812	0.9983	1.0099	1.0097	1.0001
中国香港	0.9988	0.9945	1.0043	1.0205	1	1.0205	1.0148	1	1.0148
印度尼西亚	0.992	0.9907	1.0013	0.9954	0.9953	1.0001	0.996	0.996	1
日本	1.0159	0.9969	1.019	1.0152	0.9969	1.0183	1.0126	0.9977	1.0149
韩国	1.0069	0.9954	1.0116	1.0041	0.9956	1.0085	0.9974	0.9963	1.0011
墨西哥	0.992	0.9841	1.008	0.9936	0.9876	1.0061	0.9939	0.9908	1.0032
马来西亚	0.999	0.9919	1.0071	0.9944	0.9922	1.0023	0.9944	0.9933	1.0011
新西兰	1.0036	0.9991	1.0045	1.0028	0.992	1.0109	1.0024	0.9926	1.0099
秘鲁	0.9978	0.9902	1.0077	1.0035	0.9998	1.0037	1.0027	0.999	1.0037
菲律宾	0.9998	0.9975	1.0023	1.0055	0.9995	1.006	1.0027	0.9996	1.0031
新加坡	1.0306	1.0113	1.019	1.0305	1.0112	1.0191	1.0249	1.0091	1.0157
泰国	0.9992	0.9965	1.0027	1	0.9929	1.0071	0.9967	0.9903	1.0064
中国台湾	1.012	1	1.012	1.0129	1	1.0129	1.0156	1	1.0156
美国	1.012	1	1.012	1.0211	1	1.0211	1.0115	1	1.0115
平均 1	1.0071	0.998	1.0091	1.0108	0.9961	1.0148	1.0091	0.9965	1.0126
平均 2	1.0032	0.9962	1.007	1.0034	0.9963	1.0071	1.0042	0.9988	1.0054
平均 3	0.9989	0.9941	1.0047	0.9966	0.9936	1.003	0.9998	0.9975	1.0023
平均 4	1.012	1.0003	1.0117	1.017	1.0017	1.0152	1.0131	1.0013	1.0118
总体平均	1.0044	0.9967	1.0076	1.0055	0.9962	1.0093	1.0056	0.9981	1.0075

　　在选择特定方向向量的基础上，方向性距离函数测度观测值与生产可能性边界的距离，因此，全要素生产率的增长取决于一个国家或地区的投入—产出组合的变化以及与这个国家或地区投入—产出观测值附近的生产可能性边界的形状（Jeon and Sickles，2004）。因此，与忽视环境管制相比，在考虑环境管制的条件下，我们期望 CO_2 排放量的增长率越低及 GDP 增长率越高的国家和地区，相对来说具有更高的全要素生产率增长率。情形 2 的全要素生产率指数高于情形 1 的国家和地区有：澳大利亚、加拿大、中国香港、印度尼西亚、墨西哥、秘鲁、菲律宾、泰国、中国台湾和美国。符合这一规律的国家和地区有（CO_2 排放量的增长率在 3% 以下）：澳大利亚、加拿大、墨西哥、秘鲁、美国。从 APEC 整体的角度来分析，我们并没有发现这个规律，主要是没有 CO_2 减排任务的非附件 I 国家占大多数。因此，我们重点分析附件 I 国家。附件 I 国家中的美国、加拿大和澳大利亚的 CO_2 排放量的增长率较低，并且这些国家的 GDP 增长率在附件 I 国家中也是排在前三位，所以，考虑环境管制后全要素生产率指数出现了正增长。对于日本和新西兰来说，虽然 CO_2 排放量的增长率 3% 以下，但是这两个国家的 GDP 增长率较低，所以全要素生产率指数并没有增加。

表 2—4　1980—1991 年全要素生产率及其成分的平均增长率

国家或地区	情形 1			情形 2			情形 3		
	PI	EC	TP	PI	EC	TP	PI	EC	TP
澳大利亚	1.0039	0.9896	1.0145	1.0053	0.9857	1.0199	1.0041	0.988	1.0163
加拿大	0.9898	0.9862	1.0036	1.0062	0.9872	1.0193	1.0042	0.9887	1.0157
智利	1.0091	0.9902	1.019	1.0069	1.0057	1.0012	1.0075	1.0065	1.001
中国	1.0117	1.0117	1	0.9685	0.9722	0.9962	1.0071	1.0069	1.0003
中国香港	1.0057	0.9984	1.0074	1.0264	1	1.0264	1.0197	1	1.0197
印度尼西亚	0.9832	0.9803	1.0029	0.9909	0.9907	1.0002	0.992	0.9919	1.0001
日本	1.0278	1.0104	1.0172	1.0271	1.0051	1.0219	1.022	1.0043	1.0176
韩国	1.0152	0.9959	1.0193	1.0092	0.995	1.0143	1.0007	0.9989	1.0019
墨西哥	0.9881	0.9711	1.0176	0.9874	0.9746	1.0131	0.9876	0.9809	1.0068
马来西亚	0.99	0.9748	1.0156	0.9849	0.9801	1.0048	0.9876	0.9854	1.0022
新西兰	0.997	0.9914	1.0056	0.9952	0.9753	1.0203	0.9949	0.9759	1.0194
秘鲁	0.9809	0.9647	1.0168	0.9937	0.986	1.0078	0.9981	0.9923	1.0058
菲律宾	0.9928	0.9878	1.0051	1.006	0.993	1.0131	1.0016	0.9948	1.0069
新加坡	1.0314	1.0139	1.0172	1.0305	1.0097	1.0206	1.0237	1.0072	1.0164
泰国	1.0021	0.9961	1.006	1.0083	0.993	1.0154	0.9977	0.9876	1.0102

（续表）

国家或地区	情形 1			情形 2			情形 3		
	PI	EC	TP	PI	EC	TP	PI	EC	TP
中国台湾	1.0194	1	1.0194	1.021	1	1.021	1.0271	1	1.0271
美国	1.0094	0.9985	1.0109	1.0151	0.9987	1.0165	1.0176	0.9989	1.0187
平均 1	1.0055	0.9952	1.0103	1.0097	0.9903	1.0196	1.0085	0.9911	1.0175
平均 2	1.0024	0.9903	1.0122	1.0027	0.9916	1.0111	1.0041	0.996	1.0082
平均 3	0.9947	0.9845	1.0103	0.9932	0.9869	1.0065	0.9974	0.9932	1.0042
平均 4	1.0179	1.002	1.0158	1.0217	1.0012	1.0206	1.0177	1.0015	1.0162
总体平均	1.0033	0.9917	1.0116	1.0047	0.9912	1.0136	1.0054	0.9946	1.0109

表 2—5　1992—2004 年全要素生产率及其成分的平均增长率

国家或地区	情形 1			情形 2			情形 3		
	PI	EC	TP	PI	EC	TP	PI	EC	TP
澳大利亚	1.0068	1.0047	1.0021	1.0084	1.003	1.0054	1.0145	1.0023	1.0121
加拿大	1.0073	1.0059	1.0013	1.0107	1.0049	1.0058	1.0156	1.0038	1.0117
智利	1.0017	1.0016	1.0001	0.9966	0.9963	1.0003	0.997	0.9967	1.0002
中国	1.0015	1.0015	1	0.988	0.988	1	1.0132	1.0132	1
中国香港	0.9925	0.9905	1.0019	1.0168	1	1.0168	1.0116	1	1.0116
印度尼西亚	0.9995	0.9995	1	0.9992	0.9992	1	0.9994	0.9994	1
日本	1.0064	0.9844	1.0223	1.0057	0.9892	1.0167	1.0051	0.9915	1.0137
韩国	0.9999	0.9945	1.0054	0.9997	0.9959	1.0039	0.9942	0.9937	1.0004
墨西哥	0.9948	0.9948	1	0.9988	0.9987	1.0001	0.9993	0.9992	1.0001
马来西亚	1.0072	1.0072	1	1.0028	1.0026	1.0001	1.0003	1.0001	1.0002
新西兰	1.0099	1.0061	1.0037	1.0102	1.0069	1.0033	1.0096	1.0076	1.002
秘鲁	1.0134	1.0134	1	1.0129	1.0126	1.0003	1.0072	1.0051	1.0021
菲律宾	1.0062	1.0062	1	1.0055	1.0055	1	1.0039	1.0039	1
新加坡	1.0324	1.0099	1.0223	1.033	1.0134	1.0193	1.0282	1.0116	1.0164
泰国	0.9966	0.9966	1	0.9925	0.9922	1.0003	0.9955	0.992	1.0035
中国台湾	1.0064	1	1.0064	1.0066	1	1.0066	1.0064	1	1.0064
美国	1.0154	1.0014	1.014	1.0284	1.0012	1.0271	1.0069	1.001	1.0059
平均 1	1.0092	1.0005	1.0086	1.0126	1.001	1.0116	1.0103	1.0012	1.0091
平均 2	1.0043	1.0013	1.003	1.0043	1.0003	1.004	1.0046	1.0012	1.0034
平均 3	1.0026	1.0026	1	0.9995	0.9994	1.0001	1.002	1.0012	1.0008
平均 4	1.0077	0.9987	1.009	1.0139	1.0023	1.0116	1.01	1.0013	1.0087
总体平均	1.0057	1.001	1.0046	1.0067	1.0005	1.0062	1.0063	1.0012	1.0051

　　情形 3 下的 ML 指数强调了对 CO_2 排放的限制，这是与当前全世界都在关注全球变暖的现实是一致的。1980—2004 年，平均全要素生产率指数为 1.0056，这高于情形 1 和情形 2 下的全要素生产率指数，全要素生产率的增长

的主要源泉是 0.76％的技术进步。附件Ⅰ国家的全要素生产率增长和技术进步率(0.91％和 1.26％)高于非附件Ⅰ国家(0.42％和 0.54％)。在 APEC 中,71％(12/17)的国家和地区表现出了全要素生产率的增长。全要素生产率增长最快的三个国家和地区是新加坡(2.49％)、中国台湾(1.56％)和中国香港(1.48％)。附件Ⅰ国家和非附件Ⅰ国家在情形 1 下的平均全要素生产率增长率高于情形 3,这个发现与 Kumar (2006)相一致。如果将减少 CO_2 排放量作为目标,则附件Ⅰ国家的技术进步率(1.26％)要高于非附件Ⅰ国家(0.54％)。这个发现证实了 Kopp (1998)的结论,他发现 1970—1990 年发达国家经历了伴随着减少 CO_2 排放的技术进步,但这并没有出现在发展中国家。情形 3 下的全要素生产率指数高于情形 1 的国家和地区有:澳大利亚、加拿大、中国、中国香港、印度尼西亚、墨西哥、秘鲁、菲律宾和中国台湾。在对 CO_2 排放量更加严格的管制下,我们期望全要素生产率的增长率与 CO_2 排放量变化的方向相反。但是,我们研究的样本期间,没有一个国家或地区的 CO_2 排放量增长率为负增长,所以,无法验证我们的期望。

根据表 2—4 和表 2—5,《气候公约》签订后,从总体上来看全要素生产率增长的幅度有了提高,主要是由于效率的改善。如果分地区来看,除了东亚新兴工业化经济外,全要素生产率增长的幅度均出现了提高,提高的原因同样是由于效率的改善。如果具体到各个国家或地区来看,在情形 1 下,59％(10/17)的 APEC 国家和地区全要素生产率的增长加快,提高幅度最大的三个国家是秘鲁、加拿大和马来西亚。在情形 2 下,59％(10/17)的 APEC 国家和地区全要素生产率的增长加快,提高幅度最大的三个国家是中国、秘鲁和马来西亚。在情形 3 下,59％(10/17)的 APEC 国家和地区全要素生产率的增长加快,提高幅度最大的三个国家是新西兰、马来西亚和墨西哥。

二、生产可能性边界的移动

尽管每年的技术进步率可以计算出来,但是我们不知道每一年哪一个国家或地区使生产可能性边界外移。为了说明哪一个国家或地区是"创新者(Innovator)",我们需要在技术进步率的基础上引进一些条件。按照 Fare et al. (2001b)和 Kumar (2006):

$$TECH_t^{t+1} > 1$$
$$\vec{D}_o^t(x^{t+1}, y^{t+1}, b^{t+1}; y^{t+1}, -b^{t+1}) < 0 \qquad (2.16)$$
$$\vec{D}_o^{t+1}(x^{t+1}, y^{t+1}, b^{t+1}; y^{t+1}, -b^{t+1}) = 0$$

第一个条件，$TECH_t^{t+1} > 1$，表示生产可能性边界朝着更多"好"产出和更少"坏"产出的方向移动。也就是说，在既定的投入向量下，$t+1$ 期相对于 t 期具有更高的 GDP 及更少的 CO_2 排放量。所以，当对"好"产出和"坏"产出作不对称处理时，这个条件测度了与一个国家相关部分的生产可能性边界在 t 期和 $t+1$ 期之间的移动。第二个条件表示 $t+1$ 期的生产发生在 t 期的生产可能性边界之外（即技术进步已经发生）。这意味着，t 期的技术利用 $t+1$ 期的投入是不可能生产出 $t+1$ 的产出。因此，相对于 t 期的参考技术，方向性距离函数的值小于零。第三个条件说明，作为"创新者"的国家必须在生产可能性边界上。如果同时满足上面三个条件，那么这个国家或地区从时期 t 到 $t+1$ 期使得生产可能性边界外移。

表 2—6　移动生产可能性边界的国家和地区

年份	情形 1	情形 2	情形 3
1980—1981	墨西哥、美国	中国香港、墨西哥、新西兰、菲律宾、美国	中国香港、墨西哥、新西兰、菲律宾、美国
1981—1982	—	菲律宾	菲律宾
1982—1983	美国	中国香港、新西兰、菲律宾、中国台湾、美国	中国香港、新西兰、菲律宾、中国台湾、美国
1983—1984	中国台湾、美国	中国香港、新西兰、菲律宾、中国台湾、美国	中国香港、新西兰、菲律宾、中国台湾、美国
1984—1985	中国台湾、美国	中国台湾、美国	中国台湾、美国
1985—1986	中国台湾、美国	中国香港、菲律宾、中国台湾、美国	中国香港、菲律宾、中国台湾、美国
1986—1987	中国台湾、美国	中国香港、中国台湾、美国	中国香港、中国台湾、美国
1987—1888	中国台湾、美国	中国香港、中国台湾、美国	中国香港、中国台湾、美国
1988—1989	中国台湾、美国	中国香港、中国台湾、美国	中国香港、中国台湾、美国
1989—1990	中国台湾、美国	中国香港、中国台湾、美国	中国香港、中国台湾、美国
1990—1991	中国台湾	中国香港、中国台湾	中国香港、中国台湾
1991—1992	中国台湾、美国	中国香港、中国台湾、美国	中国香港、中国台湾、美国
1992—1993	中国台湾、美国	智利、中国香港、中国台湾、美国	智利、中国香港、中国台湾、美国

（续表）

年份	情形 1	情形 2	情形 3
1993—1994	中国台湾、美国	中国香港、中国台湾、美国	中国香港、中国台湾、美国
1994—1995	中国台湾、美国	中国台湾、美国	中国香港、中国台湾、美国
1995—1996	中国台湾、美国	中国香港、中国台湾、美国	中国香港、中国台湾、美国
1996—1997	中国台湾、美国	中国香港、中国台湾、美国	中国香港、中国台湾、美国
1997—1998	美国	美国	美国
1998—1999	中国台湾、美国	中国台湾、美国	中国台湾
1999—2000	中国台湾、美国	中国台湾、美国	中国台湾
2000—2001	—	—	—
2001—2002	—	美国	美国
2002—2003	中国台湾、美国	中国台湾、美国	中国台湾、美国
2003—2004	中国台湾、美国	中国香港、中国台湾、美国	中国香港、中国台湾、美国

注："—"表示没有国家在生产边界上。

表 2—6 列出了三种情形下的"创新者"。按照上述条件，在情形 1 下，美国移动生产可能性边界 20 次，中国台湾移动生产可能性边界 18 次。在情形 2 下，美国移动生产可能性边界 21 次，中国台湾和中国香港分别移动边界 19 次和 15 次。在情形 3 下，美国、中国台湾和中国香港分别移动生产可能性边界 19 次、19 次和 16 次。总体上来说，共有 7 个国家至少移动生产可能性边界 1 次。并且，我们发现 1997—1998 年仅仅有 1 个国家移动生产可能性边界（主要是由于东亚金融危机），2000—2001 年没有国家移动边界（世界经济衰退）。这也支持了 Fare et al.（2001a）的观点，他们认为商业周期和既定年份移动生产可能性边界的国家数目存在一定关系。

三、影响环境管制下全要素生产率的因素分析

上一部分分析了 APEC 国家和地区的全要素生产率绩效，这一部分将分析影响环境管制下全要素生产率增长的因素。尽管全要素生产率不是一个国家经济增长和福利唯一的决定因素，但是全要素生产率的分析有助于我们理解一个国家的经济发展、生活水平和国家竞争力。所以，分析哪些因素影响在考虑环境管制下的全要素生产率增长就显得非常重要[①]。到目前为止，并没有正式的理论作为确定影响生产率增长因素的依据，因此本书的

---

① Fare et al.（2001a）、Yoruk and Zaim（2005）和 Kumar（2006）也做了同样的工作。

研究主要是根据前人的研究以及自己的思考来确定这些因素。在某些情况下,这些因素的选择还要受到数据可得性的限制。

为了检验生产率增长和影响其因素的关系,我们利用面板数据回归下面的方程:

$$PI = \alpha + \sum \beta_i z_i + u \qquad\qquad (2.17)$$

PI 表示生产率指数(因变量),z_i 代表影响生产率增长的因素(解释变量),β_i 是被估计参数,u 是标准白噪声,α 是截距项。为了考虑环境管制,情形 2 和情形 3 的生产率指数用到方程(2.17)中。解释变量包括,不变价格的人均 GDP(GDPPC),工业增加值占 GDP 的份额(IND)[①],滞后一期的技术无效率(EI_{t-1}),资本—劳动比的对数(LN(K/L)),人均能源使用量(EPC),开放度(OPEN)和虚拟变量(UNFCCC)(签订《气候公约》的国家和时期为1)。人均 GDP 和工业增加值份额的平方也包含在回归方程中,主要是考察生产率指数和这些变量之间的二次型关系。人均 GDP 和开放度的数据来源于 PWT6.2。工业增加值占 GDP 的份额和人均能源耗费量的数据来源于 WDI 数据库(World Bank,2007)。

表 2—7 给出了固定效应和随机效应两种情况下的回归结果。Hausman 检验表明对两个生产率指数的回归分析均应选择固定效应模型。除了情形 3 下的虚拟变量外,所有的系数都具有统计显著性。人均 GDP 和生产率指数正相关,并且人均 GDP 平方的系数为负,这说明人均 GDP 和生产率指数之间呈现倒 U 形关系,拐点大约为 MYM42637(情形 2)或者 MYM34952(情形 3)。因此,一旦 APEC 国家和地区的人均 GDP 达到拐点的水平,生产率增长将下降。这反映了 APEC 中落后国家的追赶效应。这与 Yoruk 和 Zaim(2005)发现 OECD 中 U 形的关系相反,这主要是由于 OECD 中各个国家的发展水平更加接近,而 APEC 中各成员之间人均 GDP 的差距较大。工业份额与生产率指数负相关,然而工业份额的平方的系数则为正,表明两者之间具有 U 形的关系,两种情形下的拐点均大约为 25%。因此,一旦一个国家和地区的工业份额超过这些拐点,生产率增长将加快。

---

① Fare et al.(2001a)认为,一个国家工业部门的具体构成也会影响 CO_2 排放量。由于数据的可得性,我们只分析了总的工业增加值占 GDP 的比重。

Yoruk 和 Zaim（2005）发现在 OECD 中具有相同的现象。这种现象是由于一个国家工业化程度越高生产年率增长越快的事实。生产率指数和滞后一期的技术无效率是正相关的，而资本—劳动比的系数是负的。这两个关系说明 APEC 中趋同现象的存在。越靠近生产边界的国家和地区相对于距边界较远的国家和地区来说，生产率增长越低，因此出现了后者对前者的追赶（Lall et al.，2002）。Kumar（2006）的研究也支持了趋同的假说。

表 2—7　影响环境管制下生产率增长的因素

| 变量 | 情形 2 | | | | 情形 3 | | | |
| | 固定效应模型 | | 随机效应模型 | | 固定效应模型 | | 随机效应模型 | |
	β	t－Stat	β	t－Stat	β	t－Stat	β	t－Statc
α	2.0507*	13.0536	0.9877*	17.4225	1.3131*	24.5724	1.0969*	22.3656
GDPPC	0.2021*	4.8361	0.0154	0.8896	0.0734*	6.1134	0.0357*	2.4762
$GDPPC^2$	−0.0237*	−3.5003	0.0003	0.0704	−0.0105*	−5.3833	−0.0054[†]	−1.7882
IND	−0.4711**	−2.2052	0.0988	0.6239	−0.2714*	−3.5981	−0.0628	−0.5005
IND^2	0.9208*	2.8629	−0.1567	−0.6581	0.5377*	4.9679	0.133	0.7042
EI_{t-1}	0.1705*	7.6931	0.0208**	2.0076	0.0613*	4.7579	0.0165[†]	1.6692
LN(K/L)	−0.1123*	−6.7625	−0.0015	−0.2259	−0.0321*	−6.1223	−0.0113**	−2.1382
EPC	−7.85E−06[‡]	−1.2965	−1.92E−06	−1.1365	−4.35E−06**	−2.1534	−6.62E−07	−0.4243
OPEN	−0.0183*	−2.482	0.0029[‡]	1.3248	−0.0086**	−2.4099	0.0017	0.84
UNFCCC	−0.012*	−2.5206	−0.0062[†]	−1.7548	0.0003	0.2419	−0.0027	−1.0416
拐点（GDPPC）	4.2637		—		3.4952		3.3056	
拐点（INDS）	0.25		0.31		0.25		0.24	
R^2	0.259		0.0775		0.4482		0.0525	
Hausman 检验			90.5932				33.0829	
观测值数量	408		408		408		408	

注：* 表示估计系数在 1% 水平上显著，** 代表估计系数在 5% 水平上显著；
† 表示估计系数在 10% 水平上显著，‡ 表示估计系数在 20% 水平上显著。

最后，开放度和人均能源使用量与生产率指数均是负相关的。开放度可以作为制度和政策框架的代理变量，并且获取国际贸易对生产率增长的信息（Etkins et al.，1994；Taskin 和 Zaim，2001；Kumar，2006）。这个结果说明环境的不合意效应可能来源于贸易量和人均能源的使用量的提高。另外在情形 2 下，虚拟变量的系数是负的，且具有统计显著性。但是在情形 3 下，虚拟变量的系数是正的，统计上却没有显著性。这与 Yoruk 和 Zaim（2005）的结果相矛盾，他们的研究表明 OECD 国家《气候公约》的签订对生产率增长具有正的冲击。这主要是由于,OECD 大多数成员国家是附件 I 国家,这些国家具有减排温室气体的任务,而在我们研究的 APEC 成员中,仅仅 5 个国家是附件 I 国家,所以《气候公约》对考虑环境管制下的生产率的影响并不明显,甚至具有相反的结果。

<h1 style="text-align:center">第五节　结　论</h1>

由于没有考虑生产过程中的"坏"产出,传统全要素生产率的测度方法使得生产率增长的测算出现了偏差。本书运用 Malmquist－Luenberger 生产率指数测度并比较对 CO_2 排放作出不同管制的三种情形下 APEC17 个国家和地区 1980—2004 年的全要素生产率增长。为了减少不可行解的数量,并且避免技术退步,我们运用了序列 DEA。最后,对环境管制下影响全要素生产率增长的因素进行了实证研究。

我们发现,如果不考虑环境管制,APEC 的生产率平均每年的增长率为 0.44％。然而,如果政策的目标是保持 CO_2 排放量不变或者减少 CO_2 排放量,生产率的增长率为 0.55％ 或者 0.56％,并且主要是由于技术进步的推动。因此,从平均意义上讲,考虑环境管制后,APEC 的生产率增长水平提高了。其他的研究也支持了我们的发现[1]。本书也发现 17 个国家和地区中,有 7 个国家和地区至少移动生产可能性边界 1 次。

我们也考察了,在两种不同环境管制假设下,影响全要素生产率增长的因素。结果发现,人均 GDP 和生产率指数正相关,并且人均 GDP 平方的系数为负;工业份额与生产率指数负相关,然而工业份额的平方的系数则为正;生产率水平和之后一期的技术无效率同方向变化,与劳均资本反向变化,这意味着趋同假设的存在;人均能源使用量和国家的开放度与生产率增长负相关,签订气候协定的虚拟变量与生产率水平的关系不确定。

当然,本书并没有考虑其他的温室气体以及污染物,从而影响了评价各个国家和地区环境全要素生产率的准确性。因此,在运用本书的研究结果制定政策建议时需要谨慎。这也将是我们下一步研究的方向。

---

[1]　例如,Boyd et al. (1999),Ball et al. (2001)和 Jeon 和 Sickles (2004)。

第三章 中国区域环境效率与环境全要素
生产率增长

第一节 引言

改革开放以来,中国经济保持了 30 年的高速增长,取得了巨大的成就,同时也集中遇到了发达国家上百年工业化进程中分阶段出现的种种环境问题。经济快速的增长伴随着自然资源利用效率较低、环境质量持续下降,以及环境健康损失不断增加等问题(世界银行,2009)。环境污染的损失估计大约每年 540 亿美元,接近中国 GDP 的 8%(World Bank,1997)。Economy (2004)报告的 2000 年世界上污染最严重的 20 个城市中,中国有 16 个城市。《中国环境经济核算报告 2004》显示,2004 年全国因环境污染造成的经济损失为 5118 亿元,占当年 GDP3.5%。在 2010 年世界环境绩效指数(EPI,Environmental Performance Index)的排名中,中国得到了 49 分,在所有 163 个国家和地区中排在第 121 位,环境情况不容乐观。中国社会科学院社会所和中国环境意识项目组公布的《2007 年全国公众环境意识调查报告》显示,公众对环境污染的关注度仅次于医疗、就业、收入差距问题之后,居第四位。中国政府充分认识到这种趋势的不可持续性,提出了"和谐社会"和"科学发展观"的理念,把建设资源节约型和环境友好型社会作为一项基本国策。所以,中国的政策制定者面临着经济增长和节能减排的权衡。

在可持续发展中,资源和环境不仅是经济发展的内生变量,而且是经济发展规模和速度的刚性约束。我国一些地区走上了追求高投入、高产出的粗放、不可持续的发展道路的主要原因之一就是,传统评价一个地区经济绩效的主要指标是地区生产总值,它仅仅考虑产出,并没有考虑投入的约束。

作为经济增长的一个重要引擎,生产率增长使得整个世界的生活水平在 20
世纪有了迅速地提高。为了将投入约束纳入考核经济绩效的框架中,经济
学家提出了以全要素生产率来衡量一个地区的经济绩效。但是传统的全要
素生产率仅仅考虑劳动、资本等生产要素的投入约束,并没有考虑资源环境
的约束,从而扭曲了对社会福利变化和经济绩效的评价,从而误导政策建议
(Hailu et al. ,2000)。

　　由于无法得到资源和环境因素的价格信息,传统的全要素生产率测度
(如 Tornqvist 指数和 Fischer 指数)便不能够核算资源环境约束下的生产
率。基于传统距离函数(Distance Function)的 Malmquist(M)生产率指数虽
然不需要价格信息,但是却无法计算考虑"坏"产出(如,SO_2 排放)存在下的
全要素生产率。在测度瑞典纸浆厂的全要素生产率时,Chung et al. (1997)
在介绍一种新函数——方向性距离函数(Directional Distance Function)的
基础上,提出了 Malmquist—Luenberger(ML)生产率指数,这个指数可以测
度存在"坏"产出时的全要素生产率。在考虑环境污染的情况下,许多学者
已经运用 ML 生产率指数对不同层面、不同范围研究对象的全要素生产率
进行了测度(Färe et al. ,2001;Lindmark et al. ,2003;Jeon and Sickles,
2004;Lindenberge,2004;Domazlicky and Weber,2004;Yörük and Zaim,
2005 ;Kumar,2006;王兵等,2008)。

　　由于数据包络分析(Data Envelopment Analysis,DEA)具有不需要假设
函数形式、可以对生产率进行分解等优点,上述文献基本上都运用了径向的
(Radial)、角度的(Oriented)DEA 来计算方向性距离函数[①]。当存在投入过
度或产出不足,即存在投入或产出的非零松弛(Slack)时,径向的 DEA 效率
测度会高估评价对象的效率;而角度的 DEA 效率测度由于忽视了投入或产
出的某一个方面,计算的效率结果并不准确。为了克服这两个缺陷,Färe
and Grosskopf(2009)和 Fukuyama and Weber(2009)在 Tone(2001)非径向、

---

　　① Cooper et al. (2007)将 DEA 测度效率的模型分为 4 类:(1)径向的和角度的;(2)径向的和非角
度的;(3)非径向的和角度的;(4)非径向的和非角度的。"径向的"意味着在评价效率时要求投入或产出
同比例变动;而"角度的"意味着评价效率时需要作出基于投入(假设产出不变)或基于产出(假设投入不
变)的选择。

非角度的基于松弛的(Slack－based measure,SBM)效率测度的基础上发展出了更加一般化的非径向、非角度的方向性距离函数。为了与非角度的、具有相加结构方向性距离函数相适应,Chambers et al.(1996)提出了具有相加结构的生产率测度方法—卢恩伯格生产率指标(Luenberger productivity indicator)[①]。

本章试图从以下几个方面对现有文献进行拓展:1.运用 SBM 方向性距离函数测度资源环境约束下中国 30 个省份 1998—2007 年的环境效率,并对环境无效率的来源进行分解;2.运用 Luenberger 生产率指标测度中国 30 个省份 1998—2007 年的环境全要素生产率增长及其成分;3.对影响环境效率和环境全要素生产率增长的因素进行实证研究。

第二节　文献综述

自改革开放以来,国内外经济学者一直对中国的全要素生产率问题表现出极大的关注[②]。由于运用加总时间序列数据的研究存在需要很强的行为与制度假设、不能对技术进步和技术效率加以区别、数据量小等局限(郑京海、胡鞍钢,2005),以及中国正处于经济转轨过程,中国宏观经济中价格信息缺乏,因而越来越多的学者运用非参数的数据包络分析方法和省际面板数据来测度中国的 Malmquist 生产率指数及其成分,从对中国全要素生产率的增长进行实证研究(如颜鹏飞、王兵,2004;岳书敬、刘朝明,2005;赵伟、马瑞永、何元庆,2005;郑京海、胡鞍钢,2005;杨文举,2006;庞瑞芝、杨慧,2008 等)。

但是,以上研究文献存在的主要问题就是没有考虑资源环境的约束。

----

　　① 因为这个测度建立在差分基础上(Difference－based),我们根据 Diewert(2005),建立在差分基础上的测度称为指标(Indicator);而建立在比率基础上(Ratio－based)的测度称为指数(Index),如 M 生产率指数。Boussemart et al.(2003)从理论和实证两个角度对 Luenberger 生产率指标和 M 生产率指数进行了比较,他们认为基于差分的 Luenberger 生产率指标在未来的研究中更加重要。

　　② 王兵(2006)将对中国全要素生产率的研究的文献归结为以下几个方面,并进行了详细的综述:(1)对具体部门全要素生产率的研究,这些研究主要集中于工业和农业部门;(2)运用中国加总时间序列数据来研究中国的全要素生产率,主要关注全要素生产率随时间的波动和变化;(3)运用面板数据对中国各省份的全要素生产率绩效进行实证,从而对区域经济全要素生产率的差异作出解释。

因此,运用上述研究的一些结论对现实进行指导,容易导致偏差和失误。近年来,一些学者已经尝试将环境因素纳入到效率和生产率的分析框架中对中国的经济进行实证研究。Managi and Kaneko(2004)运用随机边界分析方法在考虑了环境产出和市场产出的联合生产框架中,测度和分析了中国1987—2001年省际第二产业全要素生产率及其各个成分的决定。他们发现市场生产率有显著增长,而中国的环境管理在研究的样本期内不能够有效地管制废水、废气和废物的排放;是国际溢出效应而不是国内的发明是市场生产率提高的主要因素;污染处理和控制支出对市场技术进步具有显著的负冲击,而对于环境生产率和技术进步具有正的影响;征收污染税费对环境效率有负的影响。

Kaneko and Managi(2004)运用 ML 生产率指数在考虑了环境产出和市场产出的联合生产框架中,测度了中国1987—2001年省际第二产业全要素生产率及其各个成分。他们发现,联合生产生产率水平在研究的样本期内几乎没有变化,而环境生产率大幅下降,尤其是在1991—1994年。他们认为主要是由于1991—1994年中国市场经济的迅速发展和市场生产率的提高的结果。

Li and Zheng(2004)在对现有研究方法进行梳理的基础上,选择了考虑环境因素合适的测度方法,这种方法对于正常产出和污染物分别处理,可以获取更多的信息。他们运用这种方法研究了1997年中国46个城市工业部门包含环境因素的生产效率。研究结果发现:如果不考虑污染物排放,测度的结果会误导分析;考虑环境因素后,城市生产效率的排名发生了很大变化;样本城市生产好产出的技术效率很高,但减少污染物的效率则很低,这显示中国保护环境的工作仍然有待改善;利用城市的环境绩效来检验环境经济学中的两个假说——“库兹涅茨曲线假说”和“污染天堂”的假说,他们的证据证实前者而否定后者。

Hu et al. (2005)将污染排放作为投入,利用 DEA 方法测度了中国31个省份1997—2001年考虑环境因素和不考虑环境因素的技术效率和 M 生产率指数。他们发现,不考虑环境因素,东部的技术效率和生产率增长均高于西部和中部地区;当加入环境因素后,东部地区的绩效无论是动态还是静态仍然比中部和西部地区高。他们将这种现象称为"双重恶化"。"双重恶化"的原因主要是西部地区缺乏资金去改造高污染的生产设备,以及这些地区的技术相对落后。

Managi and Kaneko(2006)在一个联合生产模型的框架下运用 M 生产率指数、Luenberger 生产率指标、Hicks－Moorsteen 生产率指数和 Luenberger－Hicks－Moorsteen 生产率指标四种方法测度了中国省级水平第二产业 1992—2003 年的市场和环境全要素生产率。他们的研究结果表明,尽管中国自从 20 世纪 70 年代后期开始执行新的环境政策,并且环境管制也日益严格,但是这些政策的执行并没有带来短期好的效果。当然,一些环境生产率的测度例外,如废水的处理,已经表现出了管理效率的提高。

Watanabe and Tanaka(2007)利用方向性产出距离函数检验了 1994—2002 年中国省际水平工业的环境效率。他们发现,剔除坏产出会导致工业效率估计出现偏差;当考虑坏产出后,中部省份的环境效率最低;代表企业和政府对环境管理能力的指标对环境效率的影响不确定且不显著,产业结构对环境效率具有显著的影响,总体效率在 1999 年达到了最低水平,之后逐步恢复。

Wu(2007)在随机边界分析的框架下,对 2001—2005 年中国区域经济环境效率进行了研究。他发现,中国区域平均达到了最佳产出边界的 88%,环境效率边界的 85%,技术效率和环境保护还有很大的提升空间;沿海地区比其他地区更靠近生产的边界,并且环境保护更有效率,但是它们却是污染的主要排放者;中西部地区有更高的污染密集度和较低的环境效率,这可能与增长和发展重心向西部转移有关;环境效率主要受环境政策的执行力度和环境意识的影响,并且在中国存在环境库兹涅茨曲线,环境恶化阶段向环境恢复阶段的拐点比世界上其他发达国家的要早。

涂正革(2008)根据我国 30 个省区市地区要素资源投入、工业产出和污染排放数据,计算各地区环境技术效率,衡量环境与工业增长的协调性,并对环境技术效率的差异进行了回归分析。研究发现:区域间环境工业协调性极不平衡,东部沿海地区工业发展与环境关系较为和谐,但是中西部地区环境技术效率普遍较低;只有全面协调、均衡发展才能真正解决环境问题,实现国民经济又好又快的发展目标。

胡鞍钢等(2008)在中国省级数据的基础上,采用以方向性距离函数为表述的全要素生产率模型,对1999—2005年省级生产率绩效度量中的"技术效率"指标在考虑了环境因素的情况下进行重新排名。他们的研究表明:东部地区考虑了环境因素的技术效率最高,中部地区次之,西部地区最低;从技术效率的排名来看,在考虑与忽略环境因素情况下的差异反映了各地区环境因素对于产出影响的强弱;从生产前沿分析来看,考虑了环境因素的前沿面构成,除了有传统意义的高技术效率地区,如上海、江苏,还包括像辽宁、安徽、云南等;各地区考虑环境因素的技术效率的进步与地区增长模式具有重要的关联,一个地区增长模式越是接近"集约式"。他们认为,既考虑环境因素的影响,又继承了传统生产率分析技术的系统性和结构性框架,相对于目前流行的直观的绿色GDP推算方法有着较为广泛的应用前景。

Zheng et al. (2008)通过 Malmquist－luenberger 生产指数对1999—2005年间中国省际工业进行了测算,同时分别考察了包含5种污染物的TFP。数据显示,TFP增长方面,呈现出明显的东高西低的特征,并且差距不断拉大;考虑环境因素的TFP波动趋势与不考虑环境因素的TFP类似,但是平均值大幅低于后者,并且分析期间,TFP大幅下滑。主要原因是来自技术进步的大幅放缓,文章还分别考察了不同污染物对不同区域的影响。结论认为分析期间,省际TFP增长不断放缓,坏产出对技术进步的影响要大于对效率的影响,CO_2 已经成为对中国环境绩效影响最大的污染物。

程丹润和李静(2009)通过引入SBM模型处理非期望产出问题,实证考察了中国28个省份1990—2006年环境污染对经济效率的影响及地区差异。结果显示,环境变量的引入明显降低了中国区域平均效率水平,中西部地区对环境变量的引入较东部地区更为敏感,西部地区处于经济发展和环境保护的双重困境。

陈诗一(2009)构造了中国工业38个二位数行业的投入产出面板数据库,利用超越对数分行业生产函数估算了中国工业全要素生产率变化并进行绿色增长核算。结果发现,改革开放以来中国工业总体上已经实现了以技术驱动为特征的集约型增长方式转变,能源和资本是技术进步以外主要驱动中国工业增长的源泉,劳动和排放增长贡献较低甚至为负。但是,一些能耗和排放高的行业仍然表现为粗放型增长,必须进一步提高节能减排技术,最终实现中国工业的完全可持续发展。

岳书敬、刘富华(2009)使用三种不同的模型,探讨了 2001—2006 年 36 个工业行业在环境约束下经济增长的综合效率及其影响因素。他们发现,中国工业行业增长的综合效率较低,其改善还存在着较大空间;不同行业间经济增长效率的差距较大;市场化水平、外商直接投资、自主研发都对工业增长的综合效率起到了积极作用;而市场竞争、引进技术经费和技术改造没有达到应有的效果,反而对综合效率的提高起了负面影响。

杨俊、邵汉华(2009)运用 Malmquist—Luenberger 生产率指数,测算了 1998—2007 年地区工业考虑了环境因素情况下的全要素生产率增长及其分解。研究发现,忽略环境因素会高估我国工业全要素生产率增长,技术进步是生产率增长的主要来源;西部地区工业化过程中存在较严重的资源浪费与生态环境破坏,东部地区有力地促进了我国工业向"又好又快"方向发展;人均 GDP、资本劳动比、外商直接投资对考虑环境因素的生产率增长水平有显著影响。

杨文举(2009)在生态效率视角下,结合 Malmquist 指数和数据包络分析法,以中国大陆 31 个省份在 2003—2007 年的工业发展经历为样本进行了相应的经验分析。分析结论表明:环境技术无效率普遍存在,这与经济发展水平没有直接联系;环境绩效总体上改善了,但省际差异却扩大了;环境绩效改善和恶化的主要原因分别在于希克斯中性环境技术进步和相对生态效率恶化。为改善环境绩效,各省应加大生态环保宣传力度、制定和实施科学的污染物排放标准、构建"官—产—学—研"四位一体的科技创新体系、推动地区交流与合作,并进行适宜技术选择等。

吴军(2009)运用 Malmquist—Luenberger 指数测算分析了环境约束下中国 1998—2007 年地区工业 TFP 增长及其成分,并对其收敛性进行了检验。测算结果显示,环境约束下西部地区工业 TFP 增长最快且波动幅度较大,中部地区增长最慢且较为平稳,东部地区则均介于二者之间;各地区工业 TFP 增长均主要源自技术进步;东部地区是推动环境技术创新的主要地区。

涂正革(2009)采用非参数方法构建 panel data 的方向性环境生产前沿函数模型,衡量各地区工业 SO_2 排放变化对产出的边际净效应以及 SO_2 排放的影子价格,分析发现:SO_2 的影子价格取决于排放水平和生产率水平高低,当 SO_2 排放水平较高、生产率水平较低时,减少排放的代价较低;相反,生产率水平较高、污染排放水平较低时,减少排放的代价较大。以北京、甘肃和河北为案例分析了这三个典型地区工业 SO_2 排放的影子价格及其变化特点。

涂正革、肖耿(2009)根据中国 30 个省区市地区 1998—2005 年规模以上工业企业投入、产出和污染排放数据,构建环境生产前沿函数模型,解析中国工业增长的源泉,特别是环境管制和产业环境结构变化对工业增长模式转变的影响。研究发现:现阶段中国工业快速增长的同时,污染排放总体上增长缓慢;环境全要素生产率已成为中国工业高速增长、污染减少的核心动力;环境管制对中国工业增长的抑制作用尚未构成实质性影响;产业环境结构优化对经济增长、污染减少的贡献日益增大,逐步成为中国工业增长模式转变的中坚力量。

我们发现,上述大多数文献中国省际工业的环境效率和生产率,仅仅 Wu(2007)、胡鞍钢等(2008)及程丹润和李静(2009)研究了中国省际区域的环境效率,但他们的研究没有涉及全要素生产率增长。上述采用 DEA 方法进行研究的文献中除了程丹润和李静(2009)外,均没有考虑投入和产出的松弛问题。程丹润和李静(2009)运用了 Tone(2003)考虑"坏产出"的 SBM 测度效率的模型,而 Tone(2003)的模型是一个非线性模型,需要将其转换为线性模型,所以影响了其使用的范围。本书的目的就是弥补这些研究上的不足,运用 SBM 方向性距离函数,对 1998—2007 年中国各省份的环境效率和环境全要素生产率增长进行实证研究,并对影响环境效率和环境全要素生产率的因素进行分析。

第三节　研究方法

在本书中,我们把每一个省份看作一个生产决策单位来构造每一个时期中国生产的最佳实践边界。由于资源可以像传统的投入一样纳入到生产边界的构造中,因而构造生产边界的难点在于将环境因素考虑进来。为了将资源环境纳入到生产率分析框架中,我们首先根据 Färe et al.（2007）构造一个既包含“好”产出,又包含“坏”产出的生产可能性集,即环境技术。假设每一个省份使用 N 种投入 $x=(x_1,\cdots,x_N)\in R_N^+$,生产出 M 种“好”产出 $y=(y_1,\cdots,y_M)\in R_M^+$,以及排放 I 种“坏”产出 $b=(b_1,\cdots,b_I)\in R_I^+$;在每一个时期 $t=1,\cdots,T$,第 $k=1\cdots K$ 个省份的投入和产出值为 $(x^{k,t},y^{k,t},b^{k,t})$ [①]。生产可行性集在满足闭集和有界集、“好”产出和投入是可自由处置、零结合公理和产出弱可处置性公理的假设下[②],运用数据包络分析（DEA）可以将环境技术模型化为:

$$P^t(x^t)=\{(y^t,b^t):\sum_{k=1}^{K}z_k^t y_{km}^t\geqslant y_{km}^t,\forall m;\sum_{k=1}^{K}z_k^t b_{ki}^t=b_{ki}^t,\forall i;$$

$$\sum_{k=1}^{K}z_k^t x_{kn}^t\leqslant x_{kn}^t,\forall n;\sum_{k=1}^{K}z_k^t=1,z_k^t\geqslant 0,\forall k\} \tag{3.1}$$

z_k^t 表示每一个横截面观察值的权重,权重变量的和为 1 与非负的权重变量两个约束条件表示生产技术为可变规模报酬（VRS）;若去掉权重变量的和为 1 的约束,则表示规模报酬可变（CRS）。

一、SBM 方向性距离函数

根据 Tone(2003)和 Fukuyama and Weber(2009),我们定义节能减排约束下的 SBM 方向性距离函数:

$$\vec{S}_V^t(x^{t,k},y^{t,k},b^{t,k};g^x,g^y,g^b)=\underset{s^x,s^y,s^b}{Max}\ \frac{\frac{1}{N}\sum_{n=1}^{N}\frac{s_n^x}{g_n^x}+\frac{1}{M+I}(\sum_{m=1}^{M}\frac{s_m^y}{g_m^y}+\sum_{i=1}^{I}\frac{s_i^b}{g_i^b})}{2}$$

$$s.t.\quad \sum_{k=1}^{K}z_k^t x_{kn}^t+s_n^x=x_{k'n}^t,\forall n;\qquad \sum_{k=1}^{K}z_k^t y_{km}^t-s_m^y=y_{k'm}^t,\forall m;$$

---

① 关于投入和产出的取值,Tone(2001)、Tone(2003)、Fukuyama and Weber(2009)假设每一个数据的值为正。Färe and Grosskopf（2009）则认为可以允许一些投入和产出为零,仅要求:1)每一种投入至少有一个省份使用,每一种“好”产出和“坏”产出至少有一个省份生产;2)每一个省份至少使用一种投入,生产出一种“好”产出及“坏”产出。本书的数据满足所有变量为正的假设。

② Färe et al.（2007）和王兵等（2008）对公理及假设进行了较为详细的说明。

$$\sum_{k=1}^{K} z_k^t b_{ki}^t + s_i^b = b_{k'i}^t, \forall i; \quad \sum_{k=1}^{K} z_k^t = 1, z_k^t \geqslant 0, \forall k;$$

$$s_n^x \geqslant 0, \forall n; \quad s_m^y \geqslant 0, \forall m; \quad s_i^b \geqslant 0, \forall i \tag{3.2}$$

$(x^{t,k'}, y^{t,k'}, b^{t,k'})$ 是省份 k' 的投入和产出向量，(g^x, g^y, g^b) 是表示好产出扩张、坏产出和投入压缩的取值为正的方向向量，(s_n^x, s_m^y, s_i^b) 是表示投入和产出松弛的向量。由于线性规划的约束条件为等式，以及松弛变量前的不同符号，当 (s_n^x, s_m^y, s_i^b) 均大于零时，表示实际的投入和污染大于边界的投入和产出，而实际产出则小于边界的产出[①]。因此，(s_n^x, s_m^y, s_i^b) 表示投入过度使用、污染过度排放及好产出生产不足的量。当方向向量和松弛向量有相同的测度单位时，可以将标准化的松弛比率加起来。目标函数将投入无效率和产出无效率平均值的和最大化[②]。按照 Cooper et al.（2007）的思路可以将无效率分解为：

投入无效率：$IE_x = \dfrac{1}{2N} \sum_{n=1}^{N} \dfrac{s_n^x}{g_n^x}$ \qquad (3.3)

好产出无效率：$IE_y = \dfrac{1}{2(M+I)} \sum_{m=1}^{M} \dfrac{s_m^y}{g_m^y}$ \qquad (3.4)

坏产出无效率：$IE_b = \dfrac{1}{2(M+I)} \sum_{i=1}^{I} \dfrac{s_i^b}{g_i^b}$ \qquad (3.5)

二、Luenberger 生产率指标

自从 Färe et al.（1994）将 Caves et al.（1982）提出的 Malmquist 生产率指数进行了发展之后，Malmquist 生产率指数便被广泛地应用到多种研究领域，并且由 Chung et al.（1997）将其扩展为可以测度包含环境因素的 ML 指数。无论是 M 指数还是 ML 指数，均需要在成本最小化或者收益最大化的假设下对测度的角度进行选择，即基于投入的测度方法还是基于产出的测度方法。Chambers et al.（1996）在 Luenberger（1992，1995）短缺函数

---

① $\vec{S}_V$ 表示 VRS 下的方向性距离函数，若去掉权重变量的和为 1 的约束，则用 $\vec{S}_C$ 表示 CRS 下的方向性距离函数。

② SBM 方向性距离函数与传统的方向性距离函数一样，其值越大表示的效率水平越低，即这是一个表示无效率水平的指标。Fukuyama and Weber(2009)研究了 SBM 方向性距离函数与传统方向性距离函数的关系：当不存在松弛效应时，两个测度相等；若存在松弛效应，则 SBM 方向性距离函数值大于传统的方向性距离函数。因而，传统的方向性距离函数低估了无效率水平。

(Shortage Function)的基础上发展了一种新的生产率测度方法——Luenberger 生产率指标。这个指标不需要对测度角度的选择,可以同时考虑投入的减少和产出的增加,与利润最大化的假设相对应,并且也可以考虑成本最小化和收益最大化的情况。因此,Luenberger 生产率指标是 M 和 ML 指数的一般化(Boussemart et al.,2003)。

根据 Chambers et al.(1996)t 期和 $t+1$ 期之间的 Luenberger 生产率指标为:

$$LTFP_t^{t+1} = \frac{1}{2}\{ \ [\vec{S}_C^t(x^t,y^t,b^t;g) - \vec{S}_C^t(x^{t+1},y^{t+1},b^{t+1};g)] +$$

$$[\vec{S}_C^{t+1}(x^t,y^t,b^t;g) - \vec{S}_C^{t+1}(x^{t+1},y^{t+1},b^{t+1};g)]\} \tag{3.6}$$

在目前的文献中对于生产率的分解主要有两个思路:一是根据 Färe et al.(1994),在规模报酬不变的假设下测度全要素生产率,将生产率的增长分解为:技术进步,纯效率变化和规模效率变化;二是根据 Ray and Desli(1997),在可变规模报酬的假设下测度全要素生产率,同样将生产率的增长分解为:技术进步,纯效率变化和规模效率变化。这两种分解除了纯效率变化相同外,技术进步和规模效率变化均不同[①]。Grifell—Tatjé and Lovell(1999)认为 Färe et al.(1994)的生产率增长的测度是准确的,但是其分解并不准确;而 Ray and Desli(1997)的分解思路准确,但其生产率增长的测度并不准确。我们根据 Grosskopf(2003)的建议,将 Färe et al.(1994)和 Ray and Desli(1997)的分解整合到一个统一的分析框架中。Luenberger 生产率指标可以分解为纯效率变化(LPEC)、纯技术进步(LPTP)、规模效率变化(LSEC)和技术规模变化(LTPSC)[②]。

$$LTFP = LPEC + LPTP + LSEC + LTPSC \tag{3.7}$$

$$LPEC_t^{t+1} = \vec{S}_V^t(x^t,y^t,b^t;g) - \vec{S}_V^{t+1}(x^{t+1},y^{t+1},b^{t+1};g) \tag{3.8}$$

$$LPTP_t^{t+1} = \frac{1}{2}\{ \ [\vec{S}_V^{t+1}(x^t,y^t,b^t;g) - \vec{S}_V^t(x^t,y^t,b^t;g)] +$$

$$[\vec{S}_V^{t+1}(x^{t+1},y^{t+1},b^{t+1};g) - \vec{S}_V^t(x^{t+1},y^{t+1},b^{t+1};g)]\} \tag{3.9}$$

$$LSEC_t^{t+1} = [\vec{S}_C^t(x^t,y^t,b^t;g) - \vec{S}_V^t(x^t,y^t,b^t;g)] -$$

---

① Grosskopf(2003)对生产率分解的文献进行了详细的综述和评论。
② Gilbert and Wilson(1998)应用相似的分解框架对韩国银行业的生产率进行了研究。

$$[\vec{S}_C^{t+1}(x^{t+1},y^{t+1},b^{t+1};g)-\vec{S}_V^{t+1}(x^{t+1},y^{t+1},b^{t+1};g)] \tag{3.10}$$

$$LTPSC_t^{t+1}=\frac{1}{2}\{\;[(\vec{S}_C^{t+1}(x^t,y^t,b^t;g)-\vec{S}_V^{t+1}(x^t,y^t,b^t;g))-$$

$$(\vec{S}_C^t(x^t,y^t,b^t;g)-\vec{S}_V^t(x^t,y^t,b^t;g))]\;+$$

$$[(\vec{S}_C^{t+1}(x^{t+1},y^{t+1},b^{t+1};g)-\vec{S}_V^{t+1}(x^{t+1},y^{t+1},b^{t+1};g))-$$

$$(\vec{S}_C^t(x^{t+1},y^{t+1},b^{t+1};g)-\vec{S}_V^t(x^{t+1},y^{t+1},b^{t+1};g))]\} \tag{3.11}$$

LTFP、LPEC、LPTP、LSEC 和 LTPSC 大于(小于)0 分别表明生产率增长(下降),效率改善(恶化),技术进步(退步),规模效率提高(下降),技术偏离 CRS(向 CRS 移动)。Luenberger 生产率指标的计算需要分别在 CRS 和 VRS 两种假设下解四个线性规划,从而求八个 SBM 方向性距离函数。在每一种假设下,其中两个线性规划求解当期方向性距离函数(如,利用 t 期的技术和 t 期的投入产出值),另外两个线性规划求解混合方向性距离函数(如,利用 t 期的技术和 $t+1$ 期的投入产出值)。在计算混合方向性距离函数时,如果 $t+1$ 期的投入产出值在 t 期的技术下是不可行的,则线性规划无解。为了减少计算 Luenberger 生产率指标不可行解的数量,本书运用序列 DEA 的方法,即每一年的参考技术由当期及其前所有可得到的投入产出值决定。根据上述方法,本书测度了资源环境约束下中国 30 个省份 1998—2007 年的环境效率和环境全要素生产率及其成分。

第四节　实证结果

按照上述理论方法,我们需要中国各个省份 1998—2007 年的"好"产出、"坏"产出和投入数据[①]。关于省份范围的确定,我们没有包括高度自治的中国香港和澳门地区,由于制度方面的差异,引入这两个地区没有太大的意义,同样的原因,我们也没有包括中国台湾省。根据数据的可得性,我们

---

① 选择 1998—2007 年主要基于以下几个原因:第一,早期一些年份的污染数据无法得到;第二,国家统计局仅仅公布了 2000 年以来经济普查后修订的 GRP 和 GRP 指数的数据,所以本书以 2000 年为基期计算实际 GRP,就是为了降低 1998 年和 1999 年两年实际 GRP 的误差;第三,以前的研究大多将重庆合并到四川省,本书将重庆与四川分别考虑;第四,1998 年之前,影响全要素生产率增长因素的一些数据无法得到。

主要选择除西藏外的 30 个省份。"好"产出、"坏"产出和投入的基础数据主要来源于历年《中国统计年鉴》、《中国环境年鉴》和《中国能源统计年鉴》。

1."好"产出。"好"产出选用各个省份以 2000 年为基期的实际地区生产总值(GRP)。

2."坏"产出。关于坏产出的选择,具有较大的弹性。Li and Zheng(2004)、Kaneko and Managi(2004)、Managi and Kaneko(2004)、Wu(2007)和程丹润和李静(2009)选择了废水、废气和固体废物作为坏产出;Watanabe and Tanaka(2007)和涂正革(2008)选择了二氧化硫(SO_2)作为坏产出;胡鞍钢等(2008)选取了废水、工业固体废弃物排放总量、化学需氧量(Chemical Oxygen Demand,COD)、SO_2、CO_2 排放总量五个指标作为坏产出,并分别考察了单环境因素(只考虑一种坏产出)和双环境因素(考虑两种坏产出)各种组合下的技术效率;Managi and Kaneko(2006)除了选择"三废"排放量之外,还考虑了工业废水中的 COD 六价铬、铅,以及工业废气中的 SO_2、工业烟尘、工业粉尘的排放量。由于我国"'十一五'规划纲要"将主要污染物排放量降低 10% 作为主要的节能减排目标之一,而主要污染物指的就是 SO_2 和 COD。所以,在本书的研究中我们选择 SO_2 和 COD 作为坏产出指标。

3. 资源投入。由于 GRP 是一个增加值指标,资源作为一种中间投入,传统的全要素生产率的测度一般都不将其考虑在内。考虑了环境因素之后,一些学者将能源等资源投入纳入到生产率的测度中,主要是假设其作为"坏"产出的主要来源。如 Kumar(2006)考虑了能源消费,Watanabe and Tanaka(2007)考虑了煤炭消费量。

4. 劳动投入。在衡量劳动力投入作用时,劳动时间可能是比劳动力人数更好的度量,但是在中国很难获得这方面的数据。本书采用各省历年从业人员数作为劳动投入量指标。

5. 资本投入。估算按可比价格计算的资本存量最常用的方法是所谓的"永续盘存法"。在使用永续盘存法时主要涉及当期投资指标的选择,基期资本数量的计算,折旧率的选择和投资平减四个问题。根据张军等(2004),我们选择固定资本形成总额作为当年投资指标,并利用他们的方法构造了 1952—2006 年的投资品价格指数,从而得到以 2000 年为不变价格的各省的实际投资序列数据。我们利用式(3.12)得到资本存量：

$$K_t = I_t + (1-\delta)K_{t-1} \qquad\qquad (3.12)$$

K_t 是 t 期的资本存量，δ 是折旧率，I_t 是 t 期投资额。我们利用得到的 1952—2007 年各个省份的 I_t，并且通过对现有各个省份的投资数据序列的对数与时间之间的回归，从而模拟出 1900—1951 年各个省份的投资序列。而式(3.12)可以通过迭代变为[①]：

$$K_t = \sum_{k=0}^{t-1901}(1-\delta)^k I_{t-k} + (1-\delta)^{t-1900}K_{1900} \qquad\qquad (3.13)$$

式(3.13)意味着，只要得到 1900 年的资本存量以及合适的折旧率，便可以得到历年的资本存量。我们假设 1900 年的资本存量为 0，这个假定主要是基于 1900 年的资本存量到了 1952 年将折旧完毕的事实。关于折旧率的选择，相关研究文献有较大出入。在假设各省份折旧率相同的基础上，Young(2000)选择了 6%的折旧率，Wu(2003)选择了 7%的折旧率，颜鹏飞、王兵(2004)选择了 5%的折旧率，张军等(2004)选择了 9.6%的折旧率，王志刚等(2006)选择 10%的折旧率。在最新的研究中，吴延瑞(2008)首次使用各个地区不同的折旧率进行了研究。所以，本书选择了吴延瑞(2008)研究中所采用的各个省份的折旧率(见表 3—1)。

　　表 3—2 是对根据上述方法得到的数据的一些特性的描述。从三大地区来看，东部地区平均增长率最高，伴随着的是高速的劳动增长率、资本增长率和能源消费增长率[②]。从污染物排放量增长率来说，西部地区高于其他两个地区，这可能与近些年来国家实施西部大开发战略，推动西部经济加速发展有关。从单位 GRP 污染物排放量的变化率来看，东部地区的下降速度最快。但是需要注意的是，东部均是资源的主要使用者和污染物的主要排放者，能源使用量的份额达到了 48%，污染物排放总量的份额大约 40%。

----

① 本书研究的初期为 1998 年，从 1900 年开始主要是为了降低初始资本存量的影响。

② 本书各地区具体的划分是：东部包括北京、天津、辽宁、上海、江苏、浙江、福建、山东、广东、海南、河北 11 省市；中部包括山西、吉林、黑龙江、安徽、江西、河南、湖北、湖南 8 个省，西部为内蒙古、广西、重庆、四川、贵州、云南、陕西、甘肃、青海、宁夏、新疆 11 个省区。

表 3—1 各省份折旧率

地区	北京	天津	河北	山西	内蒙古	辽宁	吉林	黑龙江	上海	江苏	浙江
折旧率(%)	3.4	3.7	4.3	4	4.3	5.8	5.1	6	3.4	4.2	4
地区	河南	湖北	湖南	广东	广西	海南	重庆	四川	贵州	云南	陕西
折旧率(%)	4.1	4.5	4.5	6.9	3.3	2.2	4.6	4.6	2.8	2.7	3.3
地区	安徽	福建	江西	山东	甘肃	青海	宁夏	新疆			
折旧率(%)	5	4.5	3.7	5	2.7	2.4	2.8	2.6			

资料来源:吴延瑞(2008)。

运用第三节介绍的方法以及得到的样本数据,我们构造了资源环境约束下每一年中国的最佳实践边界,每个省份的环境效率和这个最佳实践边界比较。为了全面地研究各个省份的环境效率和环境全要素生产率的动态变化,并寻求变化的源泉,我们分析了每一个省份两种类型的效率和全要素生产率指数及其成分逐年变化的结果:(1)环境效率和环境全要素生产率及其成分:将能源的使用及 SO_2 和 COD 的排放都考虑进去;(2)市场效率和市场全要素生产率及其成分:仅仅考虑劳动和资本投入及 GRP 的产出[①]。由于篇幅所限,为了较为清晰地分析环境效率和环境全要素生产率的变化,将分析的样本时间划分为两个子时期:1998—2002 年和 2003—2007 年[②];在空间上,我们按照东部、中部和西部的划分进行研究,从而研究区域经济发展中的不同模式。

一、环境效率及其分解

为了计算 SBM 方向性距离函数,需要选择恰当的方向向量将投入和产出的松弛量标准化,从而得到环境效率的值。我们选择 $g=(x,y,b)$,即每一个被评价省份各变量的观测值作为方向向量[③]。根据前面对 SBM 方向性

① 我们按照 Managi and Kaneko(2006),将仅仅考虑市场投入和产出的效率和全要素生产率称为市场效率和市场全要素生产率。本书的效率和生产率计算均是运用 Excel Solver Prem PlatformV5.5 软件包。

② 之所以以 2003 年为分界线,主要是因为从 2003 年开始到 2007 年,我国经济开始了新一轮的高速增长,每一年的经济增长率均超过了 10%。

③ 目前文献中对于方向向量较为流行的选择主要有两种:选择评价对象的观察值为方向向量;以 1 或者各观察值的平均值为方向向量。后者的优点是由于各个评价对象的方向向量相同,所以有利于效率和生产率的加总,但其前提条件就是资源配置的有效率,但中国目前还不具备这个前提条件。由于本书考虑了松弛效应,要求方向向量与松弛向量具有相同单位,才能够进行最优化求解。所以,本书以每一个被评价的省份各变量的观测值为方向向量。Färe et al.(2008)对方向向量的选择进行了较为详细的说明。

距离函数的介绍,我们得到的结果表示每一个省份环境无效率的水平,结果值越大表示环境效率水平越低,当结果为零时表示该省份在生产边界上,并且不存在投入使用过多、污染排放过度和好产出生产不足。根据前面所述的方法,我们计算了 CRS 和 VRS 两种假设下的环境无效率,并对环境无效率的来源也进行了分解。表 3—3 和 3—4 是中国各省份及三大区域 CRS 和 VRS 下 1998—2007 年市场无效率和环境无效率及其来源的平均值。我们发现,CRS 和 VRS 下的值是非常不同的。Zheng et al.(1998)建议,当两种技术假设下得到不同的结果时,应当运用 VRS 下得到的结果。因此,在后面对环境无效率的分析主要是基于 VRS 假设下的结果。

表 3—2　1998—2007 年各变量增长率、资源使用量及污染物排放量份额

省份	平均增长率(%)						使用量份额	排放量份额	
	L	K	E	Y	SO$_2$	COD	E	SO$_2$	COD
北京	6.61	13.88	5.41	12.1	−7.45	−6.04	2.42	0.99	1.08
天津	0.16	12.74	8.17	13.38	0.71	−5.61	1.68	1.22	1.08
河北	0.59	13.97	11.2	11.21	0.69	−2.95	7.34	6.51	5.07
山西	0.91	15.48	9.29	12.03	−0.26	−2.75	4.87	6.26	2.73
内蒙古	0.8	19.49	17.2	15.83	8.01	0.62	3.06	4.65	1.95
辽宁	1.46	12.15	7.49	11.22	2.46	−1.83	6.06	4.47	4.63
吉林	−0.31	14.6	7.76	11.28	3.85	−0.76	2.47	1.43	2.94
黑龙江	−0.41	9.23	5.13	10.3	6.18	−1.51	3.52	1.68	3.76
上海	3.04	11.17	8.03	11.89	0.21	−2.37	3.4	2.2	2.33
江苏	1.6	14.6	10.9	12.77	−0.33	1.67	5.97	5.65	5.8
浙江	3.51	16.34	12.04	12.76	2.37	−2.52	4.47	3.31	4.33
安徽	0.93	12.21	6.07	10.73	3.4	−0.78	2.86	2.14	3.18
福建	2.35	13.87	12.77	11.42	11.69	2.03	2.27	1.32	2.46
江西	1.21	14.71	10.68	10.93	8.23	2.32	1.62	1.93	3.02
山东	1.37	15.99	13.67	12.78	−2.36	−7.66	8.06	8.8	6.76
河南	1.61	14.15	10.53	11.49	5.06	−2.42	5.43	5.26	5.59
湖北	0.61	15.71	7.77	10.55	2.46	−1.44	3.94	2.88	4.75
湖南	0.77	12.22	9.4	10.58	2.53	3.92	3.22	3.81	5.54
广东	3.94	13.78	11.31	13	6.57	0.78	6.56	4.69	7.08
广西	1.24	14.14	10.81	10.94	3.72	3	1.82	3.81	6.75
海南	2.9	9.18	10.95	10.53	2.73	1.3	0.32	0.1	0.6
重庆	0.94	14.71	10.23	10.91	2.18	1.22	1.62	3.71	1.89

（续表）

省份	平均增长率（%）						使用量份额	排放量份额	
	L	K	E	Y	SO₂	COD	E	SO₂	COD
四川	0.58	12.77	8.17	10.92	−1.95	−0.56	4.51	5.59	6.27
贵州	1.79	12.2	6.63	10.36	−3.69	−2.2	2.68	6.78	1.66
云南	1.52	11.64	8.78	9.33	4.48	−4.08	2.31	1.98	2.34
陕西	0.72	12.2	9.14	11.8	3.84	0.41	2.05	3.47	2.42
甘肃	1.75	12.61	7.4	10.69	3.51	1.77	1.8	2.05	1.09
青海	2.03	13.37	12.31	11.31	17.53	6.88	0.61	0.29	0.31
宁夏	1.96	13.02	11.26	11.08	6.2	3.87	0.91	1.23	0.9
新疆	1.86	11.62	8.03	9.94	6.27	2.01	2.17	1.8	1.7
平均1	1.6	13.46	9.62	11.47	3.29	−0.46	100.02	100.01	100.01
平均2	2.5	13.42	10.18	12.1	1.57	−2.11	48.55	39.26	41.22
平均3	0.67	13.54	8.33	10.99	3.93	−0.43	27.93	25.39	31.51
平均4	1.38	13.43	10	11.19	4.55	1.18	23.54	35.36	27.28

注：L 表示劳动投入，K 表示资本投入，E 表示能源消费，Y 表示 GRP；由于计算采取了四舍五入，所以排放量份额加总超过了 100%；平均 1＝全国平均，平均 2＝东部平均，平均 3＝中部平均，平均 4＝西部平均。

表3—3　1998—2007 年中国各省份市场无效率和环境无效率平均值及其来源分解（VRS）

省份	市场无效率				环境无效率						
	IE	IE_L	IE_K	IE_Y	IE	IE_L	IE_K	IE_E	IE_Y	IE_{SO₂}	IE_{COD}
北京	0.0683	0.0452	0.0000	0.0231	0	0	0	0	0.000	0	0
天津	0.0073	0.0073	0.0000	0.0000	0.0494	0	0.0009	0.0086	0.000	0.0231	0.0169
河北	0.2782	0.0392	0.0000	0.2390	0.4	0.0856	0.0159	0.0948	0	0.1223	0.0814
山西	0.2251	0.0554	0.0000	0.1697	0.4491	0.0775	0.0173	0.1188	0	0.1449	0.0907
内蒙古	0.1324	0.0347	0.0000	0.0977	0.3683	0.0588	0.0023	0.0965	0	0.1396	0.0711
辽宁	0.0654	0.0000	0.0000	0.0654	0.2828	0.0185	0.0055	0.0882	0	0.1014	0.0692
吉林	0.1480	0.0142	0.0000	0.1338	0.3186	0.0434	0.0013	0.0873	0	0.0908	0.0958
黑龙江	0.1375	0.0110	0.0000	0.1265	0.267	0.0299	0.0056	0.0809	0.000	0.0689	0.0817
上海	0.0000	0.0000	0.0000	0.0000	0	0	0	0	0.000	0	0
江苏	0.1163	0.0000	0.0366	0.0797	0.1402	0.0218	0.0352	0.0169	0	0.0518	0.0146
浙江	0.1585	0.0000	0.0014	0.1571	0.1621	0.033	0.0293	0.0233	0	0.0501	0.0265
安徽	0.3066	0.1246	0.0000	0.1820	0.3606	0.1067	0.0072	0.0701	0	0.0993	0.0774
福建	0.1114	0.0000	0.0000	0.1114	0.0658	0.0205	0	0.0045	0	0.0168	0.024
江西	0.3037	0.0943	0.0000	0.2095	0.356	0.0902	0.0121	0.0455	0	0.1135	0.0947
山东	0.1931	0.0335	0.0148	0.1448	0.2546	0.0514	0.0319	0.0511	0	0.0915	0.0287
河南	0.3301	0.1111	0.0000	0.2190	0.3977	0.1071	0.0198	0.0749	0	0.1133	0.0826
湖北	0.1990	0.0630	0.0000	0.1360	0.3195	0.0706	0.0064	0.0702	0	0.0865	0.086
湖南	0.2775	0.1140	0.0000	0.1635	0.3953	0.0953	0.0238	0.0649	0	0.1128	0.0985

（续表）

省份	市场无效率				环境无效率						
	IE	IE_L	IE_K	IE_Y	IE	IE_L	IE_K	IE_E	IE_Y	IE_{SO_2}	IE_{COD}
广东	0.0000	0.0000	0.0000	0.0000	0	0	0	0	0.000	0	0
广西	0.3144	0.1254	0.0000	0.1890	0.4507	0.1049	0.0237	0.058	0.000	0.1347	0.1294
海南	0.1538	0.0000	0.0000	0.1538	0	0	0	0	0.000	0	0
重庆	0.4026	0.0747	0.0000	0.3279	0.4093	0.097	0.0211	0.0683	0.000	0.1452	0.0778
四川	0.3515	0.1124	0.0000	0.2391	0.4479	0.1062	0.0341	0.0838	0.000	0.1239	0.0999
贵州	0.6749	0.1092	0.0000	0.5658	0.5522	0.1245	0.0671	0.117	0.000	0.1555	0.0881
云南	0.5158	0.0828	0.0000	0.4330	0.4373	0.1109	0.0227	0.0821	0.000	0.1267	0.0949
陕西	0.5789	0.0320	0.0000	0.5469	0.4591	0.1002	0.0383	0.077	0.000	0.1441	0.0995
甘肃	0.3036	0.1042	0.0000	0.1994	0.3903	0.0969	0.0111	0.093	0.000	0.1348	0.0545
青海	0.1603	0.0000	0.0029	0.1574	0.1093	0.0006	0.0154	0.0256	0.000	0.0433	0.0244
宁夏	0.2599	0.0000	0.0000	0.2599	0.3802	0.0178	0.035	0.0844	0.000	0.1436	0.0994
新疆	0.3545	0.0000	0.0000	0.3545	0.4176	0.056	0.0417	0.0929	0.000	0.1306	0.0964
全国	0.238	0.046	0.002	0.190	0.288	0.058	0.018	0.059	0.000	0.090	0.064
东部	0.105	0.011	0.005	0.089	0.123	0.021	0.011	0.026	0.000	0.042	0.024
中部	0.241	0.074	0.000	0.168	0.358	0.078	0.012	0.077	0.000	0.104	0.088
西部	0.368	0.061	0.000	0.306	0.402	0.079	0.028	0.080	0.000	0.129	0.085

通过表3—3,我们发现,1998—2007年 VRS 下全国市场无效率的平均值为 0.238,全国环境无效率的平均值为 0.288[①]。考虑资源环境后效率水平下降,说明资源的过度使用和环境污染对中国的效率造成了损失。如果按照传统的各变量同比例变化的假设来解释,意味着平均意义上中国各省应该减少各项投入的 23.8%,GRP 增加 23.8%,才能达到市场完全有效率;中国各省应该减少各项投入的 28.8%,减少污染排放量的 28.8%,GRP 增加 28.8%,才能达到环境完全有效率。但是,在 SBM 方向性距离函数下,我们发现中国可以通过降低 4.6% 的劳动投入和 0.2% 的资本投入,增加 19% 的 GRP 生产可以达到市场的完全有效率;中国可以通过降低 5.8% 的劳动投入、1.8% 的资本投入、5.9% 的能源使用量,减少 9% 的 SO_2 排放量和 6.4% 的 COD 排放量,并且不需要增加 GRP 的生产,就可以达到环境的完全有效率。在市场无效率中,劳动投入的无效率贡献了 19.3%,资本投入的无效率 0.6%,GRP 生产的无效率贡献了 79.8%。这和我们的现实是不符

---

① 由于 SBM 方向性距离函数的可加性,本书中的平均指的均是算术平均。

的,在中国这样一个高速增长的国家,GRP 的生产不足竟然是无效率的主要源泉,并且资本的无效率很低。这可能是由于没有考虑资源环境因素,所以出现了测度的偏差。加入了资源环境因素后,在环境无效率中,传统的投入劳动和资本的无效率分别贡献了 20.1% 和 6.25%;能源使用的无效率贡献了 20.5%;污染排放量的无效率贡献了 53.5%,其中 SO₂ 排放量贡献了 31.3%,这是环境无效率的主要来源,正如表 3—2 所示 1998—2007 年 SO₂排放量平均增长率为 1.87%,而 COD 的排放量平均增长率为 -0.86%;GRP 生产则没有出现无效率。所以,若不考虑资源环境因素,为了提高效率则需要大幅度地提高 GRP;而考虑资源环境因素后,GRP 的增长并不能够提高环境效率。所以,忽视资源和环境因素的效率评价是存在偏差的,并且会带来政策建议上的失误。中国一些地方以牺牲环境换取高速经济增长,也正是评价体系中忽视资源和环境的约束造成的。我们也发现,从环境效率的角度来讲,中国减排工作的压力大于节能工作的压力。

表 3—4 1998—2007 年中国各省份市场无效率和
环境无效率平均值及其来源分解(CRS)

省份	市场无效率				环境无效率						
	IE	IE_L	IE_K	IE_Y	IE	IE_L	IE_K	IE_E	IE_Y	IE_{SO_2}	IE_{COD}
北京	0.0935	0.0686	0.0000	0.0248	0.0000	0.0000	0.0000	0.0000	0.0000	0.0000	0.0000
天津	0.0867	0.0750	0.0000	0.0117	0.1818	0.0362	0.0032	0.0387	0.0000	0.0637	0.0411
河北	0.2889	0.0420	0.0000	0.2468	0.4057	0.0848	0.0256	0.0963	0.0000	0.1200	0.0779
山西	0.2899	0.0676	0.0000	0.2223	0.4973	0.0883	0.0434	0.1276	0.0000	0.1449	0.0919
内蒙古	0.2139	0.0395	0.0000	0.1744	0.4358	0.0776	0.0283	0.1084	0.0000	0.1399	0.0805
辽宁	0.0821	0.0000	0.0000	0.0821	0.2978	0.0303	0.0144	0.0893	0.0000	0.0954	0.0674
吉林	0.2171	0.0218	0.0000	0.1953	0.3680	0.0645	0.0227	0.0889	0.0000	0.0840	0.1058
黑龙江	0.1728	0.0167	0.0000	0.1561	0.2892	0.0458	0.0201	0.0808	0.0000	0.0551	0.0866
上海	0.0000	0.0000	0.0000	0.0000	0.0000	0.0000	0.0000	0.0000	0.0000	0.0000	0.0000
江苏	0.1248	0.0000	0.0000	0.1248	0.1553	0.0256	0.0132	0.0131	0.0000	0.0685	0.0352
浙江	0.1631	0.0000	0.0000	0.1631	0.1811	0.0378	0.0103	0.0211	0.0000	0.0650	0.0459
安徽	0.3395	0.1320	0.0000	0.2075	0.3809	0.1109	0.0409	0.0721	0.0000	0.0820	0.0738
福建	0.1391	0.0000	0.0002	0.1388	0.0755	0.0248	0.0000	0.0044	0.0000	0.0166	0.0289
江西	0.3603	0.0983	0.0000	0.2620	0.3954	0.1001	0.0487	0.0480	0.0000	0.0994	0.0981
山东	0.2032	0.0248	0.0000	0.1785	0.2901	0.0602	0.0155	0.0570	0.0000	0.1082	0.0487
河南	0.3390	0.1174	0.0000	0.2217	0.4045	0.1075	0.0396	0.0765	0.0000	0.1054	0.0750

（续表）

省份	市场无效率				环境无效率						
	IE	IE_L	IE_K	IE_Y	IE	IE_L	IE_K	IE_E	IE_Y	IE_{SO_2}	IE_{COD}
湖北	0.2383	0.0815	0.0000	0.1568	0.3736	0.0832	0.0180	0.0804	0.0000	0.0933	0.0973
湖南	0.3020	0.1160	0.0000	0.1860	0.4131	0.1027	0.0398	0.0617	0.0000	0.1067	0.1013
广东	0.0000	0.0000	0.0000	0.0000	0.0000	0.0000	0.0000	0.0000	0.0000	0.0000	0.0000
广西	0.3678	0.1335	0.0000	0.2343	0.4867	0.1163	0.0507	0.0563	0.0000	0.1289	0.1340
海南	0.4807	0.0000	0.0000	0.4807	0.0267	0.0098	0.0002	0.0011	0.0000	0.0017	0.0140
重庆	0.4756	0.0797	0.0000	0.3958	0.4622	0.1077	0.0634	0.0708	0.0000	0.1378	0.0818
四川	0.3683	0.1199	0.0000	0.2484	0.4630	0.1110	0.0537	0.0819	0.0000	0.1171	0.0987
贵州	0.7877	0.1270	0.0000	0.6607	0.6177	0.1362	0.0926	0.1304	0.0000	0.1558	0.1022
云南	0.5666	0.0930	0.0000	0.4735	0.4662	0.1172	0.0519	0.0853	0.0000	0.1144	0.0961
陕西	0.6334	0.0363	0.0000	0.5970	0.4944	0.1091	0.0657	0.0789	0.0000	0.1370	0.1030
甘肃	0.4305	0.1164	0.0000	0.3142	0.4856	0.1129	0.0595	0.1114	0.0000	0.1336	0.0678
青海	0.8149	0.0000	0.0000	0.8149	0.5188	0.1187	0.0673	0.1152	0.0000	0.1095	0.1075
宁夏	0.8511	0.0000	0.0000	0.8511	0.6264	0.1169	0.0919	0.1330	0.0000	0.1499	0.1343
新疆	0.4441	0.0000	0.0000	0.4441	0.4826	0.0952	0.0585	0.0956	0.0000	0.1230	0.1092
全国	0.329	0.054	0.000	0.276	0.343	0.074	0.035	0.068	0.000	0.092	0.074
东部	0.151	0.019	0.000	0.132	0.147	0.028	0.008	0.029	0.000	0.049	0.033
中部	0.282	0.081	0.000	0.201	0.390	0.088	0.034	0.080	0.000	0.096	0.091
西部	0.541	0.541	0.000	0.474	0.504	0.111	0.062	0.097	0.000	0.132	0.101

　　分区域来看,在 VRS 下三大区域的环境无效率均高于市场无效率;西部地区的环境无效率水平高于其他两个区域。从各区域环境无效率来源的相对贡献度的角度来看,并没有发现统一的规律。传统的投入中,劳动投入对中部地区的环境无效率的贡献最大——为 21.8%,东部地区的资本投入对环境无效率的贡献最大——为 8.94%。劳动投入的过度可以由中部地区各省份拥有平均最高的劳动投入量来解释,东部地区相对较高的资本过度投入可以由每年一半以上的固定资产投资额在东部来解释。中部地区的能源消费对环境无效率的贡献最大——为 21.5%,虽然东部是能源的主要消费者,但是在使用效率上,中西部有更大的需要改进的余地。污染排放量中,东部地区的 SO_2 排放量对环境无效率的贡献最大——为 34.14%,中部地区的 COD 排放量对环境无效率的贡献最大——为 24.58%。如果将资源和环境综合起来考虑,则中部部资源使用和污染排放量对环境无效率的贡献最高——为 75.14%。因此,通过对环境无效率的分解,我们可以清楚地

了解各个省份和区域环境效率水平的绝对差异,同时也可以知道内部环境无效率的来源的相对差异,从而为提高环境效率制定有针对性的政策。

从各个省份来看,仅仅有上海、广东每一年都处在市场效率的生产边界上,其他省份均不在边界上。考虑节能减排后,北京、上海、广东和海南每一年均处在环境效率生产边界上,天津、青海有部分年份在生产边界上,环境效率较高的省份均集中在东部地区。环境效率较低的省份则为贵州、陕西、广西、山西和四川,全部为西部省份。需要注意的是,我们不能得到这些在生产边界上的东部省份就具有绝对好的环境条件的结论,但是这些省份具有更好的环境绩效(Hu et al.,2005)。在胡鞍钢等(2008)考虑 SO_2 和 COD 两种环境因素的模型中,有辽宁、上海、江苏、安徽、湖北、海南、贵州、云南、西藏九个省份每一年均在生产边界上。结果的差异除了数据的处理、考察的样本时间不同外,一个主要的原因是本书采取了SBM 方向性距离函数,增强了模型的识别力,从而降低了每一年均在生产前沿上省份的数量。

图 3—1 是 VRS 下对两个子时期全国及三大区域市场无效率和环境无效率及其来源的分解,左半部分是市场无效率及其分解,右半部分是环境无效率及其分解[①]。1998—2002 年全国市场无效率的平均值为 0.264,2003—2007 年全国市场无效率的平均值为 0.290,市场无效率增加了 0.026,好产出生产的不足是无效率水平提高的主要原因。1998—2002 年全国环境无效率的平均值为 0.366,2003—2007 年全国环境无效率的平均值为 0.343,环境无效率降低了 0.023。劳动投入、GRP 生产、SO_2 和 COD 的排放过量是无效率水平降低的主要原因。无论是哪个时期,西部地区环境无效率水平均是最高的,并且其环境无效率水平出现了提高趋势。东部和中部地区的环境无效率水平则出现了下降,东部地区的环境无效率水平降低的幅度最大。

[①]　为了避免由于技术边界的变动而导致不同时点的技术效率无法准确比较的问题,我们采取了跨期(Intertermporal)DEA,即所有的观测值在 1998—2007 年数据构成的同一技术边界下进行效率评价。

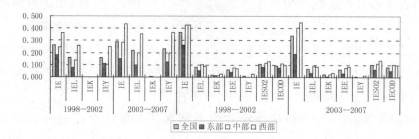

图3—1　中国分区域两个子时期市场无效率和环境无效率及其来源分解(VRS)

二、环境全要素生产率及其分解

环境效率测度了既定时期各省份与生产边界的相对关系,是一种静态的分析。环境全要素生产率是一种动态分析,它可以分析每个省份与生产边界的相对位置变化(效率变化),以及生产边界的移动(技术进步)[①]。表3—5 是 1998—2007 年中国各省份市场全要素生产率和环境全要素生产率及其成分的平均增长率,图 3—2 是中国分区域两个子时期市场全要素生产率和环境全要素生产率及其来源分解(左半部分为市场全要素生产率及其分解)。

中国各省份平均 1998—2007 年的市场全要素生产率平均增长率为1.14%,低于环境全要素生产率 1.8% 的平均增长率。主要是由于考虑资源环境因素后,纯技术进步和规模效率大幅度提高。一个可能的解释就是,环境管制促进技术进步的"波特假说"在中国得到了初步验证,当然这还需要进行专门的研究。与 Kaneko and Managi(2004)和 Managi and Kaneko(2004)的研究结果并不相同,他们在两个研究中均发现考虑环境因素后的全要素生产率增长率均要低于传统的全要素生产率增长率,说明了环境管

---

① 在对环境全要素生产率的测度中,虽然我们使用序列 DEA 最大限度地避免了不可行解的问题,但是仍然存在不可行解:在 VRS 下,海南(9)、北京(7)、广东(7)、上海(5)、青海(5)、天津(3)、福建(3)、山东(2)、江苏(2);在 CRS 下,广东(6)、北京(4)、上海(3)、福建(3)、海南(3)、江苏(1)。括号中为不可行解的次数,我们发现 VRS 下不可行解的数量大幅增加,主要是由于增加了约束条件的缘故。由于不可行解主要影响到技术进步,使得技术进步为负值。我们在分析时,按照 Yörük and Zaim(2005)的思路,假设这些年份的技术进步值为零,生产率指标也作了相应的调整。

理的无效率。结果差异的主要原因,可能是由于使用的"坏产出"指标及考察的时期不同。纯技术进步是市场全要素生产率和环境全要素生产率增长的主要因素。技术进步可以直接通过污染处理技术的改进、生产技术的改进,或者间接地通过降低单位 GRP 的污染强度或能源消耗,从而降低污染排放、降低能源使用,最终提高环境全要素生产率(Färe et al.,2001)。总体上来看,无论是市场技术规模变化率还是环境技术规模变化率均是负值,这意味着市场技术边界和环境技术边界均向不变规模报酬技术变动。

分阶段来看,市场全要素生产率的增长速度增加,主要原因是技术进步;环境全要素生产率的增长速度减缓,主要原因就是纯技术进步速度放缓以及规模效率恶化。环境全要素生率与市场全要素生产率变化趋势的背离,说明我国节能减排任务的艰巨性。按照 2005 年不变价格计算,1998—2002 年我国每万元 GDP 能耗从 1.33 吨标准煤下降到 1.108 吨标准煤,2003—2007 年我国每万元 GDP 能耗从 1.161 吨标准煤下降到 1.159 吨标准煤;1998—2002 年我国 SO_2 排放量从 2090 万吨下降到 1926.6 万吨,COD 排放量从 1499 万吨下降到 1366 万吨;2003—2007 年我国 SO_2 排放量从 2158.5 万吨上升到 2468.1 万吨,COD 排放量从 1333.9 万吨上升到 1381.8 万吨。能耗和排放量的变化趋势进一步说明了节能减排的艰巨性,也说明我国节能减排政策的脆弱性。之所以相对来说,第一阶段的环境全要素生产率较高,可能是由于在节能减排初期,边际节能减排成本较低,采取一些成本较小的措施就可以取得一定的节能减排成果,但随着"低悬的果实"逐渐被采摘殆尽,边际节能减排成本逐渐升高,要继续节能减排必然要付出更大代价(朱松丽,2006)。当然也需要注意,2003—2007 年的市场和环境技术规模变化均为正,这意味着市场和环境技术边界越来越偏离规模报酬不变技术。

表 3—5　中国各省份市场全要素生产率和环境全要素生产率及其成分的平均增长率

省份	市场全要素生产率					环境全要素生产率				
	LTFP	LPEC	LPTP	LSEC	LTPSC	LTFP	LPEC	LPTP	LSEC	LTPSC
北京	0.0011	−0.0179	0.0146	0.0033	0.0011	0.0047	0	0.0002	0	0.0045
天津	0.0223	0.0032	0.0115	0.0039	0.0037	0.0729	0.0024	0.0277	0.0103	0.0325
河北	0.007	−0.0066	0.0121	0.0009	0.0007	0.0236	−0.0447	0.0425	0.0461	−0.0204
山西	0.0016	−0.0145	0.014	0.0057	−0.0036	0.0211	−0.0536	0.0398	0.0558	−0.0209

（续表）

省份	市场全要素生产率					环境全要素生产率				
	LTFP	LPEC	LPTP	LSEC	LTPSC	LTFP	LPEC	LPTP	LSEC	LTPSC
内蒙古	0.0213	−0.0029	0.0187	0.0088	−0.0034	0.0209	−0.0469	0.0372	0.0471	−0.0165
辽宁	0.0246	0.0003	0.0218	0.0006	0.0019	0.0377	−0.0328	0.0428	0.0358	−0.0081
吉林	0.016	−0.0045	0.0188	0.0039	−0.0022	0.0231	−0.0361	0.0328	0.0367	−0.0104
黑龙江	0.0279	0.0109	0.0171	0.0006	−0.0007	0.0357	−0.0231	0.0355	0.0282	−0.0049
上海	0.0102	0	0.0058	0	0.0044	0.0094	0	0.0067	0	0.0027
江苏	0.0273	0.0046	0.0341	−0.002	−0.0094	0.0479	−0.0076	0.0333	0.0097	0.0125
浙江	0.0184	−0.0083	0.0279	0.0006	−0.0018	0.0311	−0.0137	0.0524	0.0118	−0.0194
安徽	0.0024	−0.0055	0.0063	0.0028	−0.0012	0.0257	−0.0356	0.033	0.0388	−0.0105
福建	0.0185	−0.0055	0.0225	0.0014	1E−04	−0.004	−0.017	0.0171	−0.0021	−0.002
江西	−0.0075	−0.0203	0.0102	0.005	−0.0024	0.0044	−0.0425	0.027	0.0347	−0.0148
山东	0.0142	−0.0005	0.0304	−0.0015	−0.0142	0.0459	0.0087	0.0346	0.0003	0.0024
河南	−0.0024	−0.0096	0.0056	0.0011	0.0006	0.0182	−0.0458	0.0387	0.0455	−0.0202
湖北	−0.0065	−0.0315	0.0171	0.0149	−0.007	0.0153	−0.1182	0.0522	0.116	−0.0347
湖南	0.0036	−0.005	0.0068	0.0019	−1E−04	0.0111	−0.0408	0.0316	0.0374	−0.0171
广东	0.0064	0	0.0026	0	0.0038	0.0091	0	0.0034	0	0.0057
广西	−0.0074	−0.0173	0.0077	0.005	−0.0028	0.005	−0.0521	0.0301	0.0475	−0.0205
海南	0.0396	−0.008	0.0356	0.0093	0.0026	−0.0169	0	0	−0.0297	0.0128
重庆	−0.009	−0.0241	0.012	0.0065	−0.0034	0.0098	−0.0575	0.0354	0.0529	−0.021
四川	0.0018	−0.0056	0.0059	0.0015	0.0001	0.0248	−0.04	0.0335	0.0429	−0.0116
贵州	−0.0074	−0.0213	0.0111	0.0113	−0.0085	0.0126	−0.0609	0.0374	0.0618	−0.0257
云南	−0.0064	−0.0166	0.0084	0.0037	−0.0018	0.0098	−0.0504	0.0345	0.0474	−0.0217
陕西	0.0181	0.0028	0.0129	0.0047	−0.0023	0.0192	−0.047	0.0338	0.0488	−0.0164
甘肃	−0.0014	−0.0184	0.0137	0.0113	−0.0079	0.0137	−0.0454	0.0309	0.0426	−0.0144
青海	0.0453	−0.0331	0.0531	0.0269	−0.0016	−0.0008	−0.0354	0.0017	0.0221	0.0107
宁夏	0.0417	−0.0302	0.0532	0.0232	−0.0045	0.0051	−0.051	0.0212	0.0471	−0.0122
新疆	0.0215	−0.0143	0.029	0.0029	0.004	0.0038	−0.0528	0.037	0.0437	−0.0241
全国	0.0114	−0.01	0.018	0.0053	−0.0018	0.018	−0.0347	0.0295	0.0327	−0.0095
东部	0.0172	−0.0035	0.0199	0.0015	−0.0006	0.0238	−0.0095	0.0237	0.0075	0.0021
中部	0.0044	−0.01	0.012	0.0045	−0.0021	0.0193	−0.0495	0.0363	0.0492	−0.0167
西部	0.0107	−0.0165	0.0205	0.0097	−0.0029	0.0113	−0.049	0.0302	0.0458	−0.0157

　　东部地区 1998—2007 年市场全要素生产率和环境全要素生产率平均增长率均高于中西部地区。借鉴 Hu et al.（2005）的术语，我们将这种现象称为中国区域经济发展中的"双重恶化"，即中西部两大内陆地区无论是市场全要素生产率还是环境全要素生产率增长率均低于东部沿海地区。涂正革（2008）发现，1998—2005 年，无论从静态还是动态指标观察，我国中西部地区的环境保护与工业增长都处于失衡状况，而东部沿海发达地区的工业

发展与环境关系较为和谐,也支持了我们的实证结果。这种"双重恶化"主要是由于技术规模变化的差距引起的,一个可能的原因就是中西部地区由于缺乏资金改造高污染生产设备,工业集中在污染程度较大的行业,并且治理污染的技术水平较低(Hu et al.,2005)。如果分阶段看,三大区域的市场全要素生产率增长率均出现了提高,主要是由于纯效率变化率、规模效率变化和技术规模变化提高的结果;三大区域的环境全要素生产率增长率则均出现了下降,主要是由于纯技术进步和规模效率变化降低的结果。

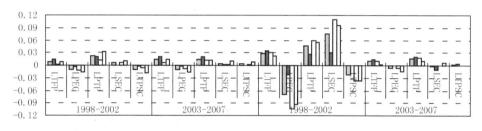

图 3—2　中国分区域两个子时期市场全要素生产率和
环境全要素生产率及其来源分解

　　从各个省份来看,1998—2007 年,73.3%(22/30)的省份表现出了市场全要素生产率的增长,增长最快的三个省份是青海(4.53%)、宁夏(4.17%)、海南(3.96%);青海、宁夏的市场全要素生产率增长由纯技术进步和规模效率变化推动,海南的生产率增长由纯技术进步、规模效率变化和技术规模变化三重推动。除了福建、海南和青海外,其他省份的环境全要素生产率均为正增长,增长最快的三个省份是天津(7.29%)、江苏(4.79%)、山东(4.59%);天津和山东的环境全要素生产率由纯效率变化、纯技术进步、规模效率变化和技术规模变化四重推动,纯效率变化没有促进江苏环境全要素生产率的提高。考虑资源环境因素后,各省全要素生产率增长的排名发生了显著的变化。其中排名进步较大的省份有安徽、四川、山东,而排名退步较大的省份有海南、青海、宁夏、福建和新疆。我们也进行了非参数的 Spearman 秩相关系数检验,检验排名是否发生了显著性变化。检验的结果发现,在 83% 的水平上市场全要素生产率和环境全要素生产率相关系数为−0.18。这种排名的变化反映出各地区资源环境因素对产出影响的强弱：即排名进步的地区受资源环境因素的影响相对较小，而排名退步的地区受到的影响相对较大（胡鞍钢等，2008）。

三、影响环境效率和环境全要素生产率的因素分析

上一部分分析了中国各省份节能减排约束下的环境效率和环境全要素生产率绩效，这一部分将分析影响环境效率和环境全要素生产率的因素。本书的研究主要是根据生产率相关的决定理论、前人的研究以及自己的思考来确定这些因素[①]。在某些情况下，这些因素的选择还要受到数据可得性的限制。

为了检验环境效率和影响其因素的关系，我们运用 Tobit 模型进行分析[②]。环境全要素生产率和影响其因素的关系，我们利用面板数据模型进行回归。影响因素包括：1. 发展水平：用不变价格的人均 GRP（GRPPC）的对数表示，人均 GRP 对数的平方也包含在回归方程中，主要是考察环境效率和环境生产率和人均 GRP 之间的二次型关系；2. 外商直接投资：用外商直接投资占 GRP 的比重（FDI）表示，主要为了检验"污染天堂"假说；3. 结构因素：资本—劳动比的对数（LN(K/L)）表示禀赋结构，工业增加值占 GRP 的份额（GYH）表示产业结构，国有及国有控股企业总产值与工业总产值的比重（GYHBZ）表示所有制结构，折合为标准煤以后的煤炭消费量占能源消费量的比重（NYJG）表示能源结构；4. 政府的环境管理能力：用排污费收入占工业增加值的比重（LEVY），和颁布环境地方法规数（DFFG）表示；5. 企业的环境管理能力：用工业 SO_2 去除率（工业 SO_2 去除量比上去除量与排放量之和，SQCL）和工业 COD 去除率（工业 COD 去除量比上去除量与排放量之和，CQCL）表示；6. 公众的环保意识：由教育程度（6 岁及以上人口中高中以上学历人口的比重，JYCD）代理。

表 3—6 给出了回归结果，Hausman 检验表明对环境全要素生产率的回

---

① Loko and Diouf(2009)对决定全要素生产率增长的因素进行了详细的探讨。

② 由于环境无效率值越小表示效率水平越高，所以回归出来的结果不符合传统的习惯。为了使得回归结果符合传统习惯，我们利用公式 E=1(1+IE)将环境无效率值转换为环境效率值。由于转转之后的值在 0 与 1 之间，所以选择 Tobit 回归模型。

归分析应选择固定效应模型①。在 CRS 和 VRS 两种假设下,各因素对于环境效率的影响方向是一致的。我们首先关注经济发展和 FDI 对于环境无效率和环境全要素生产率的影响,这将涉及"环境库兹涅茨曲线"和"污染天堂"假说。环境效率和环境全要素生产率均支持"环境库兹涅茨曲线"假说,这与 Li and Zheng(2004)和 Wu(2007)的研究结果是一致的。"污染天堂"假说认为,发达国家的环境规制水平较高,发展中国家的环境规制水平较低,因此必然有大量 FDI 流入发展中国家的污染密集型部门。但也有一些学者认为,东道国的经济发展水平、政治稳定性和法律完备程度是决定一国 FDI 水平的关键因素,而环境规制政策对 FDI 的区位水平几乎没有任何影响。我们的研究结果发现,FDI 对环境效率和环境全要素生产率具有显著的正向作用,这个结论与涂正革(2008)并不一致。他发现,FDI 企业投资规模的增长并没有带来环境效率的整体水平提高,FDI 规模每增长 1%,环境技术效率反而下降 3.2 个百分点。而 Li and Zheng(2004)的研究发现 FDI 对环境效率的影响并不显著,所以不支持"污染天堂假说"。研究结果的主要差异可能是由于研究对象以及污染物的选择不同。

结构因素中,反映禀赋结构的资本—劳动比对环境效率有显著的负作用,这和我们的预期是一致的。若地区资本—劳动比上升,说明该地区经济结构正从劳动密集型向资本密集型转化,而资本密集型产业和劳动密集型产业分别倾向于重污染产业和轻污染产业(涂正革,2008)。资本—劳动比与环境全要素生产率具有显著的正相关关系,可能的原因主要是资本密集型企业的技术进步抵消了其对环境效率的负面影响。产业结构对于环境效率和环境全要素生产率有显著的负影响。这说明,目前我国随着工业化程度的提高,节能减排约束下的环境效率和生产率增长将下降。因此,一方面需要我国加快产业结构升级,大力发展第三产业;另一方面,要进一步强化走新型工业化道路,优先发展先进制造业,降低工业化程度提高对环境的影

① 为了考虑生产率在各年间的动态变化,以及克服生产率指标在 0 附近变化不显著造成的计量不显著问题,我们在分析时运用累积生产率指标,并且根据 Managi and Ranjan(2008),对环境全要素生产率进行了对数转换。由于一些值为负值,不可能进行简单的对数转换,首先将所有的值转换为(1+LTFP),再对其求对数。

响。所有制结构对于环境效率和环境全要素生产率有显著的正影响。所有制结构影响环境业绩的方向和程度依赖各方面的综合影响,它们之间的差异是不易预期的(彭海珍和任荣明,2004)。所以,我们的研究结论发现,用国有化程度表示的所有制结构对于环境效率和环境全要素生产率有显著的正面影响,这不同于一些相关的研究(如,Wang and Wheeler,2000)。能源结构对于环境效率和环境全要素生产率具有显著的负影响。在今后的发展中,我国需要大力发展新型能源,不断改善以煤炭为主的能源结构,从而优化能源结构对于节能减排的影响。

表 3—6　环境效率和环境全要素生产率的决定因素分析

自变量 \ 因变量	环境效率				环境全要素生产率	
	VRS		CRS			
	系数	Z－Stat	系数	Z－Stat	系数	T－Stat
α	3.872	4.4899**	1.5869	2.753**	1.6656	3.1709**
GRPPC	−0.7422	−3.9889**	−0.3321	−2.6716**	−0.4264	−3.9206**
GRPPC²	0.0448	4.4109**	0.0288	4.1948**	0.023	4.1379**
FDI	2.7555	11.9312**	2.2004	12.1532**	0.1766	1.4287‡
LN(K/L)	−0.0446	−2.7247**	−0.1452	−10.8874**	0.1365	5.1275**
GYH	−0.2198	−3.7316**	−0.2811	−5.5505**	−0.0971	−2.206*
GYHBZ	0.0848	2.4894**	0.1262	4.5038**	0.307	8.2085**
NYJG	−0.0824	−3.2917**	−0.0831	−3.8335**	−0.0383	−1.1154
LEVY	−0.1103	−3.1112**	−0.0488	−1.5644‡	−0.0141	−1.0621
DFFG	−0.0006	−0.9813	−0.0002	−0.3912	−0.0009	−3.3187**
SQCL	−0.0927	−4.1791**	−0.1134	−6.4584**	0.0229	1.1996
CQCL	0.0672	2.9298**	0.1288	6.6299**	0.0805	7.8041**
JYCD	0.2262	2.3043*	0.1936	2.5003**	0.0611	1.0647
R²(Sigma)	0.0652	21.04	0.0494	21.93	0.8768	
OBS	300		300		270	

注:** 表示估计系数在 1% 水平上显著,* 代表估计系数在 5% 水平上显著,‡ 表示估计系数在 15% 水平上显著;Sigma 是 Tobit 回归的规模参数。

最后,政府环境管理能力与环境效率和环境全要素生产率负相关。排污费收入占工业增加值对环境效率有显著的负影响,而对环境全要素生产率的影响为负但不显著。这一方面说明污染控制政策仅仅具有短期的水平效应,没有长期的增长效应;另一方面也意味着政府需要对现有的排污费政策进行重新设计和改革。颁布环境地方法规数对环境效率的影响为负但不显著,对环境全要素生产率的影响显著为负,其原因可能是制定的地方法规越多的省份,污染越严重,进一步说明政府对环境污染的控制能力需要加强。工业 SO_2 去除率对环境效率具有显著的负影响,对环境全要素生产率则没有显著的影响;工业 COD 去除率对于环境效率和环境全要素生产率具有显著的正影响。这一方面意味着企业的管理能力对环境绩效有显著的影响,在今后的节能减排中,要充分地发挥企业的积极性;另一方面也需要认识到这种作用的不对称性,要加强对企业 SO_2 排放的管制,提高企业管理 SO_2 排放的能力。环保意识显然对于一个社会环境管理的能力是非常重要的,我们发现公众的环保意识与环境效率显著的正相关,与生产率的增长没有显著的关系。当然用教育程度表示公众的环保意识不一定是一个很恰当的指标,但是我们的研究表明,需要进一步将日益提高的公众环保意识转化为促进社会环境管理能力提高的重要动力。

第五节 结 论

由于没有考虑投入和产出的松弛效应以及对于测算角度的主观选择、径向和角度的 DEA 使得效率和生产率增长的测算出现了偏差。本书在发展 SBM 方向性距离函数的基础上,测度了考虑资源环境因素下中国 30 个省份 1998—2007 年的环境效率及其无效率的来源,并运用卢恩伯格生产率标测度了中国 30 个省份 1998—2007 年环境全要素生产率增长及其成分。最后,对影响环境效率和环境全要素生产率增长的因素进行了实证研究。

中国各省份 1998—2007 年不考虑资源环境因素的市场无效率的平均值为 0.238,节能减排下全国环境无效率的平均值为 0.288。能源的过度使用以及 SO_2 和 COD 的过度排放是环境无效率的主要来源。环境效率较高的省份均集中在东部地区。分阶段来看,无论是哪个时期,西部地区环境无效率水平均是最高的,并且其环境无效率水平出现了提高趋势。东部和中部地区的环境无效率水平则出现了下降,东部地区的环境无效率水平降低的幅度最大。通过对环境无效率的分解,我们可以清楚地了解各个省份和区域环境效率水平的绝对差异,同时也可以知道内部环境无效率的来源的相对差异,从而为提高环境效率制定有针对性的政策。

中国各省份平均 1998—2007 年的市场全要素生产率平均增长率为1.14%,低于环境全要素生产率 1.8%的平均增长率。主要是由于考虑资源环境因素后,纯技术进步和规模效率大幅度提高。分阶段来看,环境全要素生率与市场全要素生产率变化出现了背离的趋势,表明了我国节能减排任务的艰巨性。中西部两大内陆地区无论是市场全要素生产率还是环境全要素生产率增长均低于东部沿海地区,出现了中国区域经济发展中的"双重恶化"。资源环境因素对于各省份全要素生产率增长的排名有显著的影响。

我们也考察了影响环境效率和环境全要素生产率增长的因素。环境无效率和环境全要素生产率均支持"环境库兹涅茨曲线"假说,FDI 对于环境效率和环境全要素生产率均有显著的正影响,并不支持"污染天堂假说"。禀赋结构对环境效率有显著的负作用,与环境全要素生产率具有显著的正相关关系;产业结构对于环境效率和环境全要素生产率有显著的负影响;所有制结构对于环境效率和环境全要素生产率有显著的正影响;能源结构对于环境效率和环境全要素生产率具有显著的负影响。政府环境管理能力与环境效率和环境全要素生产率负相关。企业的管理能力对环境绩效有显著的影响,但其作用具有不对称性;公众的环保意识与环境效率显著的正相关,与生产率的增长没有显著的关系。

当然本书研究的时期相对较短,没有考虑其他的污染排放物,选取影响因素指标的主观性等,这些研究的不足都可能影响到评价各个省份环境全要素生产率的准确性以及某些结论的说服力。这也将是我们下一步研究的方向。

第四章 环境约束下中国区域工业
技术效率与生产率

第一节 引言

工业经济是国民经济的主导,是衡量一个国家和地区生产力发展水平的重要标志。改革开放以后,我国经济持续快速发展,人民生活水平显著提高。在各个行业中,工业经济的增长最为显著,谢千里、罗斯基、郑玉歆(1995)研究表明改革开放以来我国工业生产率对经济增长发挥了重要作用。工业经济作为我国经济的主体,年均增速达到11.58%(吴军,2009)。但是这种增长主要依靠的是要素的大量投入而非全要素生产率(TFP)的大幅提升(吴敬琏,2005;林毅夫、苏剑,2007)。长期以来,我国经济形成了一种低质量、低效益、低就业、高能耗和高污染排放的增长模式(胡鞍钢,2008)。目前,我国已进入工业化中期阶段,能耗和排放密集型的重化工业快速发展,工业增长对重化工业的需求很大,重化工业在本质上是资本密集型的,具有较高的资本劳动比。因此,我国在工业化发展的特定时期内,高能耗和高排放的钢铁、水泥和化工等资本密集型的重化工业将在经济中发挥不可替代的作用(陈诗一等,2010),而重化工业对生态环境造成的破坏很大。资本深化所带来的重化工业的快速发展及由此带来的污染排放的增加将会加剧我国经济发展与生态环境之间的矛盾。

已有资料显示,我国环境污染的损失估计大约每年540亿美元,接近中国GDP的8%(World Bank,1997)。Economy(2004)报告的2000年世界上污染最严重的20个城市中,中国有16个城市。我国在2002年和2005年连续两次公布的世界"环境可持续性指数"(EPI)排名中,均居世界倒数第14

位。据国家环保总局统计,2003 年全国排入水体的 COD 超过环境容量的 62％,二氧化硫排放量超过环境容量的 81％。2005 年我国二氧化硫排放总量高达 2549 万吨,比 2000 年增加了 27％,位居世界第一。2006 年全国七大水系 V 类和劣 V 类水质占 26％,国家重点监控的 9 个大湖泊中整体水质为 V 类和劣 V 类水质的就达 7 个,我国水污染已进入整体爆发期(吴军,2009)。根据美国耶鲁大学和哥伦比亚大学的科学家联合发布的 2008 年世界环境绩效排名,中国在参评的 149 个国家和地区中仅位居 105 位(张成等,2010)。

　　21 世纪以来,我国在经济上获得迅猛发展的同时,也开始逐步重视对环境的保护和规制。国家发改委在 2004 年颁布了《节能中长期专项规划》。2005 年我国颁布了《可再生能源法》。2006 年我国"十一五"规划纲要明确提出节能减排的约束性指标,即 2006—2010 年单位 GDP 能耗降低 20％、主要污染物排放总量减少 10％左右(陈诗一,2010)。2007 年出台《中国应对气候变化国家方案》,中国是最早制定实施该方案的发展中国家。有资料显示,近年来,中国是节能减排力度最大的国家,也是新能源和可再生能源增长速度最快的国家。汇丰银行的一个最新研究报告表明,在 2008 年年底的 4 万亿人民币总刺激投资中,中国投入节能减排和生态工程、结构调整和技术改造等低碳项目的资金占到了 38％,仅次于韩国 81％和欧盟 59％的低碳投入深度,高于位于第六的美国(12％)(陈诗一,2010)。当前,国家"十二五"规划也把节能、环保、应对极端气候问题提到更重要的议程。

　　尽管我国已制定一系列的环境规制方案,但我国面临的生态环境脆弱、资源相对短缺、环境容量不足的现实,以及快速工业化和城市化的现状,客观上要求政府要进一步加强环境规制强度和力度,与此同时也要考虑经济增长问题,力争实现经济增长和环境保护的"双赢"。我国提出全面建设小康社会的目标之一是,改善生态环境,提高资源利用效率,促进人与自然的和谐发展,推动整个社会走上生产发展、生活富裕、生态良好的文明发展之路,增强社会的可持续发展能力。因此,加快转变经济发展方式,实现工业经济的可持续发展尤为重要。一方面要提高工业经济对经济增长的贡献,另一方面,要尽量减少工业活动对环境产生的不利影响。与此相对应,正确评价我国工业经济发展绩效就必须在传统的全要素生产率研究基础上考虑环境因素的影响。在这样的大背景下,考虑环境因素,对工业全要素生产率进行测定,对工业经济的经济绩效进行评价,以及测算工业经济的环境规制成本,具有重要的现实意义。科学的测度以及正确评价我国工业经济的运行效率,有助于我们对工业经济增长及发展进行更精确的测度,进而在精确测度的基础上进行正确的决策定位,对缓解资源紧张、促进生态环境保护、转变经济发展方式,以及落实科学发展观、推动可持续发展和建立节约型、效率型工业,都具有重大的理论意义和实践意义。

本章运用1998—2007年中国各地区规模以上工业企业的面板数据,采用序列数据包络分析(Sequential DEA)方法和曼奎斯特—卢恩伯格生产率指数(ML)测量环境约束下的技术效率、环境管制成本及地区工业全要素生产率,并使用动态面板数据的GMM方法对影响技术效率和工业全要素生产率的因素进行实证分析。

第二节　文献综述

自20世纪90年代开始,国内学者逐渐对中国工业生产率表现出极大的关注。从现有文献来看,对中国工业生产率的早期研究大都集中于测度传统的工业生产率,即不考虑工业生产过程所产生的各种污染。

蔡金续(2001)采用C—D生产函数为基本工具,对我国31个省区市工业生产率水平进行比较分析,认为各地区工业经济差距明显。结果表明,1995—1998年,我国工业劳动生产率水平有大幅度提高;资金生产率逐年下降,综合要素生产率呈缓慢上升趋势。在三大地带中,东部、中部地区生产率水平不断提高,而西部地区生产率水平有下降趋势,且与东、中部地区差距越来越大。孙巍、叶正波(2002)采用非参数生产率指数方法对转轨时期中国工业经济增长方式的转变程度进行定量研究。文章采用分区域的工业统计数据生产资源配置效率的变化和技术水平的变化两个方面测算了工业生产率的演化,并对生产率增长的内涵、经济增长方式转变的判据、区域性工业经济增长的特征等问题阐述了作者的观点。郑京海、刘小玄(2002)运用 DEA 技术和 Malmquist 指数方法对中国 1980—1994 年期间 700 家国用企业的经济绩效进行了研究。分析表明:国有企业在这期间取得了较块的增长,而且这主要归结于技术进步而不是效率改进,没有显著证据支持国有企业的经营效率得到改善。武义青和顾培亮(2002)测定了 1995—1998 年我国三大地带、六大区域及 31 个省区市工业的综合生产率,并进行了比较分析。结论表明:我国工业综合生产率呈缓慢上升趋势;三大地带中,东部和中部上升,而西部下降;六大区域中,华东和中南上升,而华北、东北、西北及西南下降;省区市中,少数省区市上升,而多数省区市下降;全国综合生产率上升主要靠部分东、中部地区中华东和中南地区的广东、福建、山东、浙江、湖北、湖南、海南等地的带动;无论三大地带、六大区域,还是省区市,地区差距均呈扩大趋势。吴玉鸣和李建霞(2006)运用空间统计和空间计量经济学的相关模型和方法,对 2003 年中国大陆 31 个省、自治区和直辖市的工业企业全要素生产率进行了空间计量经济测算分析,实证结果符合我国工业生产率发展实际:东部沿海省域的工业 TFP 普遍较高,而西部内陆省域的 TFP 普遍较低。2003 年我国省域工业生产率增长是由资本和技术共同推动的。赵自芳和史晋川(2006)以 1999—2005 年全国 30 个省区市的制造业为样本,运用 DEA 方法对要素市场扭曲导致的效率损失进行了实证分析。研究表明:产业组合的技术效率存在不同程度的损失现象,如果消除产业组合的技术非效率,则可以使全国制造业总产出提高近 30 个百分点,各省的产业效率呈现出明显的梯度特征,东部地区高于中部,而中部地区又高于西部;如果消除要素市场扭曲对技术效率损失的影响,则在投入不变的条件下可以使全国制造业的总产出提高 11%。沈能等(2007)用基于非参数的 Malmquist 指数方法将全要素生产率(TFP)变动分解为技术进步和生产效率变化两个部分,运用该方法测算了中国改革以来整体工业生产率的变动趋势,并进一步探讨了地区之间工业 TFP 增长差异的特征。结果显示:改革开放以来,中国工业 TFP 的增长主要是由技术进步推动的,生产效率的下降对 TFP 的增长造成了不利影响。同时,东、中、西部地区之间工业 TFP 增长率也存在显著差异,地区技术进步程度的差异是造成地区工业 TFP 差距持续扩大的主要因素。陶洪和戴昌钧(2007)以人均资本作为投入指标,基于

DEA 生产前沿面,将劳动生产率指数分解为技术效率变化、纯技术进步、人均资本的规模效率变化和资本强度变化四项指标,分析了 1999—2005 年期间,影响中国省际工业劳动生产率变动的因素。分析表明:1999 年以来中国工业劳动生产率的提高主要来源于技术进步,而且由于技术扩散的作用,经济相对落后省份的工业生产率高于经济发达地区;其次是资本深化,在这期间技术效率有轻微下降,并对劳动生产率的改善具有消极影响,而中国各省份普遍处于人均资本规模报酬递减的状态。涂正革(2007)采用 Malmquist 指数和 DEA 技术,研究中国 28 个省区市地区大中型工业的动力,分析发现 1995—2004 年:(1)大中型工业平均增长 15.5%,其中全要素生产率增长拉动工业增长平均为 9.2%,贡献率约 60%,对工业增长的贡献从 1996 年的－9.6% 上升到 2003 年的 18.2%、2004 年的 10.4%,而资本和劳动投入增长对产出增长的综合贡献从 1996 年的 13.5%,下降到 2004 年的 0.7%。(2)全要素生产率中技术进步和规模效率的改善对产出增长的贡献日渐突出,技术进步推动工业经济增长 5.2%,规模效率改善推动工业增长 3.3%。(3)工业企业全要素生产率快速增长的背后因素可以简单归纳为:省际竞争、学习和模仿、经济全球化和外商投资、民营化改革和经济扩张期。因此,本书认为全要素生产率,特别是技术进步和规模效率的提高,是区域工业经济快速增长的源泉。谢千里、罗斯基和张轶凡(2008)运用生产函数法,采用的数据包括 1998 年和 2005 年中国所有规模以上工业企业,着眼于沿海和内陆地区生产率的差异,对中国工业绩效进行了深入的讨论。文章主要探讨了三个问题:(1)中国工业经济的增长多大程度上是由生产率的改变所驱动的;(2)不同所有制类型的企业生产率表现有何差异,包括对国有企业和各种非国有企业的比较;(3)我们探讨了沿海、东北部、中部和西部等四个主要经济区域的生产率水平是否存在收敛的问题。我们发现企业进入和退出样本对生产率增长有着特殊的影响。在 1998 年至 2005 年间,这种进入和退出促进了中国工业生产率的增长,并且加快了内陆省份生产率对沿海地区的追赶。柴志贤、黄祖辉(2008)对 1993—2003 年鉴中国 30 个省份工业行业全要素生产率、技术效率和技术进步进行了分析,并对区域、行业收敛作了回归分析,文章认为专业化对全要素生产率有抑制效果,多样化则对全要素生产率有促进作用。高新才和韩妍(2009)以全要素生产率为研究对象,以其在中国各区域工业发展差异中的作用为研究起点,基于数据包络分析的 Malmquist 生产率指数方法,测算了中国改革以来整体工业生产率的变动趋势,并进一步探讨了三大地区之间工业全要素生产率增长差异的特征。刘勇(2010)利用 1998—2007 年省级面板数据,对中国工业全要素生产率变化趋势以及影响因素作了分析,研究结果显示,工业全要素生产率在 2002 年后呈现增长趋势,中部地区全要素生产率高于东部,东部高于西部地区;文章认为集聚经济效应、国有经济比重等因素对全要素有明显的影响。

上述研究存在的问题是,在测量工业生产率时,没有考虑在生产过程中产生的外部性,主要集中于测度市场性的"好产出",忽略了伴随生产过程产生的非市场性的"坏产出",例如各种污染。工业生产过程,所产生的各种污染,对社会和环境产生负效应,但污染的治理是需要成本的,政府的环境管制使得部分资源转移出"好产出"的生产。因此,运用上述研究的一些结论对现实进行指导,容易导致偏差和失误。

随着环境问题的日益突出,已有学者在测量中国工业生产率时考虑环境因素的影响。Watanabe and Tanaka(2007)利用方向性产出距离函数检验了1994—2002 年中国省际水平工业的环境效率。涂正革(2008)根据我国 30 个省区市地区要素资源投入、工业产出和污染排放数据,计算各地区环境技术效率,衡量环境与工业增长的协调性,并对环境技术效率的差异进行了回归分析。解垩(2008)运用 DEA 方法测度了 1998—2004 年中国 31 个省区市工业的曼奎斯特生产率指数、技术效率和技术进步,然后检验了环境规制对工业技术效率、技术进步和生产率增长的影响。吴军(2009)通过 Malmquist—Luenberger 指数将环境因素纳入全要素生产率(TFP)分析框架,测算分析了环境约束下中国 1998—2007 年地区工业 TFP 增长及其成分,并对其收敛性进行了检验。杨俊和邵汉华(2009)引入考虑了"坏"产出的 Malmquist—Luenberger 生产率指数,测算了 1998—2007 年地区工业考虑了环境因素情况下的全要素生产率增长及其分解。杨文举(2009)在生态效率视角下,结合 Malmquist 指数和数据包络分析法,以中国大陆 31 个省区市在 2003—2007 年的工业发展经历为样本进行了相应的经验分析。涂正革、肖耿(2009)根据中国 30 个省区市1998—2005 年规模以上工业企业投入、产出和污染排放数据,构建环境生产前沿函数模型,解析中国工业增长的源泉,特别是环境管制和产业环境结构变化对工业增长模式转变的影响。Zhang(2009)运用资料包络分析模型来测度中国地区工业系统的环境效率。他的研究结果表明如果投入稳定,好产出选项不变,中国的环境污染有潜力能够最少减少60%。同时,环境效率和技术效率都有潜在改善的可能性,这应该给政策决策者很好的启示。许冬兰、董博(2009)以中国工业为研究对象,以经济发展程度不同的东部、中部和西部三个地区作为研究区域,采用非参数数据包络法(DEA)中的径向效率测量方法(Radial efficiency measure)作为主要研究方法,分析了在1998—2005年期间环境规制对中国工业的技术效率和生产力损失的影响。吴军和笪凤媛(2010)将环境因素纳入TFP测算框架,测算并比较分析了2000年以来我国三大区域在是否考虑环境因素两种情形下的TFP、生产效率与技术进步指数。李伟和章上峰(2010)通过Malmquist—Luenberger指数重新测算考虑环境污染约束的工业全要素生产率增长,并寻找行业"创新者",同时与不考虑环境污染约束的情况进行对比分析。实证研究发现:虽然忽略环境约束会低估技术效率水平和技术效率指数,但会高估技术进步指数和全要素生产率指数;行业"创新者"主要集中于制造业,尤其是环境污染较低的行业。

这些研究主要有以下不足:(1)上述研究虽将环境因素纳入工业生产率研究框架,但均未对环境管制对工业生产率损失的影响关系进行深入探讨;仅有许冬兰和董博(2009)讨论了环境规制对技术效率和生产力损失的影响,但实证研究的对象为中国各地区制造业。(2)上述运用DEA的文献大多所运用的是当期DEA(Contemporaneous DEA),从而在生产率分析中得到技术有可能退步的结论,而序列DEA则可以克服这个不足。(3)大多数文献没有对生产率或技术效率进行影响因素分析,仅有杨俊和邵汉华(2009)、解垩(2008)、涂正革(2008)对影响环境生产率或技术效率的因素进行了回归分析,但采用的方法是静态面板数据回归模型;但是用DEA方法测量出的生产率结果具有序列相关性,并且影响因素具有动态变化的特征,采用静态估计方法对生产率进行影响因素的分析并不可靠,而动态GMM估计不仅可以有效地解决序列相关问题,而且可以避免解释变量的内生性。

本章试图弥补以上研究不足,运用1998—2007年中国各地区规模以上工业企业的面板数据,采用序列 DEA 方法和 Malmquist—Luenberger 生产率指数法测量环境约束下的技术效率、环境管制成本及中国地区工业全要素生产率,并运用动态 GMM 估计方法对影响技术效率和生产率的因素进行实证分析。

第三节   研究方法

假设每一个省份使用 N 种投入 $x = (x_1, \cdots, x_N) \in \mathrm{R}_N^+$ 得到 M 种"好"产出 $y = (y_1, \cdots, y_M) \in \mathrm{R}_M^+$,以及 I 种"坏"产出 $b = (b_1, \cdots, b_I) \in \mathrm{R}_I^+$,每一个时期 $t = 1, \cdots, T$,第 $k = 1 \cdots K$ 个省份的投入和产出值为 $(x^{k,t}, y^{k,t}, b^{k,t})$。在 Fare et al. (2007)介绍的环境技术(The Environmental Technology)公理基础上,运用数据包络分析(DEA)可以将环境技术模型化为:

$$P_{\mathrm{WD}}(x^t) = \{ (y^t, b^t) : \sum_{k=1}^{K} z_k^t y_k^t \geqslant y, \sum_{k=1}^{K} z_k^t b_k^t = b, \sum_{k=1}^{K} z_k^t x_k^t \leqslant x, z_k^t \geqslant 0, k = 1, \cdots, K \}$$

$$(4.1)$$

z_k^t 表示每一个横截面观察值的权重。非负的权重变量表示生产技术是规模报酬不变的。在式(1)中,"好"产出和投入变量的不等式约束意味着"好"产出和投入是自由可处置的,加上"坏"产出的等式约束后,则表示"好"产出和"坏"产出联合起来是弱可处置的,从而"坏"产出的减少以"好产出"的减少为代价。因此,式(4.1)也可以叫做弱可处置性环境技术,用下标 WD 表示。

若式(4.1)中"坏"产出的等式约束变为式子(4.2)中的不等式约束,则表示"坏"产出是可以无成本处理,这时的环境技术成为强可处置性技术,用下标 SD 表示。

$$P_{\mathrm{SD}}^t(x^t) = \{ (y^t, b^t) : \sum_{k=1}^{K} z_k^t y_k^t \geqslant y, \sum_{k=1}^{K} z_k^t b_k^t \geqslant b, \sum_{k=1}^{K} z_k^t x_k^t \leqslant x, z_k^t \geqslant 0, k = 1, \cdots, K \} \quad (4.2)$$

环境管制的目标是减少污染("坏"产出),保持经济增长("好"产出)。为了将这样的生产过程模型化,我们需要引入 Chung et al. (1997)的方向性距离函数,这个函数是谢泼德(Shephard)产出距离函数的一般化。基于产出的方向性距离函数可以用下式表述:

$$\vec{D}_o(x,y,b;g) = \sup\{\beta:(y,b) + \beta g \in P(x)\} \tag{4.3}$$

$g = (g_y, g_b)$ 是产出扩张的方向向量。在本书中,我们选择的方向向量是 $g = (y, -b)$,这意味着,同比例地增加"好"产出而减少"坏"产出,同时兼顾环境管制和经济增长。

为了计算由于环境管制所导致的好产出的损失,我们称之为环境规制成本,我们采用 Domazlicky and Weber(2004)所构建的指数:

$$Loss_t = \frac{1 + \vec{D}_0^{SD}(y,b,x;g_y,g_b)}{1 + \vec{D}_0^{WD}(y,b,x;g_y,g_b)} - 1 \tag{4.4}$$

在图 4—1 中,对于 C 点,在弱可处置性下,生产可能性集 $P(x) = 0ABDF0$,方向向量 $g = (y, -b) = (3, -3)$,对应的方向性距离函数 $\vec{D}_0^{WD}(y,b,x;y,-b) = \frac{CE}{0g} = 0.33$。

在强可处置性假设下,生产可能性集 $P(x) = 0HBDF0$,对于同一个方向向量 $g = (y, -b) = (3, -3)$,对应的方向性距离函数 $\vec{D}_0^{SD}(y,b,x;y,-b) = \frac{CX}{0g} = 0.66$。

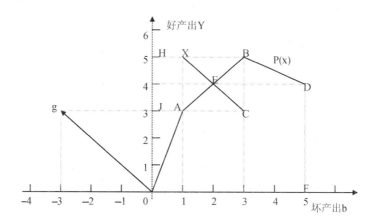

图 4—1 产出集 P(x)和方向性距离函数

因此,由于环境规制所导致的好产出的损失值 $Loss_t \approx 25\%$,即环境规制的成本是损失好产出 25%.

有了方向性距离函数,我们便可以构造全要素生产率指数。根据

Chung et al. (1997)，基于产出的 Malmquist－Luenberger(ML) t 期和 $t+1$ 期之间的生产率指数为

$$ML_t^{t+1} = \left\{ \frac{[1+\vec{D}_o^t(x^t,y^t,b^t;g^t)]}{[1+\vec{D}_o^t(x^{t+1},y^{t+1},b^{t+1};g^{t+1})]} \times \frac{[1+\vec{D}_o^{t+1}(x^t,y^t,b^t;g^t)]}{[1+\vec{D}_o^{t+1}(x^{t+1},y^{t+1},b^{t+1};g^{t+1})]} \right\}^{\frac{1}{2}} \quad (4.5)$$

ML 指数可以分解为效率变化(EFFCH)和技术进步指数（TECH）：

$$ML = EFFCH \times TECH \quad (4.6)$$

$$EFFCH_t^{t+1} = \frac{1+\vec{D}_o^t(x^t,y^t,b^t;g^t)}{1+\vec{D}_o^{t+1}(x^{t+1},y^{t+1},b^{t+1};g^{t+1})} \quad (4.7)$$

$$TECH_t^{t+1} = \left\{ \frac{[1+\vec{D}_o^{t+1}(x^t,y^t,b^t;g^t)]}{[1+\vec{D}_o^t(x^t,y^t,b^t;g^t)]} \times \frac{[1+\vec{D}_o^{t+1}(x^{t+1},y^{t+1},b^{t+1};g^{t+1})]}{[1+\vec{D}_o^t(x^{t+1},y^{t+1},b^{t+1};g^{t+1})]} \right\}^{\frac{1}{2}} \quad (4.8)$$

ML、EFFCH 和 TECH 大于(小于)1 分别表明生产率增长（下降），效率改善(恶化)，以及技术进步(退步)。在每一种不同的模型下，有不同的方向性距离函数，因此，就有四个生产率指数。每一种生产率指数的计算需要解四个线性规划，从而求四个方向性距离函数。其中两个线性规划求解当期方向性距离函数(如，利用期的技术和期的投入产出值)，另外两个线性规划求解混合方向性距离函数(如，利用期的技术和期的投入产出值)。在计算混合方向性距离函数时，如果期的投入产出值在期的技术下是不可行的，则线性规划无解。为了减少计算 ML 指数不可行解的数量，本书运用序列 DEA 的方法，即每一年的参考技术由当期及其前所有可得到的投入产出值决定。另一方面，正如 Shestalova (2003)指出的那样，当以工业为研究对象时，避免技术退步的序列 DEA 比传统的当期 DEA 更加合适。式(4.9)和(4.10)分别表示在序列 DEA 下对当期当期方向性距离函数和混合方向性距离函数的线性规划[①]：

$$\vec{D}_o^t(x^{t,k'},y^{t,k'},b^{t,k'};y^{t,k'},-b^{t,k'}) = Max\beta; s.t. \sum_{t=1}^{T}\sum_{k=1}^{K} z_k^t y_k^t \geqslant (1+\beta)y_{k'}^t,$$

$$\sum_{t=1}^{T}\sum_{k=1}^{K} z_k^t b_k^t = (1-\beta)b_{k'}^t, \sum_{t=1}^{T}\sum_{k=1}^{K} z_k^t x_k^t \leqslant x_{k'}^t; z_k^t \geqslant 0, k=1,\cdots,K \quad (4.9)$$

---

① Tulkens and Vanden Eeckaut(1995)对序列 DEA 在理论上进行了说明，Shestalova (2003)和王兵和颜鹏飞(2007)对不考虑环境因素的序列 DEA 和当期 DEA 的生产率指数进行了比较，Oh and Heshmati(2009)对考虑环境因素下的序列 DEA 和当期 DEA 的生产率指数进行了比较。他们发现，序列 DEA 避免了技术的退步，是一种比当期 DEA 测度技术进步更好的方法。

$$\vec{D}_o^{t+1}(x^{t,k'}, y^{t,k'}, b^{t,k'}; y^{t,k'}, -b^{t,k'}) = \mathrm{Max}\beta; s.t. \sum_{t=1}^{T+1}\sum_{k=1}^{K} z_k^{t+1} y_k^{t+1} \geqslant (1+\beta) y_{k'}^{t},$$

$$\sum_{t=1}^{T+1}\sum_{k=1}^{K} z_k^{t+1} b_k^{t+1} = (1-\beta) b_{k'}^{t}, \sum_{t=1}^{T+1}\sum_{k=1}^{K} z_k^{t+1} x_k^{t+1} \leqslant x_{k'}^{t}, z_k^{t} \geqslant 0, k=1,\cdots, K \qquad (4.10)$$

第四节 实证结果

一、技术效率和环境管制成本

我们运用 GAMS 软件求解方向性距离函数,在方向性距离函数的基础上计算出技术效率和环境管制成本。表 4—1 是 1998—2007 年中国各省份工业分别在强可处置性和弱可处置性技术下的方向性距离函数、技术效率值和环境管制成本。

从表 4—1 中可知,在弱可处置性下,所有地区的技术效率值均大于其在强可处置性下的技术效率值。许东兰和董博(2009)采用径向效率测量方法也发现,我国三大地区在弱可处置性下的技术效率值高于各自在强可处置性下的技术效率值。对于技术无效率,我们有相反的发现,弱可处置性下的技术无效率均小于强可处置性下的技术无效率。

我们发现,无论是在强可处置性技术下,还是在弱可处置性下,西部地区的技术无效率值均高于其他两个区域。王兵、吴延瑞和颜鹏飞(2010)也发现,西部地区的环境无效率水平高于其他两个区域。无论在强可处置性下还是在弱可处置性下,东部地区的技术效率值大于中部地区的技术效率值,中部地区的技术效率值高于西部地区的技术效率值。这一研究结果与胡鞍钢(2008)的结论一致,胡鞍钢对中国省际生产率在考虑环境因素下进行排名发现,在双重环境因素的影响下,东部地区技术效率最高,中部次之,西部最低。虽然我们的研究对象与之不同,但是胡鞍钢的这一研究成果在一定程度上支持了我们的实证结果。同时,我们也发现,东部地区的技术效率在强可处置性下和弱可处置性下的差值为 0.0721,中部地区在两种技术下的技术效率差值为 0.0870,西部地区在两种技术下的技术效率差值为 0.0814。技术效率在强可处置性技术和弱可处置性技术下的差距表明环境管制对生产力的影响程度。以上表明,在测算期内,我国中部地区对东部地区不断追赶,技术效率提高,但是环境管制对中部地区的工业经济造成较大的负担;我国"西部大开发"战略虽然使得西部地区生产率增长迅速,但是技术效率偏低,增长模式趋于"粗放"。

我们还发现技术效率越高的地区,其环境管制的成本越低。东部地区的环境管制成本为0.1024,中部地区的环境管制成本为0.1437,西部地区的环境管制成本为0.1656。其中,$Loss_t$指数越大,表明因为环境管制所造成的好产出的损失越大,即环境管制成本越高。因此,东部地区有力地促进了工业向又好又快的方向发展(杨俊和邵汉华,2009),东部地区的生产率最高,技术效率最高,但是却不是最大的污染者。我们认为,增加好产出的同时减少污染物排放的可持续发展模式是可能的。而西部地区工业发展则依赖较高的污染排放水平。许东兰和董博(2009)研究表明,由于环境管制所造成的生产力的损失,东部最大,西部次之,中部最小。研究结果的差异,我们归因于研究时间段的不同,以及中国省际宏观数据所具有的缺点。

表4—1　1998—2007年中国各省份工业环境技术效率及环境管制成本

地区	$\vec{D}_0^{WD}$	$\vec{D}_0^{SD}$	TEF^{WD}	TEF^{SD}	$Loss_t$
北京	0.0126	0.2409	0.9876	0.8059	0.2255
天津	0.1591	0.2925	0.8627	0.7737	0.1151
河北	0.3966	0.4287	0.7160	0.7000	0.0230
辽宁	0.5400	0.9574	0.6493	0.5109	0.2710
上海	0.0000	0.0253	1.0000	0.9753	0.0253
江苏	0.0185	0.0557	0.9819	0.9472	0.0366
浙江	0.0767	0.1815	0.9287	0.8464	0.0973
福建	0.0516	0.1548	0.9509	0.8660	0.0981
山东	0.0238	0.0449	0.9768	0.9570	0.0207
广东	0.0005	0.0529	0.9995	0.9497	0.0524
山西	0.7875	1.1507	0.5595	0.4650	0.2032
吉林	0.2367	0.7206	0.8086	0.5812	0.3913
黑龙江	0.2365	0.5682	0.8087	0.6377	0.2682
安徽	0.3464	0.4041	0.7427	0.7122	0.0429
江西	0.6002	0.7519	0.6249	0.5708	0.0948
河南	0.3220	0.3534	0.7564	0.7389	0.0238
湖北	0.3521	0.5125	0.7396	0.6611	0.1187

（续表）

地区	$\vec{D}_0^{WD}$	$\vec{D}_0^{SD}$	TEF^{WD}	TEF^{SD}	$Loss_t$
湖南	0.4623	0.5122	0.6838	0.6613	0.0341
内蒙古	0.4301	0.5963	0.6992	0.6265	0.1162
广西	0.4436	0.5391	0.6927	0.6497	0.0662
重庆	0.4399	0.5629	0.6945	0.6398	0.0854
四川	0.4598	0.5284	0.6850	0.6543	0.0470
云南	0.0450	0.0450	0.9569	0.9569	0.0000
陕西	0.7399	1.0049	0.5747	0.4988	0.1523
甘肃	0.7411	1.2997	0.5744	0.4348	0.3208
青海	0.3153	0.9643	0.7603	0.5091	0.4934
宁夏	0.8512	1.3006	0.5402	0.4347	0.2428
新疆	0.3564	0.4360	0.7373	0.6964	0.0587
东部平均	0.1279	0.2435	0.9053	0.8332	0.1024
中部平均	0.4180	0.6217	0.7155	0.6285	0.1437
西部平均	0.4822	0.7277	0.6915	0.6101	0.1656
总体平均	0.3373	0.5245	0.7747	0.6950	0.1399

注：$\vec{D}_0^{WD}$ 代表弱可处置性下技术无效率，$\vec{D}_0^{SD}$ 代表强可处置性下技术无效率，TEF^{WD} 代表弱可处置性下的技术效率，TEF^{SD} 代表强可处置性下的技术效率，$Loss_t$ 代表环境规制所导致生产成本损失。其中，$TEF = 1/(1 + \vec{D}_0)$。

二、全要素生产率增长及其分解

1.各省份全要素生产率增长及其分解

根据上述的研究方法以及处理过的数据，我们运用 GAMS 软件得到两种类型的全要素生产率及其分解。第一种是不考虑环境因素；第二种考虑环境因素（COD 和 SO_2）。表 4—2 是两种情况下 1998—2007 年中国各省份工业全要素生产率指数及其成分的平均增长率。在考虑环境因素情形下，个别省份在某些年份存在不可行解。

在计算各省份平均增长率时，我们采取的措施是忽略不可行解，计算其他各年的几何平均。具体的不可行解的数量，我们在表 4—3 中列出，并且与当期 DEA 作出比较。通过比较可以发现，运用序列 DEA 之后，不可行解的数量从 34 个降低到 19 个，并且没有出现像当期 DEA 下技术进步指数小于 1 的情形。

从表 4—2 可以看出，不考虑环境因素，整个样本期内，中国总体平均全要素生产率指数为 1.1080,表明各个地区的全要素生产率平均每年的增长率为 10.80%,其中技术进步增长率为 10.06%,效率改善的贡献仅为 0.67%。从全国来看,各个地区均出现了全要素生产率的增长,但仅有 60%(18/29)的省区市出现了效率的改善;分区域来看,西部地区平均全要素生产率增长最快,东部次之,中部最低。我国"西部大开发"战略使得西部地区工业经济增长迅速。

　　考虑环境约束,全国平均全要素生产率指数为 1.0804,效率变化指数为 0.9883,技术进步指数为 1.0930,均低于不考虑环境因素的测量结果,也就是说忽略环境因素的测量高估了我国工业全要素生产率的增长。Kaneko and Managi(2004)、Managi and Kaneko(2004)、杨俊和邵汉华(2009)在研究中均发现考虑环境因素后的全要素生产率增长率均要低于传统的全要素生产率增长率。我们运用 SPSS 软件,对不考虑环境因素和考虑环境因素的测量进行 Spearman 相关系数检验,Spearman 相关系数为 0.411。考虑环境因素与传统的测量方法的相关程度比较低,符合我们的预期。因此,在测量我国地区工业全要素生产率时,考虑环境因素的测量更加合理。

表 4—2　1998—2007 年中国各省份工业全要素生产率指数及其成分的平均增长率

地区	不考虑环境因素			考虑环境因素		
	PI	EC	TP	PI	EC	TP
北京	1.1328	1.0010	1.1316	1.2305	1.0120	1.2159
天津	1.1927	1.0673	1.1174	1.1313	1.0213	1.1077
河北	1.0698	0.9854	1.0856	1.0807	0.9752	1.1081
辽宁	1.1361	1.0320	1.1009	1.0374	0.9988	1.0388
上海	1.1269	0.9766	1.1538	1.1260	1.0000	1.1260
江苏	1.0848	1.0035	1.0811	1.0990	0.9900	1.1101
浙江	1.0621	0.9875	1.0756	1.0788	0.9964	1.0827
福建	1.0865	1.0123	1.0734	1.0557	0.9932	1.0629
山东	1.0842	1.0010	1.0769	1.0890	0.9991	1.0900
广东	1.1067	1.0290	1.0755	1.0957	1.0000	1.0957
山西	1.0576	0.9749	1.0849	1.0289	0.9882	1.0411
内蒙古	1.1899	1.0645	1.1179	1.0036	0.9709	1.0337
吉林	1.1484	1.0423	1.1018	1.0271	0.9752	1.0472
黑龙江	1.0242	0.9340	1.0965	0.9933	0.9500	1.0455

（续表）

地区	不考虑环境因素			考虑环境因素		
	PI	EC	TP	PI	EC	TP
安徽	1.0932	1.0103	1.0820	1.0793	0.9956	1.0841
江西	1.1101	1.0310	1.0767	1.0762	1.0077	1.0680
河南	1.1017	1.0230	1.0769	1.1004	1.0203	1.0786
湖北	1.0651	0.9596	1.1099	1.0253	0.9634	1.0643
湖南	1.1013	1.0213	1.0784	1.1001	1.0154	1.0833
广西	1.0849	0.9961	1.0891	1.0499	0.9994	1.0505
重庆	1.1363	1.0517	1.0804	1.1976	1.0415	1.1500
四川	1.1258	1.0361	1.0866	1.1326	1.0274	1.1024
贵州	1.0489	0.9569	1.0962	0.8903	0.8380	1.0624
云南	1.0658	0.9489	1.1232	1.1746	0.9455	1.2423
陕西	1.1870	1.0735	1.1058	1.0847	1.0227	1.0606
甘肃	1.0705	0.9750	1.0980	1.0252	0.9785	1.0477
青海	1.2081	1.0281	1.1751	1.1254	0.9674	1.1633
宁夏	1.1102	1.0042	1.1055	1.0094	0.9973	1.0121
新疆	1.1216	0.9672	1.1596	1.1838	0.9692	1.2214
东部平均	1.1083	1.0096	1.0972	1.1024	0.9986	1.1038
中部平均	1.0877	0.9996	1.0884	1.0538	0.9895	1.0640
西部平均	1.1226	1.0093	1.1125	1.0797	0.9780	1.1042
总体平均	1.1080	1.0067	1.1006	1.0804	0.9883	1.0930

表4—3　全要素生产率指数及其成分的平均增长率序列 DEA 与当期 DEA 结果的比较

地区	序列 DEA				当期 DEA			
	PI	EC	TP	不可行解	PI	EC	TP	不可行解
北京	1.2305	1.0120	1.2159		1.2305	1.0120	1.2159	
天津	1.1313	1.0213	1.1077		1.1277	1.0213	1.1042	
河北	1.0807	0.9752	1.1081		1.0669	0.9760	1.0931	
辽宁	1.0374	0.9988	1.0388		1.0359	1.0007	1.0352	
上海	1.1260	1.0000	1.1260		1.1236	1.0000	1.1236	
江苏	1.0990	0.9900	1.1101		1.1001	0.9921	1.1089	
浙江	1.0788	0.9964	1.0827		1.0704	1.0032	1.0670	
福建	1.0557	0.9932	1.0629		1.0348	0.9930	1.0421	1
山东	1.0890	0.9991	1.0900		1.0770	0.9993	1.0778	
广东	1.0957	1.0000	1.0957		1.0935	1.0000	1.0935	

（续表）

地区	序列 DEA				当期 DEA			
	PI	EC	TP	不可行解	PI	EC	TP	不可行解
山西	1.0289	0.9882	1.0411		1.0287	0.9882	1.0409	
内蒙古	1.0036	0.9709	1.0337	5	1.0052	0.9709	1.0353	5
吉林	1.0271	0.9752	1.0472	1	0.9464	1.0334	0.9158	2
黑龙江	0.9933	0.9500	1.0455		0.9374	0.9532	0.9834	
安徽	1.0793	0.9956	1.0841		1.0731	0.9964	1.0770	
江西	1.0762	1.0077	1.0680		1.0769	1.0081	1.0683	
河南	1.1004	1.0203	1.0786		1.0899	1.0203	1.0683	
湖北	1.0253	0.9634	1.0643		1.0190	0.9656	1.0553	
湖南	1.1001	1.0154	1.0833		1.0991	1.0184	1.0793	
广西	1.0499	0.9994	1.0505	4	0.9994	1.2916	0.7738	7
重庆	1.1976	1.0415	1.1500		1.2006	1.0377	1.1570	5
四川	1.1326	1.0274	1.1024		1.1290	1.0288	1.0974	
贵州	0.8903	0.8380	1.0624	8	—	—	—	9
云南	1.1746	0.9455	1.2423	1	1.1326	0.9283	1.2201	3
陕西	1.0847	1.0227	1.0606		1.0893	1.0277	1.0600	
甘肃	1.0252	0.9785	1.0477		1.0252	0.9785	1.0477	
青海	1.1254	0.9674	1.1633		1.1242	0.9683	1.1611	
宁夏	1.0094	0.9973	1.0121		1.0709	1.0810	0.9907	1
新疆	1.1838	0.9692	1.2214		1.1597	0.9776	1.1863	1
总计				19				34

　　在考虑环境约束情形下,我国地区工业全要素生产率增长率8.04%,但是由技术进步推动的,技术进步的贡献率为9.30%,效率恶化1.17%。我国地区工业生产率虽然增长很快,但主要源泉是技术进步,这一结论具有普遍性,涂正革(2008)、杨俊和邵汉华(2009)和吴军(2009)等的研究支持我们的这一结论。从全国来看,只有黑龙江和贵州的ML指数值小于1,但是与这两个省份相对应的技术进步指数值均大于1,主要是因为效率恶化很严重;从地区差异来看,我们发现,东部地区ML值高于中、西部地区,西部地区ML值高于中部地区,并且三大地区ML值均大于1,但是,三大地区均呈现效率恶化,东部地区效率变化率比较低(−0.14%),中部地区效率变化为−2.05%,西部地区效率变化为−2.20%。由此可见,在三大地区中,中西部地区效率恶化较为严重,即中西部地区的工业增长与环境保护处于失衡

状态。涂正革(2008)发现,1998—2005 年,无论从静态还是动态指标观察,我国中西部地区的环境保护与工业增长都处于失衡状况,而东部沿海发达地区的工业发展与环境关系较为和谐,也支持了我们的实证结果。一个可能的原因就是中西部地区由于缺乏资金改造高污染生产设备,工业集中在污染程度较大的行业,并且治理污染的技术水平较低(Hu et al.,2005)。综上所述,我们认为,东部地区工业发展与环境更加协调。"西部大开发"战略实施之后,我国西部地区工业经济虽然增长迅速,但是西部地区工业化过程中环境污染问题更加严重,增长模式趋向"粗放"。

与忽视环境约束相比,在考虑环境约束的情形下,有 19 个省份(天津、辽宁、上海、福建、山西、内蒙古、吉林、黑龙江、安徽、江西、河南、湖北、湖南、广西、贵州、陕西、甘肃、青海、宁夏),ML 指数值低于传统测量时的 ML 指数值;有 10 个省份(北京、河北、江苏、浙江、山东、广东、重庆、四川、云南、新疆),ML 指数值高于传统测量时的 Malmquist—Luenberger 指数值,在这 10 个省份中,有 3 个省份(北京、江苏和山东)的工业 COD 和工业 SO_2 的年平均增长率均为负,有 5 个省份(河北、浙江、广东、四川、云南)的工业 COD 为负值,仅有 2 个省份(重庆和新疆)的工业 COD 和工业 SO_2 的年平均增长率均为正。因此,通过以上分析,我们可以发现,将坏产出纳入到模型中,生产率的测量值普遍低于传统的测量(忽略坏产出,只考虑市场性产出)。

2.历年全要素生产率指数及其分解

为了考察环境约束下中国工业全要素生产率的波动,我们给出了1998—2007 年历年中国工业的全要素生产率指数及其成分的平均增长率,具体见表4—4。

表4—4　1998—2007 年历年中国工业的全要素生产率指数及其成分的平均增长率

	PI	EC	TP	"创新者"区域
1998—1999	1.0663	0.9826	1.0842	北京、黑龙江、上海、江苏、福建
1999—2000	1.0662	1.0017	1.0637	北京、上海、江苏、广东、云南
2000—2001	1.0706	0.9919	1.0792	北京、上海、江苏、浙江、山东、广东、云南
2001—2002	1.0991	1.0010	1.0980	北京、上海、江苏、浙江、福建、广东、云南
2002—2003	1.1246	0.9713	1.1561	北京、上海、江苏、广东、云南
2003—2004	1.1211	1.0217	1.0945	北京、上海、江苏、广东、云南

（续表）

	PI	EC	TP	"创新者"区域
2004—2005	1.0728	0.9902	1.0844	北京、天津、上海、山东、广东
2005—2006	1.1074	0.9725	1.1452	北京、天津、上海、广东
2006—2007	1.1029	1.0263	1.0754	北京、天津、上海、河南、广东

在考虑两种坏产出的情形下，各个时间段的 ML 值均大于 1，说明从 1998 年至 2007 年，我国规模以上工业企业均出现了生产率的提高，但生产率的提高是由技术进步推动的（各个阶段的 TP 值均大于 1），只有 1999—2000 年、2001—2002 年、2003—2004 年、2006—2007 年这四个时间段出现了效率的改善。从生产率变动趋势来看，从 1999 年到 2003 年，全国工业全要素生产率处于上升趋势，2003 年到 2005 年，我国工业全要素生产率逐年下降，这一研究结果与吴军（2009）的研究结果基本一致。一个可能的原因是"十一五"中后期我国经济发展模式的逆转，钢铁、水泥、电解铝、煤炭等行业发展过快，重新转向低质量、低效益、低就业、高能耗和污染高排放的增长模式，2005 年重工业占工业总产值的比重高达 69%，显现出过度工业化的特征（王群伟、周鹏、周德群，2010）。

根据 Fare et al.（2001b）和 Kumar（2006），在计算技术进步率的基础上，引入以下三个条件：

$$TECH_t^{t+1} > 1$$
$$\vec{D}_0(x^{t+1}, y^{t+1}, b^{t+1}; y^{t+1}, -b^{t+1}) < 0$$
$$\vec{D}_0^{t+1}(x^{t+1}, y^{t+1}, b^{t+1}; y^{t+1}, -b^{t+1}) = 0 \tag{4.11}$$

其中，第一个条件，表明生产可能性边界朝着更多"好"产出和更少"坏产出"的方向移动；第二个条件表明已经出现技术进步，即 $t+1$ 期的投入利用 t 期的技术是不可能生产出 $t+1$ 期的产出；第三个条件说明，作为"创新者"的国家必须在生产可能性边界上。如果同时满足上述三个条件，那么这个地区从 t 期到 $t+1$ 期生产可能性边界外移。

表 4—4 列出了每个时间段推动生产可能性边界向外扩展的地区。可以看出，不同时间段作为"创新者"的地区虽有所差异，但主要集中在北京、上海、广东和江苏四个省区。北京和上海是移动生产可能性边界次数最多的地区，共移动 9 次，广东移动生产可能性边界 8 次，江苏省在考察期内移

动生产可能性边界 6 次。

三、技术效率和生产率的影响因素分析

前文分析了我国地区工业全要素生产率的变动情况和区域特征,同时也测算了考虑环境因素下,我国地区工业的技术效率及环境规制成本。这一部分将分析影响环境效率和环境全要素生产率的因素。本书的研究主要是根据生产率相关决定理论、前人的研究以及自己的思考来确定这些因素[①]。在某些情况下,这些因素的选择还要受到数据可得性的限制。我们选用的影响因素指标有:1. 发展水平:用不变价格的人均 GDP(GDPPC)的对数表示,人均 GRP 对数的平方也包含在回归方程中,主要是考察环境效率、环境生产率和人均 GRP 之间的二次型关系;2. 外商直接投资:用外商直接投资占 GRP 的比重(FDI)表示;3. 结构因素:资本—劳动比的对数(KL)表示要素禀赋结构;4. 工业增加值占 GRP 的份额(GYH)表示产业结构;5. 折合为标准煤以后的煤炭消费量占能源消费量的比重(NYJG)表示能源结构;6. 人口的密度(RKMD)代表自然地理条件因素的影响。在模型中,我们还加入滞后一期的生产率或者技术效率值,用来表示前一期的生产率或者是技术效率对当期的生产率或技术效率的影响。

为了检验生产率增长、技术效率和影响因素的关系,我们利用面板数据回归下面的方程:

$$PI_{it} = c + \alpha_1 PI_{i,t-1} + \alpha_2 GDPPC_{it} + \alpha_3 FDI_{it} + \alpha_4 KL_{it} + \alpha_5 GYH_{it}$$
$$+ \alpha_6 NYJG + \alpha_7 RKMD + \varepsilon_{it}$$

$$\varepsilon_{it} = \eta_i + \nu_{it} \tag{4.12}$$

其中,PI_{it} 是因变量,代表生产率指数(ML)或者技术效率(TEF);$PI_{i,t-1}$ 代表滞后一期的生产率指数或者是技术效率值(解释变量);GDPPC、FDI、KL、GYH、NYJG 和 RKMD 是影响生产率和技术效率的因素(解释变量);ε_{it} 是扰动项,分为正交的两部分,随机干扰项 ν_{it} 和个体差异 η。

根据 Simar 和 Wilson(2007)所述,用 DEA 方法测量的生产率结果具有序列相关性。基于数据是面板数据以及影响因素具有动态变化的特征,

---

① Loko and Diouf(2009)对决定全要素生产率增长的因素进行了详细的探讨。

Zhengfei 和 Oude Lansink(2006)建议采用动态 GMM 估计方法对生产率进行影响因素的分析。动态 GMM 估计不仅可以有效地解决序列相关问题，而且可以避免解释变量的内生性。动态 GMM 估计分为差分 GMM 和系统 GMM。Arellano 和 Bover(1995)提出的，Blundell 和 Bond(1998)改进的 SYS—GMM 估计量可以同时利用变量水平变化和差分变化的信息，比差分 GMM 更有效，具有更好的有限样本性质，在经验研究中已经有非常广泛的运用(Roodman 2006)。GMM 估计又分为一步和两步 GMM 估计，Bond et al.(2001)认为在有限样本条件下，两步 GMM 估计量的标准误会严重向下偏倚，进而在经验应用中通常使用一步 GMM 估计量。因此，我们选用一步系统 GMM 估计，分别对影响生产率的因素和影响技术效率的因素进行统计分析，并且我们采用年度虚拟变量来控制横截面相依性。具体结果见表 4—5。

表 4—5　模型的 GMM 估计结果

解释变量	TFP			TEF		
	OLS	GMM	FE	OLS	GMM	FE
L	0.1435 (2.09)****	0.1177 (1.45)*	−0.0610 (−0.82)	0.8697 (27.48)****	0.8401 (16.41)****	0.4838 (7.49)****
GDPPC	0.9944 (2.09)****	1.0270 (1.83)***	1.0704 (1.14)	- 0.4879 (1.77)***	0.5980 (1.76)***	1.8979 (3.72)****
GRPPC²	−0.0522 (−2.03)****	−0.0539 (−1.79)***	−0.0475 (−1.08)	−0.0234 (−1.59)**	−0.0290 (−1.62)**	−0.0654 (−2.79)****
FDI	−0.3307 (−0.58)	−0.3145 (−0.64)	0.9679 (0.90)	−0.2733 (−0.88)	−0.3084 (−1.50)**	−0.3893 (−0.68)
KL	0.0147 (0.57)	0.0164 (0.66)	−0.1105 (−1.22)	−0.0261 (−1.82)***	−0.0302 (−2.48)****	−0.0803 (−1.68)****
GYH	−0.3299 (−2.47)****	−0.3438 (−2.37)****	−0.0555 (−0.22)	−0.1056 (−1.45)**	−0.0889 (−1.21)	0.2348 (1.71)****
NYJG	−0.0714 (−1.22)	−0.0701 (−1.36)*	0.2917 (1.37)*	−0.0356 (−1.03)	−0.0542 (−1.37)*	−0.2164 (−1.92)****
RKMD	0.0001 (1.55)**	0.0001 (1.58)**	0.0001 (0.19)	6.57e−06 (0.37)	9.82e−06 (0.60)	0.0008 (3.06)****
_cons	0.6765 (3.50)***	−3.7877 (−1.52)**	−4.6262 (−0.91)	−2.2647 (−1.78)***	−2.7560 (−1.76)***	−11.3592 (−4.07)****

（续表）

解释变量	TFP			TEF		
	OLS	GMM	FE	OLS	GMM	FE
R－squared	0.1652			0.9115		
AR(1)		0.001			0.004	
AR(2)		0.258			0.796	
F统计量		22.08	1.78		369.20	2.30
Sargan test		0.144			0.025	

注：①上述估计采用的是软件 STATA 11 和"xtabond2"程序（Roodman,2006）；②内生变量的滞后期,我们选择滞后一期；③OLS 和 FE 表示混合截面最小二乘估计和固定效应估计；④AR(1)、AR(2)、Sargan test 给出的是统计量对应的 P 值；⑤ ****、***、**、* 分别代表在 5％、10％、15％和 20％的水平上显著。

　　在上述两个模型中,Sargan test 所对应的 p 值支持了工具变量的选取是有效的。AR(2)为二阶序列相关检验,其所对应的 p 值也表明模型通过残差项的二阶序列相关性检验。F 统计量具有检验联合统计显著的功能,在我们的模型中,F 统计量对应的 p 值都等于零,说明从整体上来看,模型是显著的。

　　在模型 TFP 和模型 TEF 中,我们发现,一阶滞后变量所对应的系数均为正并且都显著,说明上一期的生产率或技术效率为正,可以促进下一期的生产率的增长和技术效率的提高。如我们预期,代表发展水平的 GDPPC 对地区工业生产率和技术效率的系数显著为正,一个地区发展水平会对这个地区工业生产率和技术效率产生正的影响。王群伟、周鹏和周德群（2010）在对我国二氧化碳排放绩效进行影响因素分析时也有类似的结论,认为 GDPPC 对我国二氧化碳排放绩效指数有显著的正影响。GDPPC 的平方项对工业全要素生产率和技术效率有显著的负向作用。这个结论和王兵、吴延瑞和颜鹏飞（2010）的结论不一致,一个可能的解释是,我们的研究对象是地区工业,选取的样本区间是 1998—2007 年,在我们的样本区间内,2002 年之后中国重工业加速发展,经济越发达的地区重工业化现象越明显,污染也就越严重,经济发展到一定程度,环境全要素生产率和环境效率会下降。当然,这也需要我们在未来增加样本期的长度,从而对经济发展与环境效率和生产率的关系做进一步的研究。研究中 FDI 对全要素生产率的影响为负,但是并不显著；FDI 对环境效率有显著的负向作用,这个结论与涂正革

(2008)的结论相一致,他发现,FDI企业投资规模的增长并没有带来环境效率的整体水平提高,FDI规模每增长1%,环境技术效率反而下降3.2个百分点。反映要素禀赋的资本—劳动比KL对技术效率有显著的负作用,这和我们的预期是一致的。涂正革(2008)认为若KL上升,说明该地区经济结构正从劳动密集型向资本密集型转化,而资本密集型产业和劳动密集型产业分别倾向于重污染产业和轻污染产业。王兵、吴延瑞和颜鹏飞(2010)也发现资本—劳动比对环境效率有显著的负向作用,这在一定程度上支持了我们的结论。在这里,资本—劳动比KL与地区工业全要素生产率具有正相关关系,但是不显著。GYH指标反映了我国产业结构,对于地区工业全要素生产率有显著的负影响。这表明,随着我国工业化程度的提高,环境约束下的工业全要素生产率将下降,也进一步说明污染来自工业化。这一结论也与王兵、吴延瑞和颜鹏飞(2010)的发现是一致的。因此,我国需要加快工业经济结构升级,深化产权结构改革,进一步强化新型工业化道路,要在保护环境的大前提下,实现工业经济的稳步发展。能源结构(NYJG)对于环境效率和工业全要素生产率具有显著的负影响。在今后的发展中,我国需要大力发展新型能源,不断改善以煤炭为主的能源结构,从而优化能源结构对于节能减排的影响。人口密度(RKMD)对工业全要素生产率的系数显著为正,与环境效率不相关。这表明产业升级带动的就业方向更加理性以及人们对于环境条件的要求提高;人口越是密集,对于政府控制环境质量的力度的压力就越大,重污染企业的规划就越是可能远离人口密集区(陈昭等,2008)。

　　此外,为了检验GMM估计的可靠性,我们采用Bond et al.(2001)所提出的检验方法,即将滞后变量的GMM估计值与混合截面OLS和固定效应的估计值相比较。混合OLS估计通常高估滞后项的系数,而固定效应估计一般会低估滞后项的系数,GMM估计值如介于二者之间,则GMM估计是可靠的、有效的。表4-5显示,在模型TFP中,混合OLS估计倾向于高估滞后因变量的系数(0.1435),而固定效应估计倾向于低估滞后变量的系数(-0.0610),GMM估计值(0.1177)则介于二者之间;在模型TEF中,GMM估计值(0.8401)同样介于OLS估计值(0.8697)和固定效应估计值(0.4838)

之间,因此 GMM 估计是可靠有效估计。

第五节　结　论

伴随着我国经济的快速发展以及日异严峻的环境问题,环境因素对生产率的影响已经受到密切的关注。我们运用序列 DEA 方法和 Malmquist—Luenberger 生产率指数法测量环境约束下中国 1998—2007 年 29 个省区市的工业的技术效率、环境管制所导致的生产率损失量(环境管制成本)及工业全要素生产率,并运用动态 GMM 估计方法对影响技术效率和生产率的因素进行实证分析。

通过区分强可处置性和弱可处置性技术,分别计算了我国区域工业的技术效率及环境管制成本,我们发现:我国环境技术效率呈现东、中、西依次递减,并且技术效率越高的地区,环境管制成本越低。在研究期内,我们发现,考虑了环境因素之后,全要素生产率降低了,说明环境约束对生产率的提高造成了一定的影响。我国地区工业全素生产率的提高主要是由技术进步推动的,效率改善不明显。从地区差异来看,我们发现,在不考虑环境因素时,西部地区平均全要素生产率增长最快,东部次之,中部最低。但是,如果从效率改善率来看,东部地区效率改善值始终是最高的。在考虑环境因素时,东部地区 ML 值高于中、西部地区,西部地区 ML 值高于中部地区,虽然三大地区均出现效率恶化,但从程度上而言,中西部地区效率恶化较为严重,即中西部地区的工业增长与环境保护处于失衡状态。我们还考察了分阶段我国地区工业平均生产率的变化、效率的变化以及技术进步率。

我们对影响我国地区环境约束下工业的技术效率和全要素生产率进行了实证分析。分析表明,对环境技术效率来说,滞后一期的效率指数值、代表发展水平的人均 GDP、FDI、反映要素禀赋的资本—劳动比、能源结构对环境技术效率有显著的影响,值得一提的是,"资本劳动比"对技术效率有显著的负作用;对生产率来说,滞后一期的生产率指数值、代表发展水平的人均 GDP、代表我国产业结构的工业化指标对生产率有显著的影响,能源结构对我国地区工业全要素生产率有显著的负作用,人口密度对我国地区工业全要素生产率有显著的正作用。这些研究均表明,我国地区工业应当继续加强经济增长模式的转变,加快工业经济结构升级,深化产权结构改革,进一步强化新型工业化道路,实现集约型增长,以促进工业增长和环境的协调发展,要大力发展新型能源,在保护环境的前提下,实现工业经济的稳步发展。

第五章　环境约束下中国省际
全要素能源效率

第一节　引言

改革开放以来,中国经济经历了30年的高速增长,中国经济取得了巨大发展。2009年,在金融危机肆虐,世界经济整体下滑0.6%的大背景下仍然实现了9.2%的增长。2010年中国国内生产总值更是超过日本,成为仅次于美国的世界第二大经济体。2011年,在欧债危机蔓延,世界经济普遍衰退的复杂形势下,中国经济继续保持高速增长,为世界经济的复苏作出了巨大贡献。同时,中国经济的高速增长,也带来了更为迅速增长的能源需求和愈来愈严重的环境污染问题。

2011年中国能源消费总量达34.8亿吨标准煤,进口量突破2.5亿吨。同年5月,中国原油对外依存度高达55.2%。无论是能源消费量还是原油对外依存度,中国均已超过美国,成为全球最大的能源消费国和原油进口国。国际能源署在《2011年世界能源展望》中预测:"到2035年时,中国的能源消费将比第二大能源消费国美国的能源消费高出将近70%。"

导致能源使用紧张形势的因素不仅仅是能源需求的迅速扩张,还包括中国人均能源资源的贫乏和世界能源供给版图的变动。中国虽然是一个能源生产大国,但能源结构中高污染高排放的化石能源煤炭占比高达70%,清洁能源占比太小。而且,中国人均能源资源占有量远低于世界平均水平。另一方面,中国能源的对外依存度不断提高。北非、中东以及南美等传统的原油出口国在世界能源供给版图中的地位弱化,俄罗斯和美国对世界能源供给的影响不断增强。近年来,随着美国本土能源产出的持续增长,依托

"能源独立"战略和非常规油气的大规模开发,北美地区已崛起为可跟中东比肩的全球能源高地,世界能源、经济乃至地缘政治版图正在悄然而变。中东油气在美国能源供应版图中的重要地位,正在逐步弱化。世界常规油气储量日益集中在少数国家和地区手中,这无疑会增加这些国家的市场控制力和影响价格的能力。进而使中国经济的持续发展面临更大的外部风险和不确定性。

能源的大量开发和利用,是造成环境污染和气候变化的主要原因之一。正确处理好能源开发利用与环境保护、气候变化及经济发展之间的关系,是世界各国迫切需要解决的问题。由于高速增长的中国经济在"十一五"期间所造成的温室气体排放已经超过美国,成为世界最大的温室气体排放国家。国际能源署在《2009 世界能源展望》中预测:"到 2030 年,世界 CO_2 排放增长量 110 亿吨,其中中国占 60 亿吨。全球与能源相关的 CO_2 排放量在 2020 年以前达到峰值 309 亿吨,如果有效实施中国政府所制定的政策,中国可独自完成 10 亿吨的减排量。"鉴于中国在世界能源环境问题上越来越重要的影响。在 2009 年的哥本哈根会议上,世界各国关于温室气体减排争论的焦点之一,就是中国如何控制温室气体的排放。欧美发达国家认为中国所承担的减排责任与其巨大的能源消费量和作为世界第二大经济体的经济实力不相匹配,在节能减排上中国应该承担更大的责任。这种论调使中国经济面临的减排压力前所未有。作为对环境问题的重视及响应,在"十一五"发展规划中中国政府提出了万元 GDP 能耗比 2005 年降低 20％和主要污染物排放总量降低 10％的约束性指标。除此之外,2009 年 11 月 25 日召开的国务院常务会议决定:"到 2020 年中国单位国内生产总值二氧化碳排放比 2005 年下降 40％—45％,非化石能源占一次能源消费的比重达到 15％。"但是,中国人口基数大,经济发展水平还处于初级阶段,工业化和城镇化的过程正当其时。对于主要依靠投资拉动型的中国经济而言,控制温室气体排放对中国实体经济冲击很大。

解决能源供给失衡的途径有三种:增加能源供给;抑制能源需求;提高能源利用效率和生产率。在目前中国的能源缺口和世界能源供给格局下,不仅增加供给的经济和政治成本很高,也面临很大的外部风险和不确定性。

而且,更为重要的是,增加能源供给会进一步增加碳排放,污染环境。当然,增加清洁能源的供给会是一个良好的选择,但是清洁能源供给的增加需要大量长期的配套投入,短期之内难以实现①。抑制能源需求则肯定会制约经济发展和社会稳定。提高能效则是当前形势下解决能源供给失衡和环境约束的最适合的途径。陈诗一、严法善、吴若沉(2010)认为提高能源生产率是降低中国碳排放的最重要手段。林伯强、孙传旺(2011)也认为提高能效是减少碳排放的一个主要途径。

能源资源的使用绩效状况是衡量经济发展质量的重要指标。一方面,中国能源资源对外依存度不断增长,同时国际油价却持续攀升;另一方面,环境恶化所导致的气候灾难不断增多。能源和环境的双重约束,使中国经济的可持续发展面临巨大的不确定性。相反,能源绩效的提高对社会和经济发展至少具有两方面的意义。其一,由于能源的生产和使用是污染的主要来源,在能源绩效提高情况下能源消费的减少则会减少污染;其二,对于维持经济增长过程中的能源安全意义重大。基于此,对环境约束下中国能源绩效状况的考察就显得意义重大。

第二节　文献综述

中国作为发展中国家的典型代表,其经济高速增长能否持续、转型能否成功,不仅对中国,对世界经济以及经济学理论的发展都意义重大。伴随着中国经济的高速增长,中国对能源的需求急速扩张,吸引了国内外众多学者对中国能源问题的关注。这些讨论主要从中国某些行业或地区的能源效率、能源增长率、节能潜力以及影响能源效率与生产率的因素等方面展开。

对于能源绩效的衡量有很多不同的指标,Patterson(1996)对能源效率的定义及衡量指标进行了详细的阐述。他把对能源效率的测量分成热力学指标、物理—热量指标、经济—热量指标和纯经济指标。我们也可以根据研究的需要简单地将它们分成单要素指标和全要素指标。单要素能源绩效指

---

① 特别感谢中山大学经济系徐现祥教授对本书的建议。

标是反映经济活动中能源消费与有效产出关系的偏要素指标。在国际上使用较多的单要素能源绩效指标是能源消耗强度(或称之为单位 GDP 能耗)及其倒数(也有人称之为能源生产率)。全要素指标是把生产过程所需要的各种生产要素都纳入生产理论进行绩效衡量的方法。一般来讲,在实际操作中不可能把全部的生产要素都纳入进来,而是选择对产出影响较大的几种要素进行度量。所以,全要素指标也可以称之为多要素指标。

一、研究单要素能源效率的相关文献

在对能源效率问题研究的初期,应用最普遍的是单要素能源效率指标。蒋金荷(2004)从能源物理效率、单位产值能耗、单位产品能耗等方面分析了我国能源效率的特征以及与世界其他国家的差距,并通过产值能耗与经济结构调整关系的分析,提出了降低能源强度的主要策略。韩智勇、魏一鸣、范英(2004)分析了中国能源强度的变化趋势,并以此为基础,将能源强度变化分解为结构份额和效率份额,提出了结构份额和效率份额的计算方法,并对我国能源强度变化中的结构份额和效率份额进行了定量分析。史丹(2006)将能源消耗强度的倒数作为能源效率,研究了中国能源效率的地区差异和节能潜力。并比较了能源效率同产业结构、人均 GDP、能源消费结构、对外开放度以及能源资源禀赋之间的关系。认为提高中国的能源效率需要改变地区自我平衡的能源配置方式,使能源从低效率地区流向效率更高的地区。另外,各地区在制定节能措施时应当考虑本地区的特殊性。同时,中国也不能在各地区实行统一的节能降耗目标。吴巧生、成金华(2006)基于我国 1980—2004 年时间序列数据,与其他国家的能耗强度进行了对比分析,数据表明中国的能源利用效率与国际比较处于较低水平。同时,对比分析现有能源消耗强度完全分解模型的求解方法,研究了六部门结构变化及其能源消耗强度变化对我国能源消耗强度下降的影响方向及影响程度。结果显示,用简单平均微分 PDM2 方法分解计算的结果令人满意,能耗强度下降主要得益于能源使用效率的提高。其中,工业部门的技术改进是影响能耗强度的主导因素。杭雷鸣、屠梅曾(2006)运用 1985—2003 年的时间序列数据,在对我国制造业、能源价格和能源强度之间关系的实证研究中发现,提高能源价格有利于改善能源效率。齐志新、陈文颖、吴宗鑫(2007)应

用因素分解法,考察了工业部门内部轻重结构变化对能源消费和能耗强度的影响。尹宗成、丁日佳、江激宇(2008)利用我国1985—2006年时间序列数据,检验了FDI、人力资本、R&D与产业结构对我国能源效率的影响方向和影响程度。樊茂清、任若恩、陈高才(2009)通过考察我国1981—2005年制造业20个部门的技术变化、要素替代以及贸易和能源强度之间的关系,发现技术变化、要素替代、贸易、一次能源结构和部门结构变化是引起能源强度变化的重要因素。杨继生(2009)认为我国能源价格对能源效率的影响比较接近高效运行机制,增加能源价格的灵活性,是提高能效的可行选择。张意翔、刘捷、成金华(2009)运用计量方法分析了我国能源效率变化的原因和发展趋势,认为随着产业结构重型化的发展,我国的能源效率会不断下降。并从改变经济结构标准、完善能源价格体系和加快发展现代服务业等方面分析了降低能耗、提高能效的方法。谭忠富、张金良(2010)通过1978—2006年面板数据,研究了能源效率同其影响因素之间的动态关系。结果显示,能源价格对能源效率的贡献最大,其次是经济结构、能源消费结构和技术进步。傅晓霞、吴利学(2010)采用1952—2008年时间序列数据对影响能源效率的因素进行了深入分析,特别是采用半参数估计方法对不同阶段和经济条件下能源效率的决定机制的研究,为政策目标的制定提供了更为丰富的能源效率决定机制信息。

胡宗义、刘静、刘亦文(2011)运用偏最小二乘回归模型,以2007年的截面数据为基础,探讨了可能影响能源效率的14种因素。结果发现外商投资增加会改进能效,高能耗产业比重和煤炭消费比重的增加则会降低能效。

二、研究全要素能源效率的相关文献

(一)传统的全要素能源效率文献

采用单要素能源效率指标虽然计算较为简便,但却夸大了能源效率,且无法反映劳动力和资本等生产要素对能源的替代作用。毕竟能源自身是不能带来任何产出的,它必须和其他投入要素一起使用才能生产出产品。而且,能源消耗强度更多的是反映经济的结构,无法反映决策主体的要素禀赋及其变动。Hu and Wang(2006)在对中国省际的全要素能源效率考察中,开创性的把能源加入资本和劳动力中一起作为投入要素,把各个地区GDP

作为产出,运用非参数的 DEA 方法求解,得出了中国各省区市的全要素能源效率。并考察了单位资本产出同全要素能源效率之间的关系。他认为,随着中国经济的增长,能源效率也在不断提高。Honma and Hu(2008)运用同样的方法考察了日本 47 个县 1993—2003 年的能源效率情况。Hu and Kao(2007)在 DEA 全要素方法的框架下,以能源、劳动力、资本作为投入,GDP 作为产出,计算了 1991—2000 年 17 个 APEC 国家的能源节约率。除了对各个国家和地区节能潜力的度量之外,文章还比较了全要素框架下能源节约率与传统的单要素指标下能源节约率的情况。由于劳动和资本等其他投入对能源具有替代作用,导致单要素能源指标会带来估计的偏差。Chien and Hu(2007)运用 DEA 方法,考察了可再生能源对 45 个经济体(OECD 和非 OECD)2001—2002 年能源效率的影响。发现 OECD 国家具有更高的能效,而增加可再生能源的使用可以调高能源技术效率。随后,国内一批学者在对能效测度问题上借鉴 Hu 的方法,对中国能效又进行了深入探讨。魏楚、沈满红(2007)首先明确地区分了能源效率和能源生产率问题,在借鉴 Hu and Wang(2006)的研究方法基础上,首先对国内进行了全要素指标下的能效研究。并从第三产业发展、财政支出、进出口以及所有制结构几个方面对影响能源效率的因素进行了考察。魏楚、沈满红(2008)又以全要素能源效率为基础,从产业结构、工业结构、产权结构、要素结构和能源结构五个方面考察了结构调整对能源效率的影响。发现以"退二进三"为主导的产业结构调整和以"国退民进"为主要方向的国有产权改革在一定程度上可以改善能效;过度的资本深化会恶化能效;优化能源消费结构不仅可以提高能源效率,还可以降低污染排放。曾胜、黄登仕(2009)在全要素框架下运用 DEA 方法对全要素能效进行了计算。在此基础上,研究了能源消费和经济增长之间的内在比例关系,并以此测算了能源消费对经济增长的贡献。此外,从经济惯性原理出发,对能源效率的发展趋势进行了探索。杨红亮、史丹(2008)基于 2005 年省际截面数据,分别使用一种单要素方法和两种传统 DEA 全要素方法以及随机效率前沿(SFA)方法测度了各地区的能效值。通过比较证实,与单要素方法相比,全要素方法具有无可比拟的优势。运用全要素方法测度的效率值显示,中国整体能效较低,仍有约 30% 的节能潜力。同时,东西部之间巨大的能效差距表明了国内技术扩散的必要性。李世祥、成金华(2008)基于非参数的 DEA 方法,通过改进的 CCR 模型,设置了四个不同目标情景下的能源效率模型。从省际、工业行业面板数据的角度评价了中国的能源效率,并实证检验了其影响因素。结果显示,中国的能源效率总体水平很低,而且省际、区际之间差异较大,表明节能潜力巨大。另外,从主要的能源用户来看,工业部门及 6 个主要能耗行业的能效都不高。同时实证分析显示,技术进步和技术扩散,以及能源价格的提高和价格机制的完善都有利于能效的改进。需要特别说明的是,虽然这篇文章使用的仍然是传统的 DEA 模型,但是在对模型的设定上,他控制了其他变量对效率值的影响,突出了能源的效率特征。在同类方法的文章中,对模型的运用显得更科学、更准确。李国璋、霍宗杰(2009,2010)运用 DEA 方法计算了1995—2006 年我国各个省份、三大区域及全国的全要素能源效率。结果显示:中国地区全要素能效呈由西向东、由北向南逐步提高的梯级分布;全国和东中部地区能效稳态收敛,西部能效没有显著收敛趋势;另外,从影响因素方面解释了西部地区与其他地区差异的原因。Mukherjee(2010)在对印度制造业部门 2001—2005 年能源效率的研究中,运用方向性距离函数对印度主要制造业部门的能效进行了测度。结果发现,通过技术改进可以实现能源投入减少和产出增加 3.84% 的潜力。李国璋、江金荣、周彩云(2010)利用 DEA 方法和环境污染治理成本法分别估算了 1989—2007 年我国全要素能源效率和环境污染的经济损失,并进一步研究分析了两者之间的关系。结果发现,两者存在长期均衡关系,全要素能源效率是环境污染经济损失的格兰杰原因,提高全要素能源效率有助于减少环境污染。杨骞(2010)对地区行政垄断和能源效率之间关系的研究发现,前者对后者有阻碍作用。左中梅、杨力(2011)运用 SBM－DEA 模型测算了 2003—2007 年中国省际全要素能源效率,结果显示,中国整体能效水平较低,各地区之间差异显著,具备大幅改善的空间。

(二)考虑环境约束的全要素能源效率文献

另外,在能源效率问题上,国内外学者大多数还是使用传统的 DEA 方法,却没有考虑非合意产出。然而,在节能减排、经济可持续发展的要求下忽略污染去考察效率不仅意义不大,而且会使能源效率的估计有偏。Scheel (2001)对在 DEA 模型中加入非合意产出的方法进行了综述。并且对各种处理方法的适用性、特点及缺陷进行了详细的介绍和证明。这对后来学者进行相关研究在理论方法上提供了清晰的思路。

吴琦、武春友(2009)首先从综合投入、技术效率和有效产出三个角度重新界定了能源效率的概念。然后在全要素能源效率框架下,以传统 DEA 模型为依托,把 CO_2、SO_2、烟尘、工业粉尘、COD、氨氮、工业固体废弃物六种污染物排放量折合成一个污染物指标,引入到模型中测度能源效率。并在此基础上构建能源经济效率和能源环境效率评价指标体系,结合主成分分析法建立了可处理非期望产出的 DEA 能源效率评价模型。何文强、汪明星(2009)在对能源效率的评价中运用包含非期望产出(废气)的 DEA 模型,以 1991—2007 年的时间序列数据为基础,分别用六种不同的 DEA 模型计算了中国整体的能源效率变化情况,并进行了模型的有效性评价。结果表明,我国能效的总趋势是 2002 年以前上升,之后开始下降,2006 年又开始上升。袁晓玲、张宝山、杨万平(2009)运用 1995—2006 年中国 28 个省际面板数据,选取基于投入导向的 CRS—DEA 模型,把工业废水、废气、烟尘、粉尘、SO_2 以及固体废弃物六种排放量综合成一个污染物排放指数,测算了包含非合意产出的全要素能源效率,并用 Tobit 计量模型分析了能效的影响因素。Shi et al. (2010)运用 DEA 研究了中国工业部门的能源效率,并且研究了 28 个行政省区能源改善的潜力。认为随着能源价格的显著上升,能源稀缺性、能源安全和可持续发展的问题,大多数能源消费大国的政府开始思考如何改善能源效率来节省能源。徐盈之、管建伟(2011)运用 CRS 下超效率 DEA 模型测算了 1991—2008 年中国各地区的能源效率,并对各地区能效进行了空间相关性分析,还对影响能效的因素进行了探讨。结果发现,我国区域能效呈空间集聚效应,且存在绝对 β 趋同和条件 β 趋同。此外,产业结构、工业化水平、政府干预和外商直接投资等因素对能源效率有重要影响。

以上对能源效率的研究虽然加入了对污染物的考察,但这些研究都是建立在传统的谢泼德距离函数(Shephard distance function)上,这种距离函数要么将污染物作为一种投入,要么将污染物通过取其倒数或者乘以 −1 转换成"合意的产出"。污染物作投入处理法违背了实际的生产过程,数据转换处理法可能会破坏 DEA 模型的凸性要求。Chung et al. (1997)发展了一种新的函数——方向性距离函数(Directional distance function),这种函数可以把污染物作为对环境的负产出纳入到效率的分析框架中,同时考虑了合意产出的提高和非合意产出。目前国内外已经有很多学者运用它来测度环境效率和生产率(Weber and Domazlicky,2001;Jeon et al.,2004;Arcelus and Arocena,2005;Watanabe and Tanaka,2007;王兵等,2008;涂正革,2008;胡鞍钢等,2008;吴军,2009;陈茹等,2010;王兵等,2010)。但是,目前还没有学者运用方向性距离函数将污染纳入到全要素能源效率分析框架中。另外,虽然有大量的学者运用方向性距离函数进行环境效率和生产率的研究,但是他们主要是在规模报酬不变(Constant Returns to Scale,CRS)假设下进行。虽然有学者在可变规模报酬(Variable Returns to Scale,VRS)下进行研究,但是仅简单地将约束权重的和为 1 的条件加到 CRS 模型中,从而没有考虑到产出的弱可处置性问题(Färe and Grosskopf,2009)。但是,在对能源问题的研究上,目前还没有学者运用方向性距离函数进行研究。所以,这也就成为对能源问题下一步研究的方向。

本章试图从以下两个方面对现有文献进行拓展:1. 运用修正的 VRS 下基于 DEA 的方向性距离函数测算 1998—2007 年环境约束下的中国省际全要素能源效率;2. 对影响中国全要素能源效率的因素进行实证分析。

第三节　研究方法与数据处理

一、环境技术

在本书中,我们把每一个省份看作一个生产决策单元(DMU),来构造每一个时期能源利用的最佳实践边界。在能源使用过程中会带来 SO_2、CO_2 等废气的排放,我们将之称为非合意产出;将正常产出称为合意产出。为了将环境问题纳入到我们的分析框架中,我们需要先构造一个既包括合意产出,又包括非合意产出的生产可能性集合,Färe 等人(2007)将这种生产可能性集合称为环境技术(the environmental technology)。假设每一个省份使

用 N 种投入 $x=(x_1,\cdots,x_N)\in R_N^+$，生产出 M 种合意产出 $y=(y_1,\cdots,y_M)$ $\in R_M^+$，以及排放 I 种非合意产出 $b=(b_1,\cdots,b_I)\in R_I^+$。用产出集合模拟环境技术：

$$P(x)=\{(y,b):x\text{ 能生产 }(y,b)\},x\in R_N^+ \qquad (5.1)$$

衡量包含环境技术的产出集合 $P(x)$ 具有以下四个性质：

(1)如果 $(y,b)\in P(x)$，且 $b=0$，那么 $y=0$。

(2)如果 $(y,b)\in P(x)$，且 $0\leqslant\theta\leqslant1$，那么 $(\theta y,\theta b)\in P(x)$。

(3)如果 $(y,b)\in P(x)$，且 $y'\leqslant y$，那么 $(y',b)\in P(x)$。

(4)如果 $x'\geqslant x$，那么 $P(x')\supseteq P(x)$。

性质(1)称为零结合性(null-jointness)，即没有非合意产出就没有合意产出。性质(2)是联合弱可处置性(jointly weak disposability)，即合意产出与非合意产出在一定的技术条件下具有同比例增减特性，也就是说减少污染是有成本的。性质(3)是强可处置性(strong or free disposability)。它的含义是，在投入和污染规模相同的条件下，正常产出可以无成本的减少。性质(4)说明投入要素 x 具有自由可处置性(free disposability)。

假定在每一个时期 $t=1,2,\cdots,T$，第 $j=1,\cdots,J$ 个 DMU 的投入和产出值为 $(x^t_{(J\times N)},y^t_{(J\times M)},b^t_{(J\times I)})$。Färe 等(2004)对生产技术集进行了以下定义：

$$P^t(x^t)=\left\{\begin{array}{l}\sum_{j=1}^J z_j y^t_{jm}\geqslant\delta y^t_{j,m},m=1,\cdots,M;\sum_{j=1}^J z_j b^t_{j,i}=\delta b^t_{j,i},i=1,\cdots,I\\\sum_{j=1}^J z_j x^t_{j,n}\leqslant x^t_{j,n},n=1,\cdots,N;\sum_{j=1}^J z_j=1,z_j\geqslant0,j=1,\cdots,J\end{array}\right\} \qquad (5.2)$$

z^t_k 表示每一个横截面观察值的权重，非负的权重变量之和等于 1 表示生产规模报酬是可变的。在方程组(5.2)中，合意产出和投入变量的不等式约束意味着合意产出与投入可自由处置。而非合意产出的等式约束，则表示非合意产出是不能自由处置的。另外，在没有引入非合意产出的情况下，合意产出是强可处置的。在这里，根据 Shephard(1974)对产出弱可处置性的定义，即性质(2)，我们可知:减少非合意产出的一个可行办法就是减少合意产出。因此，加入 δ 就是为了强调加入非合意产出以后的模型，合意产出和非合意产出是联合弱可处置的且二者可以等比例缩减。若不加入 δ 就无法满足产出的弱可处置性(Färe and Grosskopf,2009)。

　　环境技术的构造是为了概念的解释,它是衡量效率的基础。但是为了计算环境管制下的能源效率,我们将引入方向性距离函数。

二、方向性距离函数与能源效率

　　传统的 Malmquist 生产率指数(MPI)是使用谢泼德(Shephard)距离函数代表技术集,它被定义如下:

$$D_o(x,y,b) = \inf\left\{\theta: \left(\frac{(y,b)}{\theta}\right) \in P(x)\right\} \tag{5.3}$$

这个函数要求合意产出与非合意产出最大限度地同比例扩张或收缩,它不能在增加合意产出的同时减少非合意产出,也不能使合意产出与非合意产出以不同比例变化。这也是我们为什么要修正 MPI 的原因。

　　根据 Farrell(1957)和 Färe(1994)的思想,我们知道,Farrell 产出的技术效率就等于谢泼德距离函数的倒数。为了考虑非合意产出减少的可能性,我们用方向性距离函数代替谢泼德距离函数来代表技术。与谢泼德距离函数相比,方向性距离函数可以测度在合意产出增加的同时非合意产出减少的最大可能性。方向性距离函数定义如下:

$$\vec{D}_o(x,y,b;g) = \sup\{\beta: (y,b) + \beta g \in P(x)\} \tag{5.4}$$

$g = (g_y, g_b)$ 是产出扩张的方向向量。β 就是合意产出增长,非合意产出减少的最大可能性。β 也代表了技术的无效水平,β 越大,效率越低。若 $\beta = 0$,则说明样本观察值已经在生产的边界上,在所有 DMU 中已经实现了产出的最有效水平。类似于传统技术效率(Farrell,1957)的定义,方向性距离函数下的环境技术效率可以用以下式子表示:

$$\text{TE}(x_i^{t-1}, y_i^{t-1}, b_i^{t-1}; g) = 1 - \vec{D}_o^t(x_i^{t-1}, y_i^{t-1}, b_i^{t-1}; g) \tag{5.5}$$

环境技术效率与 Farrell 技术效率的区别就在于产出前沿不同。按照一定的方向,方向性距离函数可以按照要求测度合意产出与非合意产出朝不同方向变动的情况。环境技术效率不仅反映合意产出与最大合意产出的距离,也反映非合意产出与最少非合意产出的距离。方向性距离函数不仅取决于 (x^t, y^t, b^t),还取决于方向向量 g^t。当取方向向量为 $g^t = (1, 0)$ 时,方向性距离函数就变成了谢泼德距离函数,这也说明后者只是前者的特例。

　　Picazo-Tadeo and Prior(2005)在方向性距离函数的基础上,对环境效率评价的 VRS 模型进行了进一步的改进:

$$P^t(x^t) = \left\{ \begin{array}{l} \sum\limits_{j=1}^{J} \Phi \lambda_j y_{jm}^t \geqslant (1+\beta) y_{j,m}^t, m = 1, \cdots, M; \sum\limits_{j=1}^{J} \Phi \lambda_j b_{j,i}^t = (1-\beta) b_{j,i}^t \\ \sum\limits_{j=1}^{J} \lambda_j x_{j,n}^t \leqslant (1-\beta) x_{j,n}^t, n = 1, \cdots, N; \sum\limits_{j=1}^{J} \lambda_j = 1, \lambda_j \geqslant 0, j = 1, \cdots, J \end{array} \right\} \quad (5.6)$$

在这里,我们将 Φ 称之为消减因子(abatement factors),它的内涵大致相当于方程组(5.2)中的 δ。根据方向性距离函数的性质,我们可知方程组(5.6)测度的是合意产出增加,同时非合意产出与投入减少的情况。而且,由于 Φ 和 λ_j 都是模型中的变量,所以方程组(5.6)是非线性的(Kuosmanen,2005)。但是,由于投入和产出的可处置性是不同的,为了处理 VRS 下的弱可处置性问题,Kuosmanen(2005)放松了模型好产出和非合意产出同比例缩减的假设。他令 $\lambda_j = z_j + u_j$,其中 $z_j = \Phi \lambda_j$,$u_j = (1-\Phi)\lambda_j$。对基于方向性距离函数的 VRS 下的环境技术进行了进一步的完善,我们定义如下(5.7):

$$P^t(x^t) = \left\{ \begin{array}{l} \sum\limits_{j=1}^{J} z_j y_{jm}^t \geqslant (1+\beta) y_{j,m}^t, m = 1, \cdots, M; \sum\limits_{j=1}^{J} z_j b_{j,i}^t = (1-\beta) b_{j,i}^t, i = 1, \cdots, I \\ \sum\limits_{j=1}^{J} (z_j + u_j) x_{j,n}^t \leqslant (1-\beta) x_{j,n}^t, n = 1, \cdots, N; \sum\limits_{j=1}^{J} (z_j + u_j) = 1, z_j \geqslant 0, j = 1, \cdots, J \end{array} \right\}$$

$$(5.7)$$

其中,产出权重 z_j 表示 λ_j 中不能自由处置的部分;投入的权重则由可自由处置和非可自由处置两部分之和组成。对于 CRS 模型,相当于 $z_j = \lambda_j$,且 $u_j = 0$。

我们根据研究的需要和投入产出可处置性的特点,通过对方向向量的设置,选取以下模型计算环境约束下的全要素能源效率。

$$\vec{D}_o^t(x_{j'}^t, y_{j'}^t, b_{j'}^t; g^t) = \max \eta$$

$$s.t.$$

$$\sum_{j=1}^{J} z_j^t y_{j,m}^t \geqslant (1+\eta) y_{j',m}^t, m = 1, \cdots, M,$$

$$\sum_{j=1}^{J} (z_j^t + u_j^t) k_{j,n}^t \leqslant k_{j',n}^t; \sum_{j=1}^{J} (z_j^t + u_j^t) l_{j,n}^t \leqslant l_{j',n}^t;$$

$$\sum_{j=1}^{J} (z_j^t + u_j^t) E_{j,n}^t \leqslant (1-\eta) E_{j',n}^t; \sum_{j=1}^{J} z_j^t b_{j,i}^t = (1-\eta) b_{j',i}^t;$$

$$\sum_{j=1}^{J} (z_j + u_j) = 1, 0 \leqslant \Phi \leqslant 1 \quad (5.8)$$

其中,K代表资本投入,L代表劳动投入,E代表能源投入。这个模型是在可变规模报酬VRS(varying returns to scale)条件下计算的全要素能源效率。首先,$\sum_{j=1}^{J}(z_j + u_j) = 1$,表明这是基于VRS的模型。与CRS(不变规模报酬)相比,VRS更接近于现实情形(Beede et al.,1993)。另外,不等号表示合意产出与投入要素的强可处置性,等号表示非合意产出的弱可处置性。这里,通过控制资本、劳动的投入,测度在产出不变的条件下,能源可以节约的最大可能性。η在这里就代表了能源的无效水平。这个模型将用来测度经济增长条件下节能减排的能源技术效率。在这个模型中,我们可以得到在现实技术水平上经济最大限度增长的同时节能减排的最大潜力。

相应地,我们可以根据研究的需要和投入产出可处置性的特点,通过对方向向量的设置,选取不同的模型来计算不同情况下的能源效率。我们把通过模型(5.9)计算的能源效率称为纯能源效率:

$$\vec{D}_o^{\,t}(x_{j'}^{t}, y_{j'}^{t}, b_{j'}^{t}; g^t) = \max\beta$$

$s.t.$

$$\sum_{j=1}^{J} z_j^t y_{j,m}^t \geqslant y_{j',m}^t, m = 1, \cdots, M,$$

$$\sum_{j=1}^{J}(z_j^t + u_j^t)k_{j,n}^t \leqslant k_{j',n}^t; \sum_{j=1}^{J}(z_j^t + u_j^t)l_{j,n}^t \leqslant l_{j',n}^t;$$

$$\sum_{j=1}^{J}(z_j^t + u_j^t)E_{j,n}^t \leqslant (1-\beta)E_{j',n}^t; \sum_{j=1}^{J} z_j^t b_{j,i}^t = b_{j',i}^t;$$

$$\sum_{j=1}^{J}(z_j + u_j) = 1, 0 \leqslant \Phi \leqslant 1 \qquad\qquad (5.9)$$

其中,K代表资本投入,L代表劳动投入,E代表能源投入。这个模型是在可变规模报酬VRS(varying returns to scale)条件下计算的纯能源效率。这里,通过控制资本、劳动的投入变动,测度在产出不变的条件下,能源可以节约的最大可能性。β在这里就代表了能源的无效水平。

纯能源效率模型可以用来测度污染物控制不变时候的能源效率情况。但是,在合意产出不变时,为了计算节能减排目标下的能源效率,我们将使用下面的模型:

$$\vec{D}_o^{\,t}(x_{j'}^{t}, y_{j'}^{t}, b_{j'}^{t}; g^t) = \max\gamma$$

$s.t.$

$$\sum_{j=1}^{J} z_j^t y_{j,m}^t \geqslant y_{j',m}^t, m = 1,\cdots,M,$$

$$\sum_{j=1}^{J} (z_j^t + u_j^t) k_{j,n}^t \leqslant k_{j',n}^t; \sum_{j=1}^{J} (z_j^t + u_j^t) l_{j,n}^t \leqslant l_{j',n}^t;$$

$$\sum_{j=1}^{J} (z_j^t + u_j^t) E_{j,n}^t \leqslant (1-\gamma) E_{j',n}^t; \sum_{j=1}^{J} z_j^t b_{j,i}^t = (1-\gamma) b_{j',i}^t;$$

$$\sum_{j=1}^{J} (z_j + u_j) = 1, 0 \leqslant \Phi \leqslant 1 \qquad (5.10)$$

在模型(5.10)中,为了准确测度节能减排下的能源效率,我们控制了劳动、资本投入以及合意产出 GRP 的变动,测度能源投入和非合意产出减少时的能源效率情况。此时,最佳实践边界是由那些在既定劳动资本投入和生产产出水平下污染排放最少、能源投入最少的地区构成的。我们可以称之为环境能源效率。

三、产出的强与弱可处置性

表达式(5.8)可以用来测度 VRS 下包含非合意产出时满足投入产出弱可处置要求下的全要素能源效率。以此我们可以用下面的方向性距离函数表达式测度产出(合意产出与非合意产出)弱可处置时的全要素能源效率:

$$\vec{D}_T^W(x_{j'}^t, y_{j'}^t, b_{j'}^t; g^t) = \max \eta$$

s. t.

$$\sum_{j=1}^{J} z_j^t y_{j,m}^t \geqslant (1+\eta) y_{j',m}^t, m = 1,\cdots,M,$$

$$\sum_{j=1}^{J} (z_j^t + u_j^t) k_{j,n}^t \leqslant k_{j',n}^t; \sum_{j=1}^{J} (z_j^t + u_j^t) l_{j,n}^t \leqslant l_{j',n}^t;$$

$$\sum_{j=1}^{J} (z_j^t + u_j^t) E_{j,n}^t \leqslant E_{j',n}^t; \sum_{j=1}^{J} z_j^t b_{j,i}^t = (1-\eta) b_{j',i}^t;$$

$$\sum_{j=1}^{J} (z_j + u_j) = 1, 0 \leqslant \Phi \leqslant 1 \qquad (5.11)$$

当非合意产出强可处置时,即放弃对环境管制时,非合意产出 b 的不等式约束表示非合意产出可任意无成本的减少。由于此时非合意产出是强可处置的,所以不用再对构造 DEA 效率边界的权重进行分解。因此,我们可以用下面的式子表达:

$$\vec{D}_T^S(x_{j'}^t, y_{j'}^t, b_{j'}^t; g^t) = \max \beta$$

s. t.

$$\sum_{j=1}^{J} z_j^t y_{j,m}^t \geqslant (1+\beta) y_{j',m}^t, m = 1, \cdots, M,$$

$$\sum_{j=1}^{J} z_j^t k_{j,n}^t \leqslant k_{j',n}^t; \sum_{j=1}^{J} z_j^t l_{j,n}^t \leqslant l_{j',n}^t;$$

$$\sum_{j=1}^{J} z_j^t E_{j,n}^t \leqslant (1-\beta) E_{j',n}^t; \sum_{j=1}^{J} z_j^t b_{j,i}^t \leqslant (1-\beta) b_{j',i}^t;$$

$$\sum_{j=1}^{J} z_j = 1, 0 \leqslant z_j \leqslant 1 \tag{5.12}$$

其中,权重之和 $\sum_{j=1}^{J} z_j = 1$,表示依然是在 VRS 的假设下。合意产出增加,非合意产出与能源投入减少表示仍然满足节能减排下经济增长的要求。在前面环境管制的模型中我们假设成立的零结合性质在这里已经不存在。虽然在没有环境管制的情形下,非合意产出的强可处置性破坏了合意产出与非合意产出在生产过程中的物理关系,但我们假设非合意产出强可处置只是为了让经济体不承担环境管制的成本,并非真的破坏了这种物理关系。

我们通过比较两种不同处置下计算得到的相对效率值来构造一个测度环境管制影响的指数。在环境管制条件下,假设环境管制规则迫使生产资源用来处理污染物。所以,环境管制的成本就可以用合意产出的损失来表示。

经济体 J 在无环境管制下的有效合意产出为:

$$EF^S(y^j) = [y^j + \vec{D}_T^S(x^{j't}, y^{j't}, b^{j't}; g^t) g_{y^j}] \tag{5.13}$$

而在环境管制下的合意产出集为:

$$EF^W(y^j) = [y^j + \vec{D}_T^W(x^{j't}, y^{j't}, b^{j't}; g^t) g_{y^j}] \tag{5.14}$$

其中,方向向量 $g^t = (-g_x, g_y, -g_b)$。那么我们就可以用下面的表达式表示环境管制对经济体 J 所造成的经济损失:

$$RI^j = EF^S(y^j) - EF^W(y^j) = [\vec{D}_T^S(x^{j't}, y^{j't}, b^{j't}; g^t) - \vec{D}_T^W(x^{j't}, y^{j't}, b^{j't}; g^t)] g_{y^j}$$

$$\tag{5.15}$$

这个环境影响指标总是大于等于零,可以用它来测度环境管制带来的经济损失。指标的值为零表示环境管制对非合意产出的自由处置没有影响,即生产不被非合意产出所影响;值大于零则表示生产过程被非合意产出阻碍,非合意产出的减少意味着合意产出的损失。

四、数据处理

根据上述研究方法,我们选取 1998—2009 年中国除西藏外的其他 30

个大陆省份为研究对象。选取地区生产总值为合意产出,SO_2 排放量为非合意产出,能源、资本和劳动力为投入要素。指标基础数据主要来源于历年《中国统计年鉴》、《中国环境年鉴》和《中国能源统计年鉴》。

1. 合意产出。合意产出选用各个省(自治区、直辖市)以 2000 年为基期的实际地区生产总值(GRP)。由于国家统计局仅仅公布了 2000 年以来经济普查后修订的 GRP 和 GRP 指数的数据,所以本书以 2000 年为基期计算实际 GRP,就是为了降低 1998 年和 1999 年两年实际 GRP 的误差。

2. 非合意产出。关于非合意产出的选择,不同的学者采用的指标也不相同。Watanabe and Tanaka(2007)和涂正革(2008)选择了二氧化硫(SO_2)作为非合意产出;Kaneko and Managi(2004)、Managi and Kaneko(2004)、Wu(2007)以及程丹润和李静(2009)选择了废水、废气和固体废物作为非合意产出;胡鞍钢等(2008)选取了废水、工业固体废弃物排放总量、化学需氧量(Chemical Oxygen Demand,COD)、SO_2、CO_2 排放总量五个指标作为非合意产出;Managi and Kaneko(2006)除了选择"三废"排放量之外,还考虑了工业废水中的 COD 六价铬、铅,以及工业废气中的 SO_2、工业烟尘、工业粉尘的排放量。在考虑非合意产出的能源效率研究中,何文强、汪明星(2009)把废气作为非合意产出;袁晓玲、张宝山、杨万平(2009)把工业废水、废气、烟尘、粉尘、SO_2 以及固体废弃物六种排放量综合成一个污染物排放指数;吴琦、武春友(2009)把 CO_2、SO_2、烟尘、工业粉尘、COD、氨氮、工业固体废弃物六种污染物排放量折合成一个污染物指标,引入到模型中测度能源效率。由于与能源相关的大气污染物主要是 SO_2 和 CO_2,因此我们选取 SO_2 和 CO_2 这两个指标作为非合意产出。其中 SO_2 是各个地区的排放总量,数据来源于《中国环境年鉴》;CO_2 数据是根据 IPCC《国家温室气体排放清单指南》中能源部分所提供的基准方法计算得来的。[1]我们根据我国各地区能源综合平衡表选取了其中最主要的 14 种能源(原煤、洗精煤、其他洗煤、焦炭、焦炉煤气、其他煤气、原油、汽油、柴油、煤油、燃料油、液化石油、炼厂干气和天然气),舍弃了另一些投入使用量非常小的能源种类。其中,海南 2002 年和宁夏 2000—2002 年的能源数据缺失,是根据前后年

---

[1] 其公式为化石燃料消费产生 CO_2 排放量的计算公式为:CO_2 排放量=化石燃料消耗量×CO_2 排放系数;CO_2 排放系数=低位发热量×碳排放因子×碳氧化率×碳转换系数。

份的增长率估算的。

3. 能源投入。由于各个评价单元的能源消费结构有很大的不同,为了统一口径,我们利用不同能源折标准煤参考系数,将各个省区市的各种一次能源消费量通过折标算出能源消费总量作为能源投入。其中,海南 2002 年和宁夏 2000—2002 年的能源数据缺失,其消费量是根据其前后年份的增长率估算的。

4. 劳动投入。衡量劳动在生产中贡献的最好指标应当是劳动时间,但是由于受数据可得性的限制,我们使用各省区市历年从业人员数(根据三次产业划分)作为劳动投入量指标。其中,年鉴中 2006 年的劳动投入量指标与前后年份统计不一致。为了统一口径,文章采用了 2005 和 2007 年根据三次产业划分的从业人员数的平均值作为 2006 年的劳动投入。另外,有些学者用劳动力的受教育年限来衡量劳动力素质差异(傅晓霞、吴利学,2006;杨文举,2008;李国璋、霍宗杰,2009,2010)。由于各行业平均利润率相差不大,从而使得劳动在行业间的分布具有均质性的假定具有合理性,所以我们没有采用这种方法。

5. 资本投入。估算方法同第三章。

表 5—1　中国各省区市 1998—2009 年投入产出指标的描述性统计

地区	指标	平均值	中位数	最大值	最小值	标准差
全国	L	2225.12	1920.74	5948.78	230.40	1473.99
	K	13861.28	10391.27	71331.12	954.15	12035.48
	E	7272.35	5965.71	31446.52	413.61	5436.23
	Y	5304.91	3885.16	31762.35	223.88	5025.37
	SO_2	728587.50	635210.50	2258884	19961	467076.20
	CO_2	15838.32	12273.83	79723.77	992.33	12728.84
东部	L	2376.24	2011.90	5643.34	320.80	1634.64
	K	21284.96	17549.14	71331.12	1661.13	15143.65
	E	9483.63	8254.71	31446.52	413.61	6964.18
	Y	8593.37	7087.95	31762.35	445.45	6461.13
	SO_2	764607.30	686860.50	2258884	19961	558818.80
	CO_2	21452.95	18790.19	79723.77	992.32	1418.91

（续表）

地区	指标	平均值	中位数	最大值	最小值	标准差
中部	L	2698.88	2348.32	5948.78	1045	1392.68
	K	11889.42	10148.04	46519.67	3303.66	7480.75
	E	7716.15	6697.72	19833.19	2218.37	3841.33
	Y	4699.37	4217.29	14128.80	1573.18	2482.69
	SO_2	706379.20	577500	1624000	265167	383565.80
	CO_2	16142.64	13880.11	49887.99	4610.65	8820.72
西部	L	1729.45	1674.75	4945.23	230.40	1200.16
	K	7871.67	6474.01	30674.30	954.15	5702.62
	E	4738.29	4032.73	19655.45	585.76	3200.80
	Y	2456.85	1983.14	10826.52	223.88	1911.53
	SO_2	708719	653990	1927946	31030	420501.60
	CO_2	10002.36	8017.62	49035.82	1087.15	7462.52

注：(1)E 表示能源投入，单位是万吨标准煤；L 表示劳动投入，单位是万人；K 表示资本投入，Y 表示 GRP，单位是亿元；SO_2 单位是吨；CO_2 的单位是万吨。(2)统计指标置信度为 95%。(3)资料来源：根据历年《中国统计年鉴》、《中国环境年鉴》和《中国能源统计年鉴》的相关数据整理而来。

表 5—1 是对数据的描述性统计。根据表 5—1 我们可以发现，东中西部三大地区之间要素投入和产出具有很大的差异性。在东中西部 SO_2 排放量相当的情况下，东部地区的平均 GRP 总量是中部地区的 1.83 倍，是西部地区的 3.5 倍；另外，全国及三大地区各指标的平均值都大于中位数，说明大部分省区市的观察值位于数据分布的左侧。为了进一步反映各个地区的经济特征，表 5—2 描述了各地区单位 GRP 所需要的要素投入量及单位 GRP 的污染物排放量。虽然从平均值看，东中西部的污染排放量相差不大，但是西部地区单位 GRP 产出的污染物排放量约为中部地区的 1.92 倍、东部地区的 3.24 倍；而西部地区单位 GRP 产出所需要的劳动力投入约为中部地区的 1.23 倍、东部地区的 2.55 倍；所需要的资本投入约为中部地区的 1.27 倍、东部地区的 1.29 倍；所需要的能源投入约为中部地区的 1.17 倍、东部地区的 1.75 倍。这些信息都说明了东中西三大地区不同的生产技术和经济特点。这些地区经济特征的异质性，也从侧面反映了在比较各地区生产绩效时，使用 Metafrontier 方法测度和分解生产率的必要性。

尽管如此，到底应该将样本分成几组以及每个省区市属于哪一组，也是要考虑的重要问题。分组不同,可能会得出不同甚至相反的结果。Oh and Lee(2010)在对 46 个亚欧美国家环境敏感性生产率增长指数的研究时将决定分组的要素总结为:地理位置相近性;经济繁荣度;是否属于 OECD 国家;是否属于 IEA 成员及是否是发达国家等方面。结合这些标准及上述中国东中西部地区不同的经济发展特点,可以尝试将 30 个省份分成东中西三组进行研究。

表 5—2　各地区 1998—2009 年经济特征差异性描述

指标	全国	东部	中部	西部
L/Y	0.4194	0.2765	0.5743	0.7039
K/Y	2.6129	2.4769	2.5300	3.2040
E/Y	1.3708	1.1036	1.6420	1.9286
SO_2/Y	137.3421	88.9764	150.3136	288.4665
CO_2/Y	2.9856	2.4965	3.4351	4.0712

注:(1)根据历年《中国统计年鉴》、《中国环境年鉴》和《中国能源统计年鉴》的相关数据整理而来,其中各指标均选用地区均值计算;(2)L/Y 单位是人/万元,K/Y 单位是1,E/Y 单位是吨/万元,SO_2/Y 单位是吨/亿元,CO_2/Y 单位是吨/万元。

表 5—3 是我们对得到的数据进行的描述。本书不仅按照传统的东中西部划分对数据进行了描述,而且按照能耗强度由高到低将全国分成了三个地区[①]。通过这样的分类会有利于分析能源问题。

表 5—3　1998—2009 年各变量平均投入产出份额、劳均 GRP 及能耗强度

地区	E	L	K	Y	SO_2	CO_2	GRP/L	能耗强度
北京	2.35	1.21	4.07	3.22	0.94	1.7	5.63	1.09
天津	1.67	0.64	2.26	1.84	1.19	1.68	6.04	1.35
河北	7.37	5.26	5.11	5	6.45	7.82	2.01	2.2
山西	4.83	2.23	1.93	1.94	6.19	7.79	1.84	3.72

————————

① (1)高能耗地区指的是能耗强度排序前十名的省份(依次为宁夏、贵州、山西、青海、内蒙古、甘肃、新疆、河北、辽宁、吉林),中等能耗地区指的是排序中间十名的省份(依次为云南、四川、湖北、陕西、黑龙江、河南、重庆、安徽、湖南、山东),低能耗地区指的是排序后十名的省份(依次为天津、广西、江西、北京、浙江、上海、江苏、海南、福建、广东);(2)东部地区包括:北京、天津、辽宁、河北、上海、江苏、浙江、福建、山东、广东和海南 11 省区市;中部地区包括:山西、河南、湖北、湖南、安徽、吉林、黑龙江和江西 8 个省份;西部地区包括:内蒙古、广西、重庆、四川、贵州、云南、陕西、甘肃、青海、宁夏和新疆 11 省、区、市。(3)本书后面的地区分类均是如此。

（续表）

地区	E	L	K	Y	SO_2	CO_2	GRP/L	能耗强度
内蒙古	3.21	1.57	1.8	1.82	4.79	4.06	2.44	2.63
辽宁	5.97	2.91	4.05	4.66	4.53	6.75	3.39	1.91
吉林	2.45	1.67	1.9	1.93	1.45	2.55	2.44	1.89
黑龙江	3.43	2.52	2.69	3.08	1.72	3.92	2.58	1.66
上海	3.35	1.17	5.8	4.83	2.18	3.19	8.73	1.03
江苏	6.05	5.7	8.75	8.95	5.57	6.06	3.32	1.01
浙江	4.48	4.56	6.54	6.46	3.3	3.92	3	1.04
安徽	2.79	5.25	2.69	2.83	2.16	3.21	1.14	1.47
福建	2.29	2.7	3.36	3.72	1.37	1.73	2.92	0.92
江西	1.61	3.1	2.09	2	2	1.64	1.37	1.2
山东	8.2	7.47	8.33	8.76	8.64	8.04	2.48	1.4
河南	5.46	8.44	4.93	5.06	5.38	5.95	1.27	1.61
湖北	3.91	3.97	3.15	3.44	2.88	3.54	1.84	1.69
湖南	3.26	5.45	3.16	3.44	3.8	2.79	1.33	1.41
广东	6.61	6.51	7.68	11.35	4.71	5.43	3.69	0.87
广西	1.84	3.99	2.04	2.05	3.83	1.45	1.09	1.33
海南	0.32	0.55	0.73	0.51	0.1	0.21	1.98	0.94
重庆	1.62	2.57	1.94	1.59	3.67	1.37	1.31	1.53
四川	4.48	6.94	3.93	3.92	5.5	3.12	1.19	1.71
贵州	2.64	3.24	1.53	0.99	6.64	2.74	0.65	3.96
云南	2.3	3.65	2.46	1.88	2	2.08	1.09	1.82
陕西	2.06	2.84	2.65	1.82	3.5	2.28	1.35	1.69
甘肃	1.77	1.95	1.13	1.03	2.06	1.74	1.12	2.56
青海	0.62	0.39	0.52	0.27	0.31	0.32	1.47	3.42
宁夏	0.92	0.44	0.57	0.29	1.26	0.89	1.41	4.67
新疆	2.15	1.1	2.22	1.31	1.86	2.03	2.5	2.45
地区1	31.92	20.77	20.76	19.24	35.56	36.69	1.96	2.47
地区2	37.51	49.11	35.94	35.82	39.26	36.3	1.54	1.56
地区3	30.57	30.12	43.31	44.95	25.19	27.01	3.16	1.01
东部	48.66	38.67	56.67	59.3	38.99	46.52	3.24	1.22
中部	26.13	29.55	20.45	21.72	23.58	29.75	1.54	1.74
西部	23.6	28.68	20.8	16.97	35.44	22.08	1.25	2.07

注：(1)E表示能源投入，单位是万吨标准煤；L表示劳动投入，单位是万人；K表示资本投入，Y表示GRP，单位是亿元。(2)投入产出份额单位为％，劳均GRP单位为万元，能耗强度单位为吨标准煤/万元。(3)由于数据只保留了小数点后两位，可能加总之和会不等于100。(4)地区1为高能耗地区，地区2为中等能耗地区，地区3为低能耗地区。

首先,从根据能耗强度分成的三个地区投入产出的份额来看。三个地区的资本投入与合意产出的比例是一致的,都接近于 1,说明我国经济的特征仍属于粗放式投资拉动型;高能耗地区的污染排放量与合意产出之比较高,低能耗地区的污染排放量与合意产出之比较低,意味着我国地区间在污染治理上存在着一定的技术差距;另外,高能耗地区的劳均 GRP 为 1.96,高于中等能耗地区的 1.54 的水平,低于低能耗地区的 3.16。高能耗地区的劳均 GRP 之所以高于中等能耗地区,主要是该地区的能源投入对劳动要素起到了一定的替代作用,所以劳均 GRP 高于中等能耗地区;而低能耗地区较高的劳均 GRP 则源于技术上的优势。其次,从东中西部的划分来看,三种要素的投入产出比由东往西逐步升高,污染排放与合意产出比却由东往西逐渐下降。东部地区资本较为充裕,虽然能源投入多,但是劳动投入比重较低,这说明资本和能源对劳动起到了一定的替代作用。相反,中西部与东部相比,他们的劳动投入比更大,单位能源投入排放的污染物也更多。而且,与高能耗地区相比,东部的污染排放与合意产出比重也更低,这也说明东部地区在技术上更有优势。结合两种不同地区划分方式来看。除中部的山西及东部的河北和辽宁之外,高能耗地区多集中在西部;而低能耗地区除集中了东部的多数省份外,还包括西部的广西和中部的江西两个省份;中部省份的能耗强度则多处于中等水平。这两种划分方式也在一定程度上反映了我国东中西部的地区差异。

第四节　实证结果

一、纯能源效率

我们根据前述方向性距离函数的研究方法以及得到的样本数据,运用线性规划技术,依据模型(5.9)计算了各年纯能源效率。表 5—4 是 1998—2009 年的纯能源效率值。

需要特别强调的是,根据 DEA 方法的特点,不同模型下计算的效率值大小不具有直接可比性。因为在每个具体的 DEA 模型中,最佳实践边界的构造都是在不同的限定条件下完成的,计算的效率值是根据最佳实践边界得出的。所以拿不同条件下计算得出的效率值直接进行大小的比较没有科学依据,也没有意义。另外,在一个具体的模型中,并非效率值等于 1 就说明该地区已经达到最高效率,没有了改进的潜力。根据 DEA 方法的特点,效率值等于 1 只能说明在具体限定条件下,在可比的 DMU 中,该地区表现最好。如果变换限定条件或者变动 DMU 的范围,可能所有的效率值都会发生变化,原先效率值等于 1 的地区效率值也可能会降低。虽然如此,对不同模型中各个地区的效率排名的比较却不失意义。

基于以上认识,我们分析纯能源效率的结果。在模型(5.9)中,我们假设 GDP、劳动和资本投入都不变,CO_2 和 SO_2 不能增加。在这种限制下,效率值就反映了在其他投入产出都不变的情况下能源的效率情况。在 1998—2009 年十二年间,全国各地区平均纯能源效率值为 0.762,仍有较大的提升空间。从具体省区市上看,天津、山西、浙江、湖北、吉林、安徽、广西、甘肃、江西、贵州、青海和海南的效率值都等于 1,属于能源利用高效地区。此时的效率值为 1,说明在不增加劳动投入和资本投入条件下,无法再降低能源使用量来维持现有的 GRP 产出水平和污染排放量不变。另外,内蒙古、河南、上海、云南和福建 5 省区市的效率均值都大于 0.95,为较高效率地区;仍然有改进能源的潜力。而山东、河北、重庆、四川、广东、江苏、新疆、宁夏 8 省区市效率均值低于 0.5,属于低效率地区,能源的利用效率能够大幅改进。

从区域情况来看,地区 3 的效率值高于地区 1,地区 2 最低。这说明在能源的效率问题上,单要素指标并不能准确地反映能源的效率情况。后面即将分析的环境能源效率以及 CRS 假设下三个地区的全要素能源效率值将进一步证明这一结论。从东中西部地区间的差异来看。中部高于西部,东部的纯能源效率值最低。这与大部分学者的研究结果不太一致。Hu and Wang(2006)以及袁晓玲等(2009)的研究显示"东部最高,西部次之,中部最差"。一方面,可能是因为在数据问题上,这里在计算资本存量时对各个省区市选取了不同的折旧率,另外,我们在非合意产出中也加入了自己估算的 CO_2 排放量;另一方面可能是因为研究方法的不同,这里是 VRS 下的方向性距离函数。为了证实这一点,作者也计算了不存在非合意产出时在 VRS 假设下以及 CRS 假设下的能源效率情况。其结果,无论是从静态还是动态都与其他学者相似。这也从反面说明不考虑非合意产出时计算的效率值是有偏的。

表 5—4　1998—2009 年各省份纯能源效率值

地区	1998	1999	2000	2001	2002	2003	2004	2005	2006	2007	2008	2009	均值
北京	0.801	0.850	0.564	1	0.533	0.782	0.656	0.880	0.910	0.817	1	0.750	0.795
天津	1	1	1	1	1	1	1	1	1	1	1	1	1
河北	0.243	0.248	0.166	0.141	0.128	0.122	0.136	0.120	0.149	0.165	0.171	0.192	0.165
山西	1	1	1	1	1	1	1	1	1	1	1	1	1
内蒙古	1	1	1	1	1	1	1	1	1	0.835	0.799	0.969
辽宁	0.371	0.382	0.245	0.258	0.317	0.453	0.558	0.664	0.762	0.749	1	0.980	0.562
吉林	1	1	1	1	1	1	1	1	1	1	1	1	1
黑龙江	0.586	0.571	0.397	0.378	0.317	0.561	0.432	0.564	0.586	0.697	0.784	1	0.573
上海	1	1	1	1	1	1	1	0.969	1	1	1	1	0.997
江苏	0.586	0.604	0.516	0.530	0.540	0.605	0.503	0.432	0.434	0.426	0.396	0.399	0.498
浙江	1	1	1	1	1	1	1	1	1	1	1	1	1
安徽	1	1	1	1	1	1	1	1	1	1	1	1	1
福建	1	1	1	1	1	1	0.966	0.799	0.825	0.832	1	1	0.952
江西	1	1	1	1	1	1	1	1	1	1	1	1	1
山东	0.217	0.215	0.211	0.158	0.148	0.154	0.146	0.117	0.117	0.118	0.133	0.138	0.156
河南	1	1	1	1	1	1	1	1	0.926	0.869	1	1	0.983
湖北	1	1	1	1	1	1	1	1	1	1	1	1	1
湖南	1	1	1	1	1	1	0.960	0.782	0.830	0.889	0.862	0.870	0.933
广东	0.478	0.413	0.380	0.367	0.344	0.332	0.324	0.387	0.401	0.395	0.412	0.411	0.387
广西	1	1	1	1	1	1	1	1	1	1	1	1	1
海南	1	1	1	1	1	1	1	1	1	1	1	1	1
重庆	0.158	0.126	0.134	0.166	0.206	0.266	0.311	0.201	0.218	0.217	0.200	0.199	0.200
四川	0.427	0.552	0.456	0.409	0.364	0.352	0.304	0.329	0.318	0.304	0.338	0.329	0.374
贵州	1	1	1	1	1	1	1	1	1	1	1	1	1
云南	1	1	1	1	0.943	0.979	0.949	0.845	0.955	0.885	0.957	0.949	0.955
陕西	0.758	0.824	0.700	0.471	0.501	0.537	0.507	0.648	0.691	0.722	0.743	0.777	0.656
甘肃	1	1	1	1	1	1	1	1	1	1	1	1	1
青海	1	1	1	1	1	1	1	1	1	1	1	1	1
宁夏	0.637	0.786	0.562	0.414	0.355	0.260	0.314	0.318	0.327	0.294	0.330	0.289	0.407
新疆	0.279	0.267	0.561	0.269	0.295	0.324	0.264	0.243	0.243	0.223	0.305	0.304	0.298
地区 1	0.753	0.768	0.753	0.708	0.709	0.716	0.727	0.734	0.748	0.743	0.764	0.756	0.740
地区 2	0.715	0.729	0.690	0.658	0.648	0.685	0.661	0.649	0.664	0.670	0.702	0.726	0.683
地区 3	0.886	0.887	0.846	0.890	0.842	0.872	0.845	0.847	0.857	0.847	0.881	0.856	0.863
东部	0.700	0.701	0.644	0.678	0.637	0.677	0.663	0.670	0.691	0.682	0.737	0.716	0.683
中部	0.948	0.946	0.925	0.922	0.915	0.945	0.924	0.918	0.918	0.932	0.956	0.984	0.936
西部	0.826	0.855	0.841	0.773	0.767	0.772	0.765	0.758	0.775	0.764	0.771	0.765	0.786
全国	0.785	0.795	0.763	0.752	0.733	0.758	0.744	0.743	0.756	0.753	0.782	0.780	0.762

从图 5—1 中可见,全国水平的纯能源效率在 12 年间不仅没有提升,反而在波动中略有下滑。除了在 1998—1999 年和 2007—2009 年 2 个阶段的纯能源效率有所提升外,其他阶段的纯能源效率则持续下滑。东中西部三大地区中,中部地区的纯能源效率最高,而且,在 2005 年以后处于不断提高的状态。西部地区的纯能源效率从 1999 年开始大幅下滑到 2002 年后,一直比较稳定。东部地区的纯能源效率虽在 2009 年相比 1998 年有所提升,但在整个考察期却频繁波动,一直不太稳定。而且东部效率值较低,存在大幅改进的潜力。

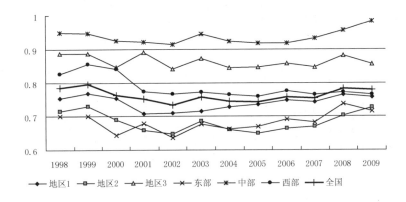

图 5—1   1998—2009 年中国区域纯能源效率

二、环境能源效率

模型(5.10)是控制劳动、资本投入以及合意产出 GRP,测度能源投入和非合意产出减少时的能源效率情况。此时,最佳实践边界是由那些在既定劳动资本投入和生产产出水平下污染排放最少、能源投入最少的地区构成的。我们将这一模型下的能源效率称之为环境能源效率。结合 DEA 和环境能源效率模型的特点,在边界上的省份(效率值为 1),其人均 GRP 和生产力水平未必是最高的,也未必是经济结构最优的。但是在相对水平上,其必是污染排放和能源使用最少的。

从表 5—5 中我们可以看到,在样本期全国水平的环境能源效率均值仅有 0.608。也就是说,在既定产出和资本劳动投入下,节能与减排的潜力仍然很大。而且,最重要的是从 2000 年以来,全国水平的环境能源效率从

0.674 下降到 2009 年的 0.559,持续下滑了 17.06%。东中西部三大地区中,仍然是中部最高,西部次之,东部最低,同纯能源效率的结果一致。说明加入污染排放减少的约束以后,在可比条件下,东部地区效率状况并未好转。也进一步说明,相比中西部地区,东部地区在节能减排上并没有优势。

从动态上看,东中西部三大地区波动都较为频繁。中部地区的均值远高于东西部地区。东部地区的均值略高于西部,但从过程上来看,二者交叉变化。西部变化的范围较大,在较大的波动中,由开始时的稍高于东部,到后来低于东部。从区域分布上看,地区 3 高于地区 2,地区 1 最小。这可能是因为能源投入较少的地区,污染排放也更少。所以,依这两个变量作为指标衡量的能源效率值,能源投入越少的地区效率会越高。根据这个解释,我们同样可以理解中部地区效率值高于东部,西部最低的事实。

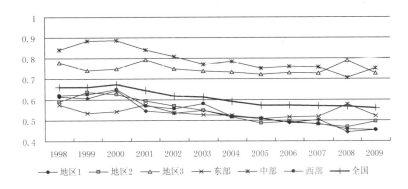

图 5—2　1998—2009 年中国各区域环境能源效率值

同纯能源效率模型相比,由于加入了更多限制,所以在环境能源效率模型中处在边界上的省份少了很多。一些省份在纯能源效率模型中处在边界上,在环境能源模型中效率值变得小于 1,说明加入非合意产出的考量后脱离了边界。此外,只要在环境能源效率模型中处在边界上的地区,在纯能源效率模型中一定也在边界上。同时,由于加入了环境因素的考量,导致效率值的分布区间相比纯能源效率增大了很多。这说明,污染排放的控制水平在各省市之间存在较大差异。

表5—5 1998—2009 年中国各省份环境能源效率值

地区	1998	1999	2000	2001	2002	2003	2004	2005	2006	2007	2008	2009	均值
北京	0.358	0.355	0.378	1	0.396	0.437	0.438	0.439	0.446	0.404	1	0.358	0.501
天津	0.830	0.864	1	0.821	1	1	1	1	1	1	1	1	0.960
河北	0.141	0.138	0.137	0.136	0.132	0.128	0.126	0.104	0.116	0.130	0.137	0.147	0.131
山西	1	0.984	0.976	0.660	0.494	0.496	0.539	0.738	0.694	0.780	0.373	0.389	0.677
内蒙古	0.544	0.591	0.571	0.589	0.555	1	0.397	0.344	0.290	0.269	0.173	0.161	0.457
辽宁	0.131	0.132	0.111	0.111	0.123	0.134	0.146	0.153	0.166	0.185	0.204	0.215	0.151
吉林	0.573	0.631	0.680	0.709	0.812	0.694	0.885	0.633	0.650	0.672	0.692	0.772	0.700
黑龙江	0.538	0.559	0.568	0.541	0.488	0.306	0.311	0.274	0.293	0.315	0.320	0.337	0.404
上海	1	0.625	0.614	0.594	0.594	0.565	0.578	0.578	0.580	0.589	0.589	0.603	0.626
江苏	0.448	0.425	0.433	0.449	0.464	0.462	0.433	0.383	0.380	0.395	0.403	0.402	0.423
浙江	1	1	1	1	1	1	1	1	1	0.997	1	1	1
安徽	1	1	0.954	0.915	0.972	0.946	1	1	1	0.939	1		0.977
福建	0.811	0.793	0.787	0.789	0.773	0.668	0.650	0.582	0.634	0.629	0.624	0.618	0.697
江西	1	1	1	1	1	1	1	1	1	1	1	1	1
山东	0.247	0.213	0.222	0.173	0.165	0.152	0.132	0.095	0.095	0.103	0.103	0.109	0.151
河南	1	1	1	1	1	1	0.926	0.893	0.934	0.871	0.919	0.954	0.958
湖北	1	0.947	0.958	0.993	0.901	0.914	0.960	0.958	0.956	0.856	0.872	1	0.943
湖南	0.627	0.945	0.958	0.903	0.804	0.809	0.654	0.517	0.562	0.576	0.543	0.568	0.706
广东	0.349	0.344	0.291	0.264	0.264	0.254	0.246	0.240	0.258	0.267	0.279	0.291	0.279
广西	1	1	1	1	1	1	1	1	1	1	1	1	1
海南	1	1	1	1	1	1	1	1	1	1	1	1	1
重庆	0.287	0.275	0.244	0.274	0.258	0.311	0.305	0.239	0.231	0.225	0.168	0.166	0.249
四川	0.267	0.246	0.298	0.296	0.269	0.257	0.221	0.241	0.230	0.231	0.223	0.226	0.250
贵州	1	0.817	0.730	1	1	0.906	0.852	0.859	0.766	0.784	0.720	0.664	0.842
云南	0.323	0.332	0.341	0.325	0.296	0.256	0.237	0.205	0.202	0.200	0.202	0.200	0.260
陕西	0.632	0.842	0.727	0.523	0.530	0.519	0.416	0.435	0.440	0.425	0.387	0.382	0.521
甘肃	0.586	0.608	0.619	0.689	0.779	0.785	0.904	0.854	0.833	0.817	0.827	0.922	0.769
青海	1	1	1	1	1	1	1	1	1	1	1	1	1
宁夏	1	1	0.630	0.419	0.298	0.224	0.264	0.311	0.294	0.290	0.217	0.187	0.428
新疆	0.179	0.170	1	0.144	0.138	0.123	0.107	0.093	0.088	0.089	0.090	0.084	0.192
地区1	0.615	0.607	0.645	0.546	0.533	0.549	0.522	0.509	0.490	0.502	0.443	0.454	0.535
地区2	0.592	0.636	0.627	0.594	0.568	0.547	0.516	0.486	0.494	0.480	0.468	0.494	0.542
地区3	0.780	0.741	0.750	0.792	0.749	0.739	0.735	0.722	0.730	0.728	0.789	0.727	0.748
东部	0.574	0.535	0.543	0.576	0.537	0.527	0.523	0.507	0.516	0.518	0.576	0.522	0.538
中部	0.842	0.883	0.887	0.840	0.809	0.771	0.784	0.752	0.761	0.759	0.707	0.753	0.796
西部	0.620	0.626	0.651	0.569	0.557	0.580	0.518	0.507	0.489	0.485	0.455	0.454	0.542
全国	0.662	0.661	0.674	0.644	0.617	0.611	0.591	0.572	0.571	0.570	0.567	0.559	0.608

从省级层面看。浙江、江西、广西、海南和青海5省区处在最佳实践边界上,属于高环境能源效率地区。另外,天津、安徽、河南、湖北4省市的环

境能源效率值在 0.9 以上,属于较高环境能源效率地区。而河北、辽宁、山东、广东、重庆、四川、云南和新疆 8 省区市的环境能源效率值不足 0.3,与其他省份存在较大差距。

三、全要素能源效率

我们根据前述修正的 VRS 方向性距离函数以及得到的样本数据,运用非参数的 DEA 方法测算了中国 1998—2009 年中国各省份的全要素能源效率。[①]图 5—4 是 1998—2009 年全国及各个区域的全要素能源效率,表 5—6 是 1998—2009 年中国各省份的全要素能源效率。从国家层面来看,中国 1998—2009 年的全要素能源效率平均为 0.843,这意味着在既定的劳动和资本投入下,中国平均每年可以分别节约能源、减少污染排放和增加产出 15.7%。从历年变化来看,中国全要素能源效率除了 2007 年略有回升之外,整体上处于持续下滑状态,从 1998 年的 0.922 降到 2009 年的 0.788。这主要是由于我国近些年经济发展过热,高耗能、高排放行业快速增长,大批淘汰的落后产能屡禁不止并不断扩张,导致整体能源效率持续下滑。“十一五”规划出台后,在国家相关打压政策下,2007 年效率值才有所回升,但 2009 年再次出现下滑。若分阶段来看,2003 年之后全要素能源效率有一个明显的下降,从 0.865 降到 2006 年的 0.796。这主要是 2003 年后,中国的重化工业化趋势再度显现,房地产和汽车工业的快速发展,基础设施投资的持续加大,机电和化工等产品出口份额的增加,所有这些都带动了采掘业、石油和金属加工业、建材及非金属矿物制品业、化工和机械设备制造等重化工业行业的急剧膨胀,中国的能耗和排放再次大幅增长(陈诗一)。

表 5—6　1998—2009 年中国各省份的全要素能源效率

地区	1998	1999	2000	2001	2002	2003	2004	2005	2006	2007	2008	2009	均值
北京	1	1	1	1	1	1	1	1	1	1	1	1	1
天津	1	1	1	1	1	1	1	1	1	1	1	1	1
河北	0.732	0.709	0.682	0.662	0.628	0.605	0.603	0.533	0.562	0.573	0.721	0.766	0.648
山西	1	0.936	0.862	0.756	1	1	0.787	0.681	0.608	0.644	0.529	0.355	0.763

---

①　方向性距离函数既可以运用非参数的 DEA 方法计算,也可以运用参数的线性规划和 SFA(随机边界分析)方法计算 Färe et al.(2005)。本书按照大多数文献选择非参数的 DEA 方法。

（续表）

地区	1998	1999	2000	2001	2002	2003	2004	2005	2006	2007	2008	2009	均值
内蒙古	1	0.955	1	1	1	1	1	1	1	1	1	1	0.996
辽宁	1	1	1	1	1	1	1	1	1	1	1	1	1
吉林	1	0.909	0.812	0.873	0.801	1	0.828	0.776	0.693	0.739	0.759	0.751	0.828
黑龙江	1	1	1	1	1	1	1	0.891	0.969	1	1	1	0.988
上海	1	1	1	1	1	1	1	1	1	1	1	1	1
江苏	0.979	0.978	1.000	1	0.996	0.986	0.972	0.975	0.934	0.995	1	1	0.985
浙江	0.987	0.990	0.952	0.937	0.942	0.960	0.931	0.919	0.901	0.899	1	1	0.952
安徽	0.739	0.733	0.712	0.699	0.719	0.687	0.700	0.721	0.726	0.724	0.930	1	0.757
福建	1	1	1	1	1	0.995	0.979	0.968	0.989	0.974	0.925	0.931	0.980
江西	0.896	0.869	0.853	0.828	0.804	0.783	0.756	0.784	0.799	0.812	0.778	0.786	0.812
山东	1	0.996	1	1	1	1	1	1	1	1	1	1	1
河南	0.821	0.802	0.791	0.778	0.762	0.757	0.705	0.709	0.715	0.702	0.819	0.818	0.765
湖北	1	0.927	0.867	0.783	0.719	0.692	0.685	0.677	0.679	0.663	0.671	0.687	0.754
湖南	0.851	0.975	0.984	0.969	0.920	0.914	0.837	0.726	0.743	0.744	0.707	0.726	0.841
广东	1	1	1	1	1	1	1	1	1	1	1	1	1
广西	1	0.960	1	0.919	0.944	1	0.858	0.855	0.860	0.848	0.822	0.811	0.907
海南	1	1	1	1	1	1	1	1	1	1	1	1	1
重庆	0.801	0.820	0.752	0.770	0.762	0.879	0.901	0.838	0.862	0.863	0.690	0.696	0.803
四川	0.876	0.809	0.894	0.888	0.847	0.837	0.792	0.852	0.843	0.832	0.747	0.734	0.829
贵州	1	0.694	0.583	0.518	0.522	0.396	0.358	0.360	0.340	0.349	0.376	0.368	0.489
云南	0.685	0.732	0.747	0.709	0.669	0.604	0.589	0.544	0.555	0.551	0.541	0.539	0.622
陕西	0.695	0.847	0.786	0.646	0.655	0.668	0.589	0.650	0.676	0.670	0.616	0.607	0.675
甘肃	1.000	0.820	0.771	0.754	0.691	0.624	0.594	0.565	0.538	0.537	0.516	0.537	0.662
青海	1	1	1	1	1	0.855	0.770	0.895	0.826	0.773	0.698	0.679	0.875
宁夏	1	1	0.836	0.716	1	1	0.491	0.532	0.500	0.478	1	0.365	0.743
新疆	0.588	0.618	1	0.562	0.569	0.573	0.591	0.574	0.553	0.562	0.541	0.490	0.602
地区 1	0.940	0.915	0.905	0.880	0.889	0.884	0.848	0.835	0.824	0.831	0.849	0.836	0.870
地区 2	0.928	0.900	0.884	0.877	0.863	0.860	0.829	0.799	0.802	0.808	0.824	0.831	0.850
地区 3	0.898	0.894	0.900	0.820	0.843	0.838	0.755	0.769	0.761	0.754	0.766	0.697	0.808
东部	0.973	0.970	0.967	0.964	0.961	0.959	0.953	0.945	0.944	0.949	0.968	0.972	0.960
中部	0.913	0.894	0.860	0.836	0.840	0.854	0.787	0.746	0.741	0.754	0.774	0.766	0.814
西部	0.877	0.842	0.852	0.771	0.787	0.767	0.685	0.697	0.687	0.679	0.686	0.621	0.746
全国	0.922	0.903	0.896	0.859	0.865	0.860	0.811	0.801	0.796	0.798	0.813	0.788	0.843

　　从区域层面来看,低能耗地区 1998—2009 年全要素能源效率的平均值为 0.870,其变化趋势与全国水平趋于一致。高能耗地区 1998—2009 年全要素能源效率的平等能耗地区 1998—2009 年全要素能源效率的平均值为 0.850。再从东中西部的传统划分来看,东部地区、中部地区和西部地区 1998—2009 年全要素能源效率的平均值为 0.808,除 2001—2002 年有所上

升以外,其他年份处于大幅下滑状态。中均值依次为 0.960、0.814 和 0.746。这不同于 Hu and Wang(2006)以及袁晓玲等(2009)"东部最高,西部次之,中部最差"的结果。这可能是因为研究方法和指标选取的不同所造成的。Hu and Wang(2006)虽然使用了全要素能源效率指标,但他们没有加入非合意产出的考量;袁晓玲等(2009)虽然在全要素能源效率的基础上考虑了非合意产出,但在模型的设计上,却没有区分能源同资本和劳动两种要素,在这种情况下测算的效率值,可以说是全要素效率值,但不是全要素能源效率值。从变化趋势上看,东部和中部虽然整体上是下降态势,但在 2007 年出现回转,这和国家整体趋势一致,说明中央'十一五'规划中对污染和能耗的政策开始发挥作用。但西部情况却未好转,在 2005 年以后仍处于下降趋势。说明应当在西部地区进一步强化落实中央'十一五'规划中的能源环境政策。而且,在下降的幅度上,西部最大,中部次之,东部最小。相比在纯能源效率和环境能源效率模型下东部较低的效率结果,说明东部地区更多的是依靠 GDP 的优势获得了全要素能源效率的优势。这也进一步反映了中国经济依赖投入拉动的特点。另外,由于高能耗地区多分布在西部,中等能耗地区多在中部,低能耗地区多在东部的原因,低能耗地区效率值与东部较为接近,中等能耗地区效率值与中部较为接近,而西部则与高能耗地区相似。上述情况,说明了我国高能耗低效率的经济特点。

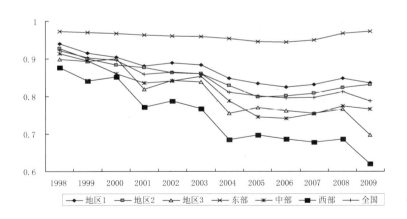

图 5—3　1998—2009 年全国及各个区域的全要素能源效率

从省级层面来看,我们发现在 1998 年有 17 个省份在生产边界上,而

2009 年仅仅有 12 个省份在生产边界上,这也进一步说明中国在研究的样本期间全要素能源效率的下降。辽宁、北京、天津、上海、海南和广东 6 省市表现最好,历年均处在生产边界上,这一结果与曾贤刚(2010)的不完全一致,可能是因为对 VRS 的分解处理的缘故。另外,山东、内蒙古、福建、黑龙江、江苏 5 省区的部分年份也在生产边界上,属于全要素能源效率较高地区;而贵州省则表现最差,全要素能源效率平均值为 0.489,并且其效率值的下降幅度最大(0.511),贵州省之所以表现最差,不仅是因为它超低的劳均 GRP (0.65),而且还受较高的污染排放水平所影响。对于能耗强度最大的宁夏,效率均值则达到 0.743。另外两个高能耗的省份山西和青海,其效率均值分别为 0.763 和 0.875。这也从侧面反映出单要素能源效率指标——能耗强度并不能准确衡量能源效率情况。另外,效率值最高的前七个省份均在东部,在排名前十位中还有西部的内蒙古和中部的黑龙江。在排名的最后六位中,除河北省外,均属于西部省份。为了考察在样本期间各省的全要素能源效率的差距是否变大,我们计算了全要素能源效率的变异系数发现,省际全要素能源效率趋于发散,变异系数由 1998 年的 0.1355 增加到 2007 年的 0.2632,这与师博和张良悦(2008)的研究结论一致。

四、三种能源效率比较

我们再来对三个模型下的能源效率值进行综合分析。根据 DEA 方法的特点,虽然无法对不同的模型计算出来的效率值大小直接进行比较。但是,对不同模型下能源效率值排名的比较以及是否处在最佳实践边界的确认仍有重要意义。根据本书研究的内容以及模型变量的具体设置,不同模型下能源效率值排名的变化可以反映出各地区在节能、减排以及增长之间的比较优势。最佳实践边界的确认则直接反映出某地区的绝对优势。

在纯能源效率中排名靠前的地区具有节能方面的比较优势,在环境能源效率中排名靠前的地区在节能及减排方面具有优势,在全要素能源效率中排名靠前的地区在节能减排及经济增长方面具有综合优势。如果某地区在纯能源效率中排名相对于环境能源效率中排名上升(下降),说明该地区在减排上处于相对优势(劣势);如果某地区在环境能源效率中排名相对于全要素能源效率中排名上升(下降),说明该地区在节能减排上处于相对优势(劣势),在经济增长上处于相对劣势(优势)。

表5—7　三种模型下各省区市1998—2009年的能源效率均值

地区	纯能源效率及排名	环境能源效率及排名	全要素能源效率及排名	地区	纯能源效率及排名	环境能源效率及排名	全要素能源效率及排名
北京	0.795(19)	0.501(18)	1	河南	0.983(14)	0.958(8)	0.765(20)
天津	1	0.960(7)	1	湖北	1	0.943(9)	0.754(23)
河北	0.165(29)	0.131(30)	0.648(27)	湖南	0.933(18)	0.706(12)	0.841(15)
山西	1	0.677(15)	0.763(21)	广东	0.387(25)	0.279(23)	1
内蒙古	0.969(15)	0.457(19)	0.996(8)	广西	1	1	0.907(13)
辽宁	0.562(22)	0.151(28)	1	海南	1	1	0.907(13)
吉林	1	0.700(13)	0.828(17)	重庆	0.200(28)	0.249(26)	0.803(19)
黑龙江	0.573(21)	0.404(22)	0.988(9)	四川	0.374(26)	0.250(25)	0.829(16)
上海	0.997(13)	0.626(16)	1	贵州	1	0.842(10)	0.489(30)
江苏	0.498(23)	0.423(21)	0.985(10)	云南	0.955(16)	0.260(24)	0.622(28)
浙江	1	1	0.952(12)	陕西	0.656(20)	0.521(17)	0.675(25)
安徽	1	0.977(6)	0.757(22)	甘肃	1	0.769(11)	0.662(26)
福建	0.952(17)	0.697(14)	0.980(11)	青海	1	1	0.875(14)
江西	1		0.812(18)	宁夏	0.407(24)	0.428(20)	0.743(24)
山东	0.156(30)	0.151(29)	1	新疆	0.298(27)	0.192(27)	0.602(29)

注:①三种能源效率值是1998—2009年的效率均值;②括号内为排名序号,排名按照同
　　一个模型下均值的大小降序排列。③效率值为1的省区市,说明处在最佳实践边界
　　上,不再排名。

　　纯能源效率和全要素能源效率相比,若某个省区市在全要素能源效率
中处于边界上,而在纯能源效率中没有,则说明它在产出上具有较大优势;
相反,若某个省区市在纯能源效率中处于边界上,而在全要素能源效率中没
有,则说明它在能源使用的效率上具有较大优势。环境能源效率和全要素
能源效率相比,若某个省区市在环境能源效率中处于边界上,而在全要素能
源效率中没有,则说明它在节能减排上具有较大优势;相反,则是产出优势。
据此,我们可以判断,北京、辽宁、上海、山东、广东在经济增长上具有绝对优
势;河北、内蒙古、黑龙江、江苏、福建、重庆和四川在经济增长上具有比较优
势。天津、山西、吉林、浙江、安徽、江西、湖北、广西、贵州、甘肃和青海在节
能上具有绝对优势;河北、内蒙古、辽宁、黑龙江、上海和云南在节能上具有
比较优势。浙江、江西、广西和青海在节能减排上具有绝对优势;北京、江

苏、福建、山东、河南、湖南、广东、重庆、四川、陕西和宁夏在减排上具有比较优势。而吉林、安徽、河南、湖北、湖南、贵州、陕西和宁夏在节能减排上具有比较优势。

五、能源节约率

根据模型(5.16)计算的效率结果,我们以目前国内具有的最高技术水平为标准估算能源的浪费情况。具体公式如下:

$$w_e = \sum_{i=1}^{30} \sum_{n=1998}^{2009} E_{in}\eta_{in}, i = 1,2,\cdots,30 ; n = 1998,1999,\cdots,2009。 \tag{5.16}$$

其中 w_e 表示能源浪费量,E_{in} 表示能源实际使用量,η_{in} 为求解全要素能源效率模型的线性规划所得的方向性距离函数值,η_{in} 是我们所求的能源无效水平,即为能源节约率。

表5—8 2009年中国各省区市能源可节约量与可节约率

省份	能源可节约量	能源可节约率	省份	能源可节约量	能源可节约率
北京	0	0	河南	3603.96	18.17
天津	0	0	湖北	3889.11	31.27
河北	5782.26	23.44	湖南	3172.37	27.41
山西	10329.49	64.47	广东	0	0
内蒙古	0	0	广西	1239.10	18.85
辽宁	0	0	海南	0	0
吉林	2050.08	24.87	重庆	1953.25	30.36
黑龙江	0	0	四川	3546.63	26.59
上海	0	0	贵州	5061.99	63.25
江苏	0	0	云南	3889.61	46.11
浙江	0	0	陕西	3247.21	39.27
安徽	0	0	甘肃	2280.26	46.31
福建	556.73	6.87	青海	581.08	32.14
江西	1276.15	21.38	宁夏	2278.58	63.51
山东	0	0	新疆	3695.51	51.00

注:能源可节约量的单位为吨,能源可节约率单位为%。

依此计算可得,1998到2009年十年间共造成能源浪费达401 819.1万吨标准煤。为了更详细地阐述中国各省区市能源节约率情况,表5—8列举了2009年中国大陆30个省份的能源节约量和节约率。从表中可以看出,

2009 年有 12 个省份能源绩效优异,能源可节约量为零;有 18 个可以通过改善能源效率实现能源的节约,并且有 16 个省份的能源可节约率在 20% 以上。山西、贵州、宁夏和新疆四省区的能源可节约率更是在 50% 以上。从可实现能源节约的地区分布看,这些省份多集中在中西部地区。2009 年一年这些地区即可节约 58 433.4 万吨标准煤,占 2009 年能源消费总量的 16.85%。也即是说,在目前国内现有的技术水平下,全国整体还有超过 16.85% 的节能潜力。史丹(2006)以单要素能源效率作为指标,用 2004 年的数据计算的节能潜力要远高于作者方法下计算的结果。这主要是因为单要素能效指标的缺陷,使得效率值的计算有偏。

这些浪费的能源资源是可以避免的。其中最主要的方法就是通过改善落后地区能源利用的绩效,以实现能源资源在当地的高效使用。具体可改革中央地方财政分配机制,减少各地区之间的恶性竞争,打破区域间壁垒,放松能源资源的区域性管制,加快能源资源等生产要素在全国的流动性,使能源利用低效地区的能源流向能源利用高效地区,以减少重复建设所带来的能源等生产要素的浪费。

六、节能减排的经济成本与效果

面对节能减排所必然带来的显性成本和机会成本,以及 2008 年以来金融危机的强烈冲击,国内外开始出现暂缓实施节能减排的现象,更有一些人质疑在经济不景气的大背景下实施节能减排的可行性及合理性。研究节能减排到底有多大的成本显得越发重要。运用前面介绍的方法和数据,分别计算两种不同情景下的方向性距离函数,我们可据此对节能减排的成本作一个大致的估计。

根据前面方法的介绍。当 $EF^s(y)$ 和 $EF^w(y)$ 都为 0 时,说明考察目标历年的效率值都已经达到边界,且生产不被环境管制所影响,或者说已经处于帕累托最优状态[①]。若 $EF^s(y)$ 和 $EF^w(y)$ 不相等,说明生产过程被环境管制所阻碍,当然大部分省份属于这种情况;尤其是当 $EF^w(y) = 0$,而

---

① 因为我们假设方向向量 $g^t = (-1,1,-1)$,此时处在边界上的考察目标已经是合意产出最大同时非合意产出和投入最小,任何的帕累托改进都已经不存在。

$EF^s(y) > 0$ 时,虽然在环境管制下效率值为 1,该地区此时也处在最佳实践边界上,但环境管制已经阻碍了经济的潜在产出。若 $EF^s(y)$ 和 $EF^w(y)$ 都大于 0,但是二者相等,则说明虽然该地区效率值没有达到最佳实践边界,但其效率值并不受环境管制的影响。

我们的计算结果见表 5—9。其中,$EF^s(y)$ 表示无环境管制下的经济增长空间,$EF^w(y)$ 表示环境管制下的经济增长空间,单位是亿元; $RI = EF^s(y) - EF^w(y)$,即为环境管制所造成的潜在经济产出损失,也就是我们要探讨的环境管制成本[1];$RI/y*100$ 表示环境管制成本占 GRP 的比重,也可用来反映环境管制对经济增长的影响程度;RI^E 表示环境管制造成的能源额外增加量,单位是万吨标准煤;$RI^E/E*100$ 表示环境管制导致的能源额外增加量占能源使用量的份额;RI^{SO_2} 和 RI^{CO_2} 分别表示环境管制下 SO_2 与 CO_2 的减少量,也是环境管制下减排的效果,单位分别为吨和万吨;RI^{SO_2}/SO_2*100 和 RI^{CO_2}/CO_2*100 分别表示环境管制下的减排下降幅度[2]。

表 5—9　1998—2009 及 2009 年各地区节能减排的经济影响

地区	1998—2009 年				2009 年			
	$EF^s(y)$	$EF^w(y)$	RI	$RI/y*100$	$EF^s(y)$	$EF^w(y)$	RI	$RI/y*100$
北京	2105.08	0.00	2105.08	4.75	246.33	0.00	246.33	3.46
天津	0.00	0.00	0.00	0.00	0.00	0.00	0.00	0.00
河北	30323.32	26774.24	3549.08	5.15	5246.80	4685.47	561.33	5.11
山西	7191.18	5647.99	1543.19	5.78	2273.33	1555.85	717.48	16.41
内蒙古	62.36	62.36	0.00	0.00	0.00	0.00	0.00	0.00
辽宁	0.00	0.00	0.00	0.00	0.00	0.00	0.00	0.00
吉林	7269.50	4756.10	2513.40	9.45	1496.56	1126.92	369.64	8.55
黑龙江	9237.72	751.22	8486.50	19.98	711.92	0.00	711.92	10.87
上海	0.00	0.00	0.00	0.00	0.00	0.00	0.00	0.00
江苏	5633.32	2590.58	3042.74	2.47	105.57	105.57	0.00	0.00
浙江	7675.47	6014.36	1661.11	1.87	1603.46	1490.16	113.30	0.77

[1] 其实 GDP 的损失、劳动力、资本、能源的额外使用都可以看作是环境管制的潜在成本,但由于单位不统一所造成的计量困难,在此只采用 GDP 一个主要指标来衡量环境管制的成本。

[2] 由于本书使用的方向性距离函数假定投入产出以相同的比例(等比例的方向性距离函数)变化,在理论上 $RI^E/E*100 = \frac{RI^{SO_2}}{SO_2}*100 = \frac{RI^{CO_2}}{CO_2}*100 = RI/y*100$,故不在文中罗列这些计算结果。

（续表）

地区	1998—2009 年				2009 年			
	$EF^S(y)$	$EF^W(y)$	RI	$RI/y*100$	$EF^S(y)$	$EF^W(y)$	RI	$RI/y*100$
安徽	12121.57	11105.26	1016.31	2.60	1826.06	1699.38	126.68	2.06
福建	2901.19	630.19	2271.00	4.42	793.30	213.31	579.99	6.99
江西	5846.55	5248.54	598.01	2.16	1200.98	825.38	375.60	8.57
山东	122.40	28.40	94.00	0.08	0.00	0.00	0.00	0.00
河南	22242.52	17984.34	4258.18	6.11	4088.80	3381.42	707.38	6.22
湖北	13225.54	12250.42	975.12	2.06	2628.83	2515.36	113.47	1.52
湖南	8859.00	7443.44	1415.56	2.98	2182.70	1900.63	282.08	3.80
广东	0.00	0.00	0.00	0.00	0.00	0.00	0.00	0.00
广西	3602.89	2580.83	1022.06	3.61	1016.50	689.05	327.45	7.21
海南	655.28	0.00	655.28	9.32	139.77	0.00	139.77	12.74
重庆	5545.89	3629.18	1916.71	8.76	1025.46	479.27	546.19	15.66
四川	11416.15	8450.95	2965.20	5.49	2039.30	1448.82	590.48	6.84
贵州	7431.70	7300.33	131.37	0.96	1410.33	1380.62	29.71	1.40
云南	10978.95	9826.53	1152.42	4.44	1902.88	1746.18	156.69	4.03
陕西	9154.56	8080.92	1073.64	4.29	1598.85	1335.92	262.93	6.50
甘肃	4943.58	4939.23	4.35	0.03	1019.55	1017.55	1.99	0.09
青海	725.20	421.61	303.59	8.18	172.78	133.00	39.78	6.78
宁夏	1354.11	1211.85	142.26	3.53	384.59	329.58	55.00	8.70
新疆	9027.61	7104.97	1922.64	10.66	1591.92	1201.64	390.27	14.23
东部	49416.06	36037.77	13378.29	1.64	8135.24	6494.52	1640.72	1.22
中部	85993.58	65187.31	20806.27	6.36	16409.18	13004.94	3404.24	6.54
西部	64243.00	53608.76	10634.24	4.55	12162.15	9761.64	2400.50	6.37
全国	199652.64	154833.84	44818.80	3.25	36706.56	29261.10	7445.46	3.31

注：①表中数据为 1998—2009 年各省份和地区 12 年间的总和及 2009 年的单独情况；②由于具体数据繁多，恕不在文中罗列，如有需要可向作者索取。

首先，从 1998—2009 年间全国水平来看：十年间由于环境管制所造成的经济增长损失量累计达 44 818.8 亿，占 GDP 总量的 3.25%；平均每年额外增加能源投入 7163.4 万吨标准煤。当然这些是环境管制的成本，从效果上看：由于环境管制，SO_2 排放减少了 706.7 万吨；CO_2 排放减少了 147 075.16 万吨。仅从 2009 年的数据来看：经济增长损失 7445.46 亿，占当年 GDP 的 3.31%；用于环境管制的能源额外投入 12 378.47 万吨标准煤；无论从绝对量还是从相对量来看，政府对于环境管制的投入都增加了，说明政府对于环境管制越来越重视；从管制效果看，与无环境管制相比，SO_2 排放量额外减少了 115.27 万吨，CO_2 排放量多减少了 23 788.81 万吨。与 12 年的平均值相比,2009年环境管制对控制污染物排放取得了明显的效果。

从区域层面看。无论是从1998—2009年还是仅从2009年的数据来看,环境管制都是对东部影响最小,西部次之,中部最大。在环境管制下,12年间东部经济产出年均损失1114.86亿,占GDP的1.64%,年均额外增加劳能源1634.22万吨标准煤,占能源总投入的1.75%;中部经济产出年均损失1733.86亿元,占GDP的6.36%,年均额外增加能源3734.75万吨标准煤,占能源总投入的6.7%;西部经济产出年均损失886.18亿,占GDP的4.55%,年均额外增加能源1794.43万吨标准煤,占总量的3.92%。而且,2009年的情况显示:在绝对量上,环境管制下东中西部经济产出损失以及能源投入都有所增加;在相对量上,东部地区经济产出损失占GDP的比重减少,能源额外投入幅度减少,中西部地区经济产出损失占GDP的比重也增加。说明环境管制对东部地区影响较小,对中西部地区影响较大。这可能是因为东部地区产业技术更为先进,经济结构方面更为合理,经济发展能够承受环境管制的影响。

虽然北京和海南(1998—2009),黑龙江(2009)在环境管制下效率值为1,该地区此时也处在最佳实践边界上,但环境管制已经阻碍了经济的潜在产出。虽然内蒙古(1998—2009)和江苏(2009)效率值没有达到最佳实践边界,但其效率值并不受环境管制的影响,另外,以2009年数据看甘肃的效率值受环境管制的影响也很小。

在环境管制的影响程度上。从历年均值看,黑龙江受到的影响最大,产出损失占GDP的19.98%;其次是新疆,GDP损失10.66%;吉林GDP损失9.45%;海南GDP损失9.32%。另外,河北、山西、河南、重庆、四川和青海几省的产出损失也都超过了5%。从2009年样本数据看,黑龙江GDP损失达到10.87%;新疆GDP损失14.23%,海南GDP损失12.74%,山西GDP损失16.41%,重庆GDP损失15.66%。另外,环境管制对河北、吉林、福建、江西、河南、广西、四川、陕西和宁夏几省区GDP的影响程度也超过了5%。环境管制对GDP的影响较大,说明该地区的生产技术较为落后,污染处理能力滞后于经济增长。

第五节　影响能源效率的因素分析

上述分析了中国各省区市在具体约束条件下的能源效率,这一节将分析影响全要素能源效率的因素。本书的研究主要是根据相关的经济理论、前人的研究以及自己的思考来确定这些因素。在某些情况下,这些因素的选择还受数据可得性的限制。本书主要考察以下因素对全要素能源效率的影响:

1.发展水平,用不变价格的人均 GRP(GRPPC)的对数表示。该指标主要影响能源的消费结构。一般来说,经济越发达的地区,居民越倾向于使用清洁型和高效率能源,如电力。由于煤炭的使用效率较低,另外燃烧过程中还会产生大量的 SO_2 等污染物,因此人们不会倾向使用煤炭。当经济发展程度较高时,会转而使用其他高效、清洁能源,进而使得总能源消耗下降(陈媛媛、王海宁,2010)。

2.外商直接投资,用外商直接投资占 GRP 的比重(FDI)表示。外商直接投资是技术进步的重要来源,一方面,相对于内资企业,外资本身采取的先进能源使用技术会直接造成行业能源效率的提高;另一方面,外资企业对内资企业技术的溢出也可能造成行业能源效率的提高(姜磊和吴玉鸣,2009)。

3.结构因素。对于结构调整,尤其是产业结构调整目前成为各级政府在短期内实现节能降耗的重要手段(魏楚和沈满洪,2008)。本书要对结构调整是否能够改善全要素能源效率进行检验。我们选择的结构因素主要包括禀赋结构(由资本—劳动比的对数表示,LN(K/L))、产业结构(由第二产业增加值占 GRP 的份额表示,GYH)、所有制结构(由国有及国有控股企业总产值与工业总产值的比重表示,GYHBZ)以及能源结构(由折合为标准煤以后的煤炭消费量占能源消费总量的比重表示,NYJG)。

4.价格指数,用以 2000 年为基期原材料、燃料、动力购进价格指数对能源价格作近似替代(JGZS)。Newell et al.(1999)运用产品特性框架为能源价格诱发技术进步提供了证据,他们发现能源价格对电气设备的能源效率有正的影响。

5. 企业的环境管理能力,用工业 SO_2 去除率(工业 SO_2 去除量比上去除量与排放量之和,SQCL)表示。企业是能源使用和污染排放的微观主体,所以企业的环境管理能力对环境约束下的能源绩效有显著的影响。

由于中国省际和区域能源效率值大于 0 小于 1,为了检验能源效率和影响其因素的关系,我们把全要素能源效率作为因变量,运用处理限值因变量的 Tobit 模型进行分析。模型构建如下:

$$TE_{i,t}^* = C + \beta_1 GRPPC_{i,t} + \beta_2 FDI + \beta_3 LN(K/L)_{i,t} + \beta_4 GYH_{i,t} + \beta_5 GYHBZ_{i,t}$$

$$+ \beta_6 NYJG_{i,t} + \beta_7 JGZS_{i,t} + \beta_8 SQCL_{i,t} + \varepsilon_{i,t} \tag{5.17}$$

$$TE_{i,t} = Max(0, TE_{i,t}^*) \tag{5.18}$$

其中,i 和 t 分别表示不同省份和不同年份的对应值,$TE_{i,t}^*$ 为潜变量,$TE_{i,t}$ 为本书计算的不同时期不同地区的全要素能源效率,$\varepsilon_{i,t}$ 为随机误差项。

为了考察各影响因素在不同区域的影响,我们不仅对全国进行了回归分析,而且还分区域进行了检验,表 5—10 给出了回归结果。首先,人均GRP 对全要素能源效率有重要的影响,随着人均 GRP 的增加,全要素能源效率也显著增长。陈媛媛和王海宁(2010)认为人均实际收入越高,人们越偏向使用清洁、高效能源如电力、天然气来代替"肮脏"、低效的能源如煤炭,因此会导致能源消耗总量下降,能源效率提高。各个区域随着经济的发展,也会提高全要素能源效率,而且人均 GRP 的增加对西部地区影响最大。因此,促进西部地区经济发展对全要素能源效率的改进也就具有更重要的意义。

关于 FDI 对于全要素能源效率的影响,这将涉及"污染天堂"假说。我们的研究结果显示,FDI 对全要素能源效率具有显著的正向作用。说明"污染天堂"假说并不成立,加强引进外资对我们改善全要素能源效率依然有进步意义。这主要是因为外商直接投资是技术进步的重要来源,一方面,外资本身采取的先进能源使用技术会直接造成行业能源效率的提高;另一方面,外资企业对内资企业技术的溢出也会造成行业能源效率的提高(姜磊和吴玉鸣,2009)。在 FDI 对区域全要素能源效率的影响上,东中西部都很显著,而且对西部影响最大。事实上,FDI不仅在时间上影响能源效率,在空间上也具有外溢效应(张贤和周勇,2007)。这也与徐盈之和管建伟(2011)等多数学者的结论一致。因此,加强西部地区对外资的引进能更加显著地提高我国的全要素能源效率水平。

表5—10　全要素能源效率的影响因素分析

变量	全国		东部		中部		西部	
	系数	Z—Stat	系数	Z—Stat	系数	Z—Stat	系数	Z—Stat
C	−3.7955	−7.0166**	−3.5788	−1.8495‡	−3.2902	−2.6387	−4.259	−3.7928**
GRPPC	0.6048	9.3429**	0.4695	2.1943*	0.4854	3.0985**	0.6918	5.3085**
FDI	5.857	8.5645**	5.5499	5.7675**	4.9914	5.1475**	9.7189	4.8185**
LN(K/L)	−0.3543	−7.3522**	−0.2272	−1.5722†	−0.4026	−4.2457**	−0.4001	−4.4899**
GYH	−0.5156	−3.2163**	3.6975	3.8347**	−0.0127	−0.0948	−1.2195	−2.2141*
GYHBZ	0.5339	6.2559**	2.2237	4.2568**	0.6432	6.3496**	0.3693	1.9615*
NYJG	0.0915	1.5306†	−2.1325	−4.1066**	0.1001	1.7121‡	0.3346	2.4737**
JGZS	−0.4503	−6.2272**	−0.8588	−4.6139**	−0.1566	−1.1605	−0.5165	−3.2906**
SQCL	−0.2671	−4.6232**	0.7318	2.3696*	−0.2478	−3.478**	−0.3118	−2.7845**
Sigma	0.1375	18.4442**	0.0958	7.8148**	0.0726	11.2588**	0.1577	12.4248**

注:**表示估计系数在1%水平上显著,*代表估计系数在5%水平上显著,†表示估计系数在10%水平上显著,‡表示估计系数在15%水平上显著;Sigma是Tobit回归的规模参数。

结构因素中,反映禀赋结构的资本—劳动比对全要素能源效率有显著的负作用,这和我们的预期并不一致。但是魏楚等(2008)在研究禀赋结构对全要素能源效率的影响时也得出了同样的结论。一般认为,资本的深化可以替代其他投入要素,会促进全要素能源效率的提高,应该表现为正的影响。我们的研究结果显示,资本在目前应该处于还没有对能源形成很好替代的阶段。其次,由于近些年各地区之间的竞争加剧,为了争夺资本,出现的过度资本深化现象偏离了中国的劳动力资源优势(林毅夫和刘培林,2004),过快的资本深化代替了相对富裕的劳动力,最终导致整体能源效率下滑。从东中西部的影响大小来看,东部影响系数较小,且不如中部和西部显著。

产业结构对我国整体以及中西部地区全要素能源效率有显著的负影响,但是对我国东部地区的影响却为正的。目前关于产业结构对能源效率的影响方向并没有形成一致的结论。一般认为,第二产业作为能源的主要消费行业,其比重的增加会降低能源效率。比如魏楚等(2008)、董利(2008)、吴琦和武春友(2009)、汪克亮等(2010)用传统 DEA 模型计算的能源效率作为因变量的研究显示,第二产业对全国及其他地区的能源效率影响为负。成金华和李世祥(2010)的研究结果虽然也证明第二产业对全国及部分地区能源效率的影响为负,但是对东北老工业基地的能源效率影响为正,因为在振兴东北老工业基地的战略下,这一地区的工业结构出现了高端化趋势。我们认为,第二产业是我国能源消费的主体,能源使用的密集性很高,所以第二产业的发展有利于集中改善全要素能源效率,而且由于其在GDP 中所占的比重较大,第二产业全要素能源效率的提高对全国整体水平影响重大。东部地区由于经济发展水平较高,全要素能源水平也较高,能源使用技术更为先进,所以东部地区第二产业的发展对全要素能源效率有正的影响;西部地区第二产业经济发展水平不高,工业化水平较低,第二产业发展较慢,市场发育程度不完善,产业配套条件差(韦苇,2005),所以导致中西部地区第二产业对全要素能源效率的影响为负。这也说明产业结构本身对全要素能源效率并没有必然的影响,主要是产业发展状况以及技术水平影响着全要素能源效率。吴巧生等(2005)的研究也认为,从长期来看工业发展对全要素能源效率的改进是有利的。所以,加强西部地区的经济发展,加快西部地区先进技术的引进,提高其工业化的质量才是改善全要素能源效率的关键。

国有及国有控股企业总产值占工业总产值比重的增加对全要素能源效率的影响为正。近些年,随着国企改革的推进,国有企业组织结构明显优化,技术装备水平大幅提高,技术创新能力明显增强,现代企业制度初步建立,企业管理体制和经营机制发生了深刻变化(李融荣,2009)。也正是国企市场化改革取得的这些显著成绩,使得国有及国有控股的企业总产值与工业总产值的比重增加与全要素能源效率的提高成正相关。这个结论之所以与魏楚等(2008)用国有企业职工占就业总人口的比重作为代理变量的研究结果并不一致。一方面,可能是因为指标选取的不同;另一方面,可能是研究方法的差异。

一般来说,作为非清洁能源,煤炭的使用既不如电力、风能、水能和天然气等清洁能源高效,又会带来较多污染,所以增加它的使用将会降低全要素能源效率。但是我们的研究结果显示:煤炭在能源消费总量中的比重增加对全国以及中西部地区全要素能源效率有正的作用,对东部地区有负的作用。近些年来,中国工业部门的扩张并不是由自身的技术结构升级引起的,而是由重型化的高能耗产业投资膨胀引起的,这导致能源密集型工业结构与生产技术结构的特性具有刚性。这种刚性的高能耗结构使得煤炭的使用与全要素能源效率之间呈现出正的相关性(李世祥和成金华,2009;董利,2008)。但是由于我国东中西部区域经济发展水平差距较大,东部经济发展的质量和层次明显高于中西部,东部地区的经济模式已经适应了市场化的要求。在这种情况下,增加东部地区非清洁能源煤炭的使用则与全要素能源效率呈现出负相关性。魏楚等(2008)、汪克亮等(2010)用传统 DEA 模型计算的能源效率作为因变量的研究发现能源结构的影响为负,这个结果与这里对东部地区的发现一致。尽管在理论上我们也期待这种结果,但是对局部地区的深入分析可能会有更清楚的认识。而且,刘立涛和沈镭(2010)的研究也发现能源结构与能源效率正相关。

　　能源价格与全要素能源效率负相关,这一结果并不符合我们的预期。一般认为提高能源价格会促使经济体研发使用新的节能技术,改善经营和管理,提高能源使用的效率。刘红玫和陶全(2002),杭雷鸣和屠梅曾(2004),杨洋等(2008)对能源价格同能耗强度的回归结果显示,能源价格上升会带来能耗强度的下降;汪克亮等(2010)也认为能源价格对能源效率影响为负;而成金华和李世祥(2010)用 DEA－CCR 模型计算的能源效率显示,能源价格对全国及其他地区的能源效率影响为负,但是对东北老工业基地及 13 个主要省市的影响为正。事实上,当能源价格上涨时,如果其他投入要素价格没有相似幅度的增长,理性条件下就会要求减少能源投入。可是,如果实际能源投入不能立即尽可能得到削减,所测得的全要素能源效率就会下降。相反,当能源价格下降时,最优解要求增加能源使用。这时,如果实际能源投入也不能立即尽可能增加时,所测得的全要素能源效率值就会上升。负的相关系数表明,从整体上看,我国刚性的能源需求结构很难对能源价格波动作出及时反应以迅速调整投入要素比例(李世祥和成金华,

2009)。另一个可能的解释就是,在中国经济发展现阶段,市场机制发展还不成熟,再加上能源的管制和垄断,最终使得要素的价格不能充分反映市场的需求。

SO$_2$去除率在全国以及中西部地区与全要素能源效率呈负相关,在东部地区与全要素能源效率呈正相关。首先,SO$_2$的去除虽然减少了污染物排放,但是由于减排需要投入成本,也会减少合意产出量,进而会影响到全要素能源效率,而这种影响程度的大小就体现在对全要素能源效率的影响方向上。若减排的技术成本对企业来说很高,强制提高SO$_2$去除率就会导致全要素能源效率的下降;若企业的减排技术能够适应这种环境管制,强制提高SO$_2$去除率就不会导致全要素能源效率的下降。因此,东部与中西部地区不同的影响方向就说明了东部地区企业能够承受环境管制的影响,而中西部地区企业在当前技术水平下,在不阻碍全要素能源效率的情况下还无力承担环境管制的压力。

第六节 结 论

本章运用修正的 VRS 下基于 DEA 的方向性距离函数测算了 1998—2009 年环境约束下的中国省际纯能源效率、环境能源效率以及全要素能源效率,并对其进行了实证分析。还分别比较计算了 CRS 假设下能源的效率情况以及在不加入非合意产出时 CRS 和 VRS 下的情况。结果发现:若不加入非合意产出,计算的能源效率是有偏的;若使用 CRS 的假设,既不符合现实情况,也不能准确测度能源效率。

通过对各省区市的投入产出数据的分析,我们发现:从整体上看,能源的投入是和劳动、资本成比例的,各种投入要素之间具有明显的相互依存性,能源和资本没有形成对劳动的替代作用。其次,GRP 高的地区,SO$_2$ 和 CO$_2$ 排放也多,这也证明了我国高投入高产出高污染的经济发展模式。

在样本期,全国水平的纯能源效率在 12 年间不仅没有提升,反而在波动中略有下滑。除了在 1998—1999 年和 2007—2009 年 2 个阶段的纯能源效率有所提升外,其他阶段的纯能源效率则持续下滑。全国水平的环境能源效率均值仅有 0.608。而且,从 2000 年以来,全国水平的环境能源效率从 0.674 下降到 2009 年的 0.559,持续下滑了 17.06%。全国全要素能源效率整体上也是处于持续下滑状态,但从 2007 年开始,由于中央'十一五'规划中对污染和能耗的政策已开始发挥作用,各地区全要素能源效率值有所回升。遗憾的是,2009 年再次回落。

从东中西部地区间的差异来看。中部高于西部,东部的纯能源效率值最低。东中西部三大地区中,中部地区的纯能源效率最高,而且,在 2005 年以后处于不断提高的状态。西部地区的纯能源效率从 1999 年开始大幅下滑到 2002 年后,一直比较稳定。东部地区的纯能源效率虽在 2009 年相比 1998 年有所提升,但在整个考察期却频繁波动,一直不太稳定。而且东部效率值较低,存在大幅改进的潜力。东中西部地区的全要素能源效率,东部地区最高,其次是中部,西部效率最低。而且,在下降的幅度上,西部最大,中部次之,东部最小。东中西部三大地区的环境能源效率,同纯能源效率的结果一致。仍然是中部最高,西部次之,东部最低。说明加入污染排放减少的考察以后,在可比条件下,东部地区效率状况并未好转。也进一步说明,相比中西部地区,东部地区在节能减排上并没有优势。东部地区较高的全要素能源生产率主要得益于 GRP 产出优势。

从各个省份看,北京、辽宁、上海、山东、广东在经济增长上具有绝对优势;河北、内蒙古、黑龙江、江苏、福建、重庆和四川在经济增长上具有比较优势。天津、山西、吉林、浙江、安徽、江西、湖北、广西、贵州、甘肃和青海在节能上具有绝对优势;河北、内蒙古、辽宁、黑龙江、上海和云南在节能上具有比较优势。浙江、江西、广西和青海在节能减排上具有绝对优势;北京、江苏、福建、山东、河南、湖南、广东、重庆、四川、陕西和宁夏在减排上具有比较优势。而吉林、安徽、河南、湖北、湖南、贵州、陕西和宁夏在节能减排上具有比较优势。

从实证分析得到的效率值来看。以目前我国所具有的最高技术水平为标准,2009 年我国仍有 16.85% 的节能潜力。若各个省区市都能够达到国内先进水平,仅 2009 年一年就可以节约 58 433.4 万吨标准煤。这些浪费的能源资源可以通过改善落后地区能源利用的绩效以及能源资源在全国范围内的高效流动来避免。

节能减排的环境管制政策,对于节约能源使用量以及减少污染排放取得了一定的成果。从 1998—2009 年间全国水平来看:由于环境管制 SO_2 排放减少了 706.7 万吨;CO_2 排放减少了 147 075.16 万吨。当然,环境管制政策在十年间所造成的经济增长损失量累计达 44 818.8 亿,占 GDP 总量的 3.25%。但是环境管制对于不同地区的影响程度是不一样的。对于东部发达地区的影响较小,对于中西部经济欠发达地区的影响较大。因此,根据不同地区的承受能力制定合适的减排目标也就变得非常必要。

当然,本章研究的时期相对较短,没有考虑其他的污染排放物,选取影响因素指标的主观性等,这些研究的不足都可能影响到评价各个省份全要素能源效率的准确性,以及某些结论的说服力,这也将是我们下一步研究的方向。

第六章　节能减排约束下中国制造业行业的 效率和生产率

第一节　引言

　　和平与发展是当今世界的两大主题,发展又是和平的基本保障。社会的发展是要以经济增长来推动的,同时也只有不断促进经济的发展才能提高人类生活水平。今天的人们享受到的物质生活水平是 100 多年前的人们所不能想象的,因为人类拥有了更高的生产能力。

　　经济增长的关键在于持续不断的全要素生产率的进步,这与现代工业的发达程度是分不开的,而制造业是工业的核心,当今世界西方发达国家正是因为拥有先进的制造业才创造、积累了巨大的物质财富,国民享受高水平的物质生活。而发展中国家和一些低收入国家则在经济危机、政治动乱中煎熬,同时还遭受着资源短缺、环境恶意破坏的悲惨境地。这种差距的原因之一在于两个地区在制造业上的巨大差距。

　　东亚在短短的几十年里创造了由穷国到富国快速转型的奇迹。经济的高速增长使得这些国家经济实力不断壮大,生产出更多更好的产品。这种巨大的经济成就被称为"东亚奇迹"。与此类似,中国经济在改革开放以后,持续以高速度增长,中国被称为"世界工厂"。东亚金融危机之后,经济学家和政治家开始重新审视"东亚模式",以探讨这种模式的可复制性。一些经济学家经过研究认为东亚经济增长是不具备可持续性的,原因在于经济持续增长的动力是技术进步、效率改进和规模效应,并不完全是资源投入的增加。而综合反映技术进步效率该机的全要素生产率(TFP)在东亚诸国一直是比较低的(克鲁格曼,1994)。

作为世界上最大的发展中国家,也是发展迅速的经济体,中国经济的快速发展引起了世界经济学家的关注,这种增长方式的可持续性是关注的焦点之一,目前学术界主要是以各种分析测算模型计算索洛剩余从而考察经济增长的持续动力。中国工业制造业的发展在多大程度上依赖于全要素生产率的推动将是这个问题的核心。

(一)全要素生产率状况是制造业可持续性的关键

中国经济总量的不断扩大关键得益于工业的快速发展,工业是一国国民经济的基础和核心,占经济总量的 40% 左右。我国工业工业总产值从 1978 年的 1607 亿元,剔除价格因素后增长到 107 367.2 亿元,增长了 66.82 倍。其中,作为工业增长动力的全要素生产率以 4% 增长(殷醒民,2009)。2008 年我国工业总产值名义值达到 507 448 亿元,同比比 2007 年的 405 177 亿元增长了 25.24%。工业在第二产业中的比重保持在 90% 左右。

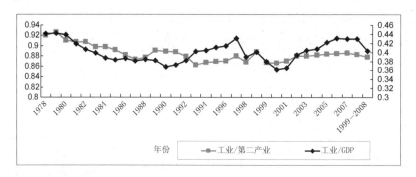

图 6—1　1978—2008 年工业在第二产业、国民经济比重

制造业在国民经济体系中处于第二产业,是现代工业的支柱。制造业的发达程度直接决定国家国民经济的发展水平,并且也影响和制约着其他产业的发展。制造业为其他产业提供设施和装备,决定了工业和其他产业的发展水平。目前对处于工业化阶段的中国而言,经济发展的主要特点便是制造业的迅猛发展。其具体表现为制造业在工业和国民经济中的比重不断上升,制造业占工业的比重为 60%—70% 以上并且不断上升,2007 年制造业工业增加值占工业增加值的 76.96%。

从经济增长的动力和源泉角度来研究中国工业奇迹,主要从全要素生产率的持续快速增长和要素投入的增长来分析经济增长的效率和质量,学者结论分成两派,一部分学者认为中国经济的高速增长主要依靠增加投入来实现的,扩大规模导致的经济总量的增加,即所谓的"粗放式增长模式";而另一派则认为全要素生产率是中国经济在这一时期腾飞的关键动力,全要素生产率对经济增长的贡献是关键性的。争论的焦点是 TFP 对经济增长的贡献率问题,换言之 TFP 能诠释中国经济增长的多少。然而由于统计测算方法不一、数据估算差别较大等原因,导致这个方面的数值分歧较大。吴延瑞(2008)认为全要素增长只解释了中国经济增长的 27%,要素投入增加是中国经济增长的主要动力。胡鞍钢估算 1978—1995 年间,TFP 对经济的贡献为 29.4%。世界银行估算值为 43%(世界银行,1997a),Woo(1998)和 Wu(2003)公布值为 12.9% 和 13.5%。李小平(2005)认为工业行业全要素生产率增长不是产出增长的主要原因。郭庆旺、贾俊雪(2005)测算了1979—2004 年数据,认为全要素增长对经济的贡献只有 9.46%,相比之下,要素投入的增加占到了 90.54%。

(二)环境全要素生产率对环境污染治理有重要意义

无论哪一派观点正确,一个无法回避的事实是我国走的是高投入、高能耗、高污染的"三高"粗放增长模式,依靠规模优势工业化道路(吴敬琏,2005),在工业取得快速发展的同时排放的废水、废气和固体废弃物等污染物也造成了资源过度消耗、环境污染严重的后果(中国环境经济核算报告,2004)。近些年来环境污染导致的损失已经逐步攀升,按照世界银行的估算,中国环境损失大约相当于 GDP 的 5%—10%(世界银行,1997),根据国家统计局公布的环境污染治理费用 2004 年的 1909.8 亿元,而根据《中国环境经济核算报告 2004》显示,2004 年我国因环境污染造成的直接和间接经济成本和损失为 5118 亿元,占当年 GDP 的 3.5 %,而当年全国环境污染治理成本为 2874 亿元,占当年 GDP 的 1.8 %。国家统计局公布的 2008 年环境污染治理费用已经迅速上升到 4490.3 亿元,占当年国民生产总值比例从2004 年的 1.19% 上升到 2008 年的 1.49%。环境污染已经在相当程度上抵消了经济增长带来的成果。

依靠牺牲环境、资源来换取工业和经济发展的做法早已被淘汰,我们不能重复西方国家先污染后治理的老路,因为中国有特殊的国情。当今世界主流观念是提倡可持续发展和绿色经济,即在发展经济,提高国民生活水平的同时要以不牺牲后代人的幸福为代价,不能以破坏环境来换取经济的发展。

西方发达国家科学家提出了环境绩效排名(EPI)的概念,这个指标主要是考察环境状况,也综合了经济发展水平和环境保护的观念,可以测量一个国家或地区经济发展和环境保护的匹配程度。根据公布结果,中国环境情况不容乐观,按照世界经济论坛达沃斯年会上公布的 2006 年世界环境绩效排名情况。新西兰、瑞典和芬兰位居前三,西欧、北美等发达国家仅次于北欧国家,发展中国家排名靠后,非洲国家情况最差。从得分排名分布上看,环境保护与经济发展水平并不矛盾,发达国家在工业发展的同时环境治理和保护也取得了显著的成效,中国在 133 个国家和地区中排名第 94 位。EPI 全球一共发布三次,2008 年和 2010 年,中国依然排名靠后,分别在参评的 149、163 个国家排名 105、121 位。

根据世界卫生组织报告,中国 70% 的湖泊遭受重度污染,2/3 的城市的空气质量不达标,其中全球污染最严重前 10 个城市中国就占了 9 个,污染最严重前 20 个城市中中国占了 16 个(世界银行,2001),每年大约有 40 万人死于与空气污染相关的疾病(Hunt,2006),这表明中国目前环境治理和保护与工业发展之间的矛盾比较突出,需要进行工业转型。中国已经成为仅次于美国的全球第二大 CO_2 排放量的国家。

制造工业是环境污染的主要源头产业(王燕,谢蕊蕊,2011)。根据统计,制造业排放的 SO_2 和工业废水占整个工业污染总量的 70%,制造业的过度投资造成了环境恶化,制造业对日益严重的环境污染有不可推卸的责任。随着我国环境保护意识的逐渐增强,学者已经将污染作为一种坏产出纳入经济核算,主要是考察工业废水、工业废气如 SO_2、CO_2 和氮氧化物(NO_x),工业固体废弃物的排放对工业效率的影响,同时一些学者从宏观方面研究基于高投入、高能耗、高污染的工业增长模式是否具有持续性近些年来成为经济学者关注的焦点(涂正革,肖耿,2007)在"十一五"期间,如何在保持工业增长的同时,又要做到节约资源、保护环境,实现国民经济又好又快的发展,将会是中国经济转型所必须要面对的问题。

本章运用基于 DEA 的 Malmqust－luenberger 生产指数方法测算中国制造业的全要素生产率,技术效率、技术进步的变动,揭示其波动规律;在此基础上利用方向性距离函数测算环境技术效率,分析环境约束对制造业绩效的影响,根据环境技术效率高低,分类考察制造业不同行业与环境之间的协调性;继而提出促进我国制造业全要素生产率增长和环境保护的对策建议和措施。

第二节　文献综述

中国经济在改革后取得的巨大成就引起了国际经济学界对中国经济研究的兴趣,20 世纪 80 年代生产率测算方法和理论被引入中国。到目前为止,关于中国生产率的研究的文献已经是比较丰富,下文将重点叙述与本章研究密切的文献。

一、对工业行业全要素生产率的研究

李小平、朱钟棣(2005)利用 1986—2002 年的工业行业面板数据测算 34 个子行业的生产率,分析结果显示绝大部分行业的生产率增长为正,生产率增长和产出增长存在较为显著的相关性,即行业的生产率增长越快,其产出增长率也越高,但从和西方国家比较来看,中国各行业的生产率增长率太低,生产率对产出增长的贡献较小,只有 10.59%,并且不同行业在生产率增长方面差异较大,呈现发散的趋势,提出了中国深化企业改革,发挥企业家创新精神,自主提升技术进步等政策建议。涂正革、肖耿(2005)采用生产指数增长核算方法,并结合随机前沿模型方法,对 1995—2002 年 37 个工业行业的全要素生产率进行了研究,文章认为相对前沿技术效率对企业全要素生产率有较大的影响,而技术效率则阻碍了全要素生产率的提高,中国企业未来发展方向主要是凭借前沿技术进步的后发优势追赶国际先进企业的生产率革命。涂正革(2007)采用非参数生产前沿方法,选取中国大中型工业企业 38 个行业 1996—2002 年的数据,将劳动生产率的增长分解为资本深化、技术前沿进步、技术效率改进 3 个成分,从企业劳动生产率、资本深化、技术前沿进步对劳动生产率贡献、行业间技术效率差距等方面进行了详细的分析,得出结论认为中国工业劳动生产率的增长已经由转轨初期的单一资本扩张驱动模式,开始向以技术进步为主和资本深化为辅的多引擎推动模式转变即由粗放型向集约型增长模式转变,但是,行业间技术效率的差距拉大也成为劳动生产率增长的一个障碍,是转变经济增长模式必须面对的一个挑战。李胜文、李大胜(2008)运用三投入随机前沿生产函数,对1985—2005年中国工业34个子行业面板数据进行分析,测算工业和子行业的全要素生产率增长率,得出了观察期间工业全要素生产率增长出现先慢后快,然后停滞再缓慢回升的态势,文章还对工业行业内部全要素生产率离散的分析,考虑到中国是发展中国家,设备利用率往往被高估,从而导致TFP对低估,这对资本密集型工业和劳动密集型工业的影响程度不一样,这会对二者TFP有一定的放大效应。张军、陈诗一、Jefferson(2009)运用1978—2006年38个工业行业面板数据分析中国工业增长绩效,文章得出结论认为工业发展战略的调整导致了分析期间工业的高速增长和生产率的不断提高;技术进步对工业增长贡献最大,技术效率贡献较小。殷醒民(2009)将劳动生产率作为工业生产率增长的核心,通过对1978—2007年30年间中国工业总产值、劳动质量变化数据和工资差别数据在提出价格因素情况下进行综合分析,研究中国工业在这30年取得的巨大成就,并称之为中国工业的"数量革命",中国劳动生产率在分析期间得到了较快的发展,劳动生产率的增长是制造业腾飞的动力。唐清泉、卢博科和袁莹翔(2009)应用DEA方法测度了大中型工业的33个行业1999—2006年间的行业R&D效率。研究发现,大中型工业企业近年来R&D效率提升并不明显;高投入强度的行业并不具备显著的效率优势。从长远来看,创新能力的提高不仅需要加大投入,创新效率的提升也是不容忽视的。张军、陈诗一和张熙(2010)使随机前沿方法对1993—2006年中国工业行业39个子行业全要素生产率进行了重估和分解,分析认为随机前沿估算的工业部门全要素生产率低于现有研究,技术进步是持续改善的贡献因子。韩先锋、师萍和宋文飞(2011)运用非参数Malmquist指数分析了我国工业全要素生产率状况,对1998—2007年我国工业行业全要素生产率进行研究发现,分析期间我国工业行业全要素生产率平均增长率为9.9%,技术效率变化不大,技术进步是推进我国工业行业全要素生产率增长的最显著因素。

二、对制造业全要素生产率的研究

制造业是工业的基础和核心,在工业中占据重要地位,制造业的发展水平决定了工业的发达程度,同时制造业又是导致工业污染的主要源头。专门测算制造业全要素生产率的研究文献目前不是很多,但呈现出逐步增加的趋势,并且越来越引起了经济学者的关注。

何枫、原鹏飞等(2005)运用数据包络分析方法分析了 1996—2003 年间我国制造业各行业生产效率的水平及变迁情况,认为各行业全要素生产率提高的主要动力是技术进步。沈能(2006)用基于非参数的 Malmquis 指数方法,研究了 1985—2003 年中国制造业全要素生产率(TFP)及其构成的时序成长和空间分布特征。研究表明:该期间中国制造业 TFP 年均增长主要得益于技术进步水平的提高,而效率变化反而产生负面影响,地区 TFP 差距持续扩大很大部分可以由地区技术进步程度的差异解释。任艳玲和原鹏飞(2006)以制造业为例,从产业层面详细研究了中国工业 1996—2003 年效率变迁情况。研究结果显示,技术进步成为我国制造业生产率提高的主要动力,所考察期间前几年全要素生产率提高主要依靠技术进步,而后期技术效率的提高与技术进步共同成为促使生产效率提高的因素,说明我国工业增长的质量不断得到改善,但在提高产业经济运行的效率上还有很大的发展空间。宫俊涛、孙林岩、李刚(2008)以 1987—2005 年中国 28 个省区市制造业面板数据为对象,利用非参数的 Malmquist 指数方法构造制造业生产前沿,考察制造业省际变化,分析认为各省区市制造业全要素生产率平均增长率为 1.7%,技术进步平均增长 1.8%,技术效率出现恶化;其中,各省区市制造业全要素生产率经历一个先下降后上升的趋势。赵伟、张萃(2008)运用基于 DEA 的 Malmquist 指数对制造业子行业进行核算,考察制造业区域集聚与全要生产率增长之间的关系,文章结论认为制造业区域集聚的技术进步效应显著,对技术效率影响则很微弱,由此可见制造业区域集聚主要是通过提高技术进步来改进全要素生产率的。李丹、胡小娟(2008)采用数据包络分析方法(DEA)分别对制造业各个行业中内资企业、外资企业 1999—2005 年期间的相对效率、全要素生产率(以 Malmquist 指数衡量)及其构成情况进行了实证研究。宫俊涛等(2008)研究了1987—2005年中国制造业省际全要素生产率变动情况,发现在1988—1990年和1994—1997年两个时间段制造业全要素生产率出现负增长,1987—2002年全要素生产率总体上没有增长,制造业省际全要素生产率增长来源于技术进步,技术效率变化表现为负作用。王丽丽、赵勇(2010)运用DEA方法对2003—2007年我国28个制造业行业的技术效率进行了评估和横向比较,他们发现我国制造业整体技术效率水平不高,并且各个行业技术效率水平差别较大。陈静、雷厉(2010)运用Malmquist生产率指数法测算了制造业28个行业的全要素生产率指数、技术进步指数与技术效率指数,认为制造业行业全要素生产率呈现不断的增长趋势主要得益于技术进步水平和纯技术效率的提高。

三、考虑环境因素的全要素生产率研究

传统的全要素生产率分析没有考虑环境因素,不能区分要素投入中哪些用于生产,哪些用于环境公共治理,其结果会导致全要素生产率的含义被误导(Shadbegain and Gray,2005)。随着政府对环境污染的重视,环境对工业技术效率和全要素生产率的影响受到广泛的关注,事实上随着环境问题的日益严重,经济学者也开始关注将环境污染作为坏产出纳入技术效率和全要素生产率测算中来。

Xu(2005)以1995—2002年间省际制造业数据为研究对象,通过构造了Malmquist—Luenberger指数分析了中国制造业在环境约束下的具体绩效,研究发现TFP的增长主要来源于技术进步的推动,效率的改进并不明显,考虑环境因素的TFP要高于传统测算数值,这说明传统的TFP测算方法低估了绿色TFP,来自于环境技术进步促进了中国制造业的发展。Managi and Kaneko(2006)认为环境污染和能源过度消耗以及消费结构不合理会严重威胁到中国经济增长的可持续恶性,并通过测算包含环境约束条件的全要素生产率来分析持续增长的可能性。运用多种TFP的计量测算模型,详细计算了在考虑废气、固体废弃物和废水、重金属等污染对全要素生产率的影响,并分别测算市场生产率(Market Productivity)和环境生产率(Environmental Productivity),文章认为20世纪70年代颁布的环境管制法令在短期对经济增长并无明显的积极影响,某些环境保护措施

则在一定程度上提升了管理效率。付佳峰、刘毅、张雷(2007)运用 DEA 对 1986—2005 年工业经济与环境协调关系有效性进行了分析,并对 2005—2010 年中国工业与环境进行预测。分析结果认为自 1986 年以来,工业经济增长与环境污染之间的协调关系大致呈"S"形发展趋势,中国工业的环境污染状况正逐步得到改善。Cao(2007)对制造业 28 个行业 1991—2000 年绿色 TFP 进行了计算分析,研究发现严格的环境管制对局部污染较重的行业的技术效率的改进有明显的积极作用。王燕、谢蕊蕊(2011)运用方向性距离函数考察了我国制造业在环境约束条件下绿色全要素生产率的变化,他们的研究表明我国制造业全要素生产率逐年提高,其中技术变动的作用高于效率变动的作用。

四、文献综述小结

随着理论和方法的逐步引进和完善,数据质量的提高和可得性增强,对中国经济和工业全要素生产率研究的逐步深入,近些年来国内学者开始将研究的焦点放在考虑环境对工业、制造业效率的影响,从区域、工业子行业、部门都作了系统的研究。

相比以上文献,本书选取我国制造业行业有代表性的 28 个子行业产出投入数据测度其全要素生产率,在考虑环境保护的前提下综合考察工业行业的经济绩效。尽管运用 DEA 测算中国工业全要素生产率的研究比较多,但是大多局限在综合测算宏观经济、国有企业和省级区域间,研究制造业的文献相对较少。本书在 Färe(2007)等人的研究基础上,运用方向性距离函数和曼奎斯特—卢恩伯格生产指数对中国制造业行业 28 个子行业进行测算,研究 1999—2008 年制造业技术效率和全要素生产率。

第三节　研究方法与数据处理

一、研究方法

假设每一个时期 t=1,…,T,第 k 个行业的投入和产出值为 $(x^{k,t}, y^{k,t}, b^{k,t})$ 运用数据包络分析(DEA)可以将满足上述性质的环境技术模型化为:

$$P^t(x^t) = \left\{ \begin{array}{l} (y^t, x^t) : \sum_{k=1}^{K} z_k^t y_{km}^t \geqslant y_{km}^t, m = 1, \cdots, M; \sum_{k=1}^{K} z_k^t b_{ki}^t = b_{ki}^t, i = 1, \cdots, I \\ \sum_{k=1}^{K} z_k^t x_{kn}^t \leqslant x_{k'n}^t, n = 1, \cdots, N; z_k^t \geqslant 0, k = 1, \cdots K \end{array} \right\} \qquad (6.1)$$

技术效率是与生产可能性边界相联系的一个概念。它表示的是一个决策主体在等量要素投入的情况下,与其最大产出值之间的距离。距离越大则技术效率越低,传统技术效率仅考虑好产出的增加,但是这导致一个问题,在好产出增加的同时坏产品也增加,即传统技术效率不能准确考察考虑环境等附加条件下的技术效率。目前学术界较多的做法是采用方向性距离函数测算环境技术效率。环境技术效率是衡量考虑环境因素条件下经济效率的指标,环境技术界定了环境产出的可能性边界,即在投入既定的情况下,"好产出"最大,"坏产出"最小的集合。基于环境约束测度环境技术效率。传统研究环境技术的方法是在既定污染的条件下,测量实际产出值与边界最大产值之比,但是这种方法在污染严重的情况下是不合适的,民众的想法是既要求工业迅速增长,同时污染减少。Färe,grosskopf 和 pasurka(2001)根据 luenberger 短缺函数构造了方向性距离函数:

$$\vec{D}_O(y, x, b, g) = \sup\{\beta : (y, b) + \beta g \in p(x)\} \qquad (6.2)$$

在这个函数里,"好产出"和"坏产出"同等被视为产出,对于既定投入 x,当产出 y 和污染 b 按照相同比例扩张或收缩,β 为产出 y 增长,污染物 b 减少的最大可能系数。方向性距离函数测定了生产者相对于边界环境技术水平,与之相比的非效率的程度。环境技术效率为"好产出"的实际产量 y_k^t 与边界 $(1+\beta)y_k^t$ 的比率:

$$TE = (y_{k'}^t, x_{k'}^t, b_{k'}^t; y_{k'}^t, -b_{k'}^t) = 1/[1 + \vec{D}_O(y_{k'}^t, x_{k'}^t, b_{k'}^t; y_{k'}^t, -b_{k'}^t)] \qquad (6.3)$$

环境技术效率区别于传统技术效率主要在于边界的不同。设定方向向量之后,方向性距离函数同时考虑"好产出"的增加和"坏产出"减少的最大可能性。环境技术效率同时反映实际"好产出"与边界最大好产出之间的差距及"坏产出"和最少"坏产出"之间的差距。

我们把每一个行业视为一个生产决策单位,运用 Färe et al.(1994)改造的 DEA 方法来构造在每一个时期工业生产边界。把每一个行业同最佳实践边界进行比较,从而测度效率变化和技术进步。根据 Chung et al.
(1997),基于产出的 Malmquist－Luenberger(ML)t 期和 t＋1 期之间的生
产率指数为:

$$ML_t^{t+1} = \left\{ \frac{[1+\vec{D}_O(x^t,y^t,b^t,g^t)]}{[1+\vec{D}_O(x^{t+1},y^{t+1},b^{t+1},g^{t+1})]} \times \frac{[1+\vec{D}_O^{t+1}(x^t,y^t,b^t,g^t)]}{[1+\vec{D}_O^{t+1}(x^{t+1},y^{t+1},b^{t+1},g^{t+1})]} \right\}^{\frac{1}{2}}$$

(6.4)

ML 指数可以分解为效率改进指数(EFFCH)和技术进步指数(TF-
CH),ML＝EFFCH×TECH

$$EFFCH_T^{T+1} = \frac{1+\vec{D}_O^t(x^t,y^t,b^t,g^t)}{1+\vec{D}_O^{t+1}(x^{t+1},y^{t+1},b^{t+1},g^{t+1})}$$

(6.5)

$$TECH_T^{T+1} = \left\{ \frac{1+\vec{D}_O^{t+1}(x^t,y^t,b^t,g^t)}{[1+\vec{D}_O^t(x^t,y^t,b^t,g^t)]} \times \frac{[1+\vec{D}_O^{t+1}(x^{t+1},y^{t+1},b^{t+1},g^{t+1})]}{1+\vec{D}_O^t(x^{t+1},y^{t+1},b^{t+1},g^{t+1})} \right\}^{\frac{1}{2}}$$

(6.6)

ML,EFFCH,TECH 大于(小于)1 分别表示生产率增长(下降),效率改
善(恶化),以及技术进步(退步)。技术进步主要依靠先进生产技术流程、生
产组织方式、工艺的发明、高效生产工具的使用,分工协作、劳动者生产技能
的提高等因素推动,表现在生产可能性边界的外移。效率改进则主要是生
产变得更加有效,企业在没有增加投入的前提下,依靠领导者经营管理水平
的提高,员工之间沟通协作、资源充分合理的利用,生产活动由可能性边界
内部移动到边界上的情况。例如,一个企业生产率大幅提高,这一方面是企
业采用了最有效率的生产线流程,淘汰了原来使用的落后设备,另一方面则
是企业领导制定了新的合理的员工激励机制,磨洋工、资源浪费的情况大大
减少。

二、数据说明及统计性描述

本书研究环境约束下制造业绩效,以 1999—2008 年大中型规模以上制
造业 28 个子行业为基本研究对象,以工业增加值为产出指标,以年末固定
资产投资净值,行业从业人员数量为要素资源投入,以工业 SO_2、工业废水
排放量作为污染指标。根据数据的统计口径一致性和持续性、可得性,本书
选取 28 个规模以上大中型制造业用于分析。

制造业是指对原材料,主要包括采掘业产品和农产品,进行加工或者再
加工以及对零部件装配的工业行业的总称,属于国民经济产业分类中的第

二产业工业。一般来讲工业行业中除去电力、水等公共行业和采掘业后的行业统称为制造业。

按照国家公布的 GB/T4754—94 标准,制造业一般包括 30 个行业,可以按照行业产品差别分为轻纺制造业、资源加工业和电子机械电子制造业三大类。根据郭克莎(2004),按照产业技术密度可以划分为高技术制造业、中高技术制造业、中低技术制造业和低技术制造业四大类(见表6—2)。此外还有轻工业制造业、重工业制造业,劳动密集型和资本密集型等分类。

本书选取我国按行业分大中型工业行业中 28 个工业制造业行业作为研究对象,下文将统一用行业序号表示制造业各行业(见表 6—1)。

表6—1　中国制造业构成及其分类

行业序号及代码	制造业名称	大类划分
I1	食品加工业	轻纺制造业
I2	食品制造业	
I3	饮料制造业	
I4	烟草制品业	
I5	纺织业	
I6	纺织服装、鞋、帽制造业	
I7	皮革、毛发、羽毛(绒)及其制品业	
I8	木材加工及木、竹、藤、棕、草制品业	
I9	家居制造业	
I10	造纸及纸制品业	
I11	印刷业和记录媒介的复制	
I12	文教体育用品制造业	
I13	石油加工、炼焦及核燃料加工业	资源加工业
I14	化学原料及化学制品制造业	
I15	医药制造业	
I16	化学纤维制造业	
I17	橡胶制品业	
I18	塑料制品业	
I19	非金属矿物制品业	
I20	黑色金属矿物制品业	
I21	有色金属冶炼及压延加工业	

（续表）

行业序号及代码	制造业名称	大类划分
I22	金属制品业	机械电子制造业
I23	通用设备制造业	
I24	专用设备制造业	
I25	交通运输设备制造业	
I26	电气机械及器材制造业	
I27	通信设备、计算机及其他电子设备制造业	
I28	仪器仪表及文化、办公用机械制造业	

表6—2　按照技术密度划分制造业

大类划分	制造业名称
高技术密度制造业	医药制造业，通信设备、计算机及其他电子设备制造业
中高技术密度制造业	化学原料及化学制品制造业，通用设备制造业，专用设备制造业，电气机械及器材制造业，仪器仪表及文化、办公用机械制造业
中低技术密度制造业	化学纤维制造业，橡胶制品业，塑料制品业，非金属矿物制品业，有色金属冶炼及压延加工业，交通运输设备制造业
低技术密度制造业	食品加工业，食品制造业，饮料制造业，烟草制品业，纺织业，纺织服装、鞋、帽制造业，皮革、毛发、羽毛（绒）及其制品业，木材加工及木、竹、藤、棕、草制品业，家居制造业，造纸及纸制品业，印刷业和记录媒介的复制，文教体育用品制造业，石油加工、炼焦及核燃料加工业，黑色金属矿物制品业，金属制品业

其中以国家统计局统计设计管理司公布的轻重工业划分标准，制造业28个行业中，轻工业12个，涵盖了除"木材加工业及木、竹、藤、棕、草制品业"之外的所有轻纺制造业，重工业16个，包括除"化学纤维制造业"的所有资源加工业和机械电子制造业。

（一）数据及变量

产出变量和资产变量的价格以1999年为基期，数据主要来源于国家统计局和《中国经济年鉴》，部分数据来源于中国资讯行。因为一般统计年鉴上公布的数据都是当前价格，将环比价格指数转换成定比价格指数，必须剔除价格影响因素对实证结果的干扰。建筑安装总产值指数、建筑安装总产值数据来源于中国资讯行，部分污染数据来源于《中国环境年鉴》。

(1)产出数据

本书以工业增加值表示好产出,以 1998 年为基期,采用各个子行业工业品出厂价格指数对数据进行增量平减,将工业增加值名义值换算成实际值。

(2)投入数据

①资本投入:以固定资产投产净值年末平均余额作为资本投入,对固定资产投资净值采用李小平、朱钟棣的指数构造法将固定资产价格指数分为建筑工程安装价格指数、设备价格指数和其他费用指数。为了分析和计量的简便,本书采取建筑工程安装价格指数和设备价格指数,将其他费用指数和设备价格指数合并,固定资产价格指数计量如下:

$$P_i(t) = w_j(t)p_j(t) + w_k(t)p_k(t) \tag{6.13}$$

其中 w_j,w_k 是建筑工程安装费用,设备和其他费用占整个固定资产权重,p_j,p_k 表示建筑工程安装价格指数和设备、其他费用价格指数。建筑工程安装价格指数采取 Chen(1992),李小平、朱钟棣(2005)选取的计算方法,利用建筑业每年名义总产值和建筑业当年价总产值指数相比,得到一个建筑工程安装价格指数系列。设备价格指数采用各工业子行业产品出厂价格指数近似代替。文章对固定资产进行增量平减方法,表达如下:

$$k_t = k_{t_0} + \sum_{t_0+1}^{t} \Delta k_t / p_i(t) \tag{6.14}$$

即本年固定资产净值折算为本年值减去上一年值的增量除以本年价格指数和上一年固定资产值。

②劳动投入:劳动投入的计量应该准确考虑劳动的劳动时间和单位时间劳动效率,但这需要假设"标准劳动"的可计量性和数据的可得性。本书以行业从业人员数量来近似代替劳动投入。

1999—2008 年十年间,剔除价格因素的工业增加值稳步增长,从 1999 年的 337.54 亿元增加到 2008 年的 2084.56 亿元,增长了 5.18 倍,年度平均增长率为 19.97%,远远高于固定资产投资增长率 9.70%,这说明我国制造业取得了良好的绩效。平均从业人员数量在经历 1999—2003 年的连续下滑之后,迅速攀升,增长率为 5.20%。

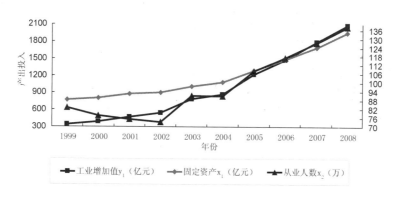

图6—2　1999—2008年制造业产出—投入数据

（3）污染数据

污染是经济生产的坏产出，这主要体现在污染会破坏环境和治理会耗费一定资源。本书采用的污染衡量指标是工业 SO_2 排放量和工业废水排放量。工业废水、SO_2 排放量指行业企业生产过程中产生并排入水域、大气中的废水、SO_2 的总量。

本书选择 SO_2 和工业废水作为坏产出基于以下两个考虑，一是国家"十一五"规划纲要提出主要污染物排放量降低10％的目标，SO_2 是我国工业主要污染物；而且许多国家都采用 SO_2 排放量指标来反映地区环境污染水平，作为一种主要环境污染物，绝大部分来自工业生产排放，生活排放量相对较小。二是数据的可获得性和连续性。工业废水则是目前急需治理的严重污染问题。工业废水的任意排放，对河流湖泊、土地生态环境造成了严重、持续的伤害，同时也影响到渔业、居民饮用水，已经危害到人们的生活安全。赤潮的频频发生、湖泊河流由于水体营养化导致藻类过量繁殖，河流淤塞，甚至干涸，这些都是急需治理的问题。

分析期间，工业二氧化硫、工业废水排放量总体为上升趋势，年度平均增长率分别为1.23％、3.75％；同时呈现明显的阶段性特征，1999—2002年，两种污染物的排放呈下降趋势，2003—2007年为快速上升的阶段，2008年两种污染物再度出现下降。

制造业是整个工业行业的基础和核心，1999年到2008年十年期间，制造业在工业增加值占大中型工业行业的80％以上、固定资产投资的

60％,从业人员人数的80％。同时制造业也是导致环境污染最重要的行业,1999—2008年十年期间,制造业排放的工业废水和二氧化硫分别占到工业行业的82.89％、94％(不计电力热力生产与供应业的二氧化硫排放总量)。

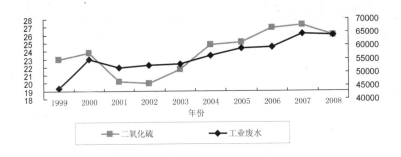

图6—3　1999—2008年制造业污染物排放

制造业28个行业在规模上存在较大差异,工业增加值最大的四个行业是电子计算器、通信设备制造业、交通运输设备制造业、黑色金属冶炼及压延工业、烟草加工业,四个最大的行业的工业增加值占整个行业的43.75％,固定资产投资最大的四个行业是黑色金属冶炼及压延工业、化学原料及化学制品制造业、交通运输设备制造业和计算机、电子通讯制造业,四大行业占整个制造业资产投入的42.80％。纺织业是从业人员最多的行业,1999—2008年间从业人数达到了278.56万,占整个制造业从业总人数的10.14％,其他四个从业人数最多的行业是化学原料及化学制品制造业、黑色金属冶炼及压延工业、交通运输设备制造业和计算机、电子通讯制造业;非金属矿物冶炼工业是排放工业二氧化硫最多的行业,占整个制造业排放总量的27％—33％,黑色金属冶炼及压延工业、有色金属冶炼及压延工业、化学原料及化学制品制造业分别位居第二到第四,排放最大的四个行业占制造业二氧化硫排放总量70％左右。纺织业、造纸业、化学原料及化学制品制造业、黑色金属冶炼及压延工业四个行业是排放工业废水最多的行业,占制造业排放总量的64.06％。

表6—3 投入、产出数据以及价格指数数据统计性描述

变量	观察数	平均值	标准差	最小值	最大值
工业增加值	280	996.89	618.03	337.54	2084.56
工业品出厂价格指数	280	1.06	0.06	0.99	1.12
固定资产净值	280	1187.53	405.56	775.20	1955.78
固定资产价格指数	280	1.26	0.05	1.16	1.32
就业人数	280	98.13	23.08	75.22	137.95
工业 SO_2 排放量	280	23.85	2.63	19.93	26.89
工业废水排放量	280	55939.28	6047.33	44154.5	64338.71

资料来源:中国统计年鉴(1999—2008)、2004、2008年为估算值,中国环境统计年鉴(1999—2008)、建筑安装工程费等。数据来自于中国资讯行。

表6—4 SO_2 排放量最多/最少的四个行业

排放量最多的四个行业			排放量最少的四个行业		
行业代号	排放量(t)	比例	行业	排放量	比例
I19	180.22		I12	0.31	
I20	109.76	70%	I9	0.334	0.27%
I21	94.75		I11	0.338	
I14	69.93		I28	0.715	

表6—5 工业废水排放量最多/最少的四个行业

排放量最多的四个行业			排放量最少的四个行业		
行业代号	排放量(104t)	比例	行业代号	排放量	比例
I10	349297.2		I9	752.4	
I14	328751.8	64.06%	I12	863	3.95%
I20	182235.9		I11	1616.4	
I5	162303.7		I18	3080.4	

第四节 实证结果

实际测算的制造业子行业的环境技术效率和全要素生产率,主要从序列历史阶段分布和行业分布,最后再进行对比分析。本书主要是针对考虑两种坏产出和不考虑坏产出的对比分析,附带分析分别考虑二氧化硫、工业废水的情况。

一、制造业行业全要素生产率增长的时序分析

在考虑两种坏产出的情况下,1999—2008 年制造业全要素生产率平均增长 3.71%,增幅最大的是 2002—2003 年度,制造业全要素生产率达到了 8.74%,达到了峰值后迅速回落,最低的是 2004—2005 年度,增长率只有 1.08%。分析期间制造业全要素生产率呈现先快速增长,后期冲高回落,缓慢调整的趋势,增长态势略显正态分布。从分析中不难看出,技术进步是全要素生产率增长的根本动力,分析期间技术进步平均增长 3.58%,效率改进为 0.12%,技术进步对全要素增长率的贡献在 90% 以上。

技术进步的年度波动趋势与全要素生产率基本相一致,呈现正态分布,分析期间以 3.58% 的速度增长,其中增长最快的是 2003—2004 年度,增长了 7.73%,增长最慢则出现于 2000—2001 年度,只增长了 1.67%。分析结果显示,十年间技术效率并未得到明显改善,效率改进在 2002—2003 年度,出现了 4.22% 的峰值,其余年份则在 ±1% 内波动,而且在一些年份出现大幅恶化的趋势。

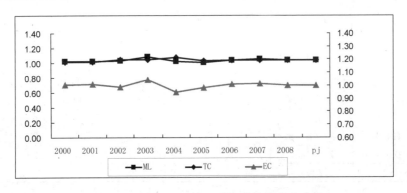

图 6—4　1999—2008 年工业年度全要素生产率

全要素生产率增长在时序上出现了一个转折,为此文章将分析区间划分为 2001—2003 年和 2004—2007 年前后两个阶段,前一个阶段是全要素生产率、效率和技术迅速增长的态势,后一个阶段是大幅回落、缓慢攀升的趋势。1999—2003 年期间,整个行业的增长率较快为 4.17%,后期则为 3.33%。原因有三个,首先是增长效应具备边际递减的特征,尤其是技术进步在短时间内不可能取得较大提升。其次,20 世纪 90 年代中期中国开始从

国企改革到谋求加入世界经济体系,2001 年中国加入 WTO,面临较大的外部市场冲击,有着强烈的降低经营成本、提升技术的动力。这种现象被一些学者称为"WTO 分红"。而随着企业的逐渐适应规则,这种基于压力而产生的增长在 2004 年之后便逐渐衰减。其次,2004 年为分界线,中国政府开始提高对环境治理的重视,《危险废物经营许可证管理办法》颁布,官方编制环境经济核算报告,加强对水污染的治理,对矿山的环境保护等。这些环境保护措施导致 2004—2008 年全要素生产率放缓。

整体而言,工业行业在 1999—2008 年期间发展趋势是快速稳定增长,继 1999—2003 年大幅增长之后,2003—2004 年度我国工业行业平均增长率受到同时来自技术进步放缓和效率恶化的影响而有较大幅度调整。2004—2005 年增长率处于谷底,环比增长 1.08%,大幅低于历史最高水平,其中技术进步 3.10%,处同期历史水平最低,效率改进为 −1.96%,大幅下降。经济增长的全要素生产率对技术进步的依赖程度进一步提高。主要是受到环境严厉管制后的冲击。2005—2006 年,2006—2007 年、2007—2008 年两个年度工业势头良好,增长率分别为 4.21%、5.35%;2007—2008 年度增长率为 3.98%,也接近 4%,承接 2005—2006 年度强劲反弹形势之后而大幅稳定增长,运行良好。同时技术进步增长分别为 4.6% 和 5.10%,延续大幅增长的势头。这一时期的效率出现了继续增长的良好态势,分别增长了 0.42% 和 0.58%,为历史上较好的时期。在技术进步保持稳定较快增长的同时,效率开始由恶化到缓慢好转,继而出现正向的效率改进。这显示我国企业在公司经营决策管理方面提升了企业的效率。

分析显示虽然目前我国工业增长主要依赖于技术进步,效率改进对增长的贡献率很小,甚至局部行业年度出现负增长,但是效率在长期趋势看来还是呈现出增长的良好势头,并有逐步改善的趋势。伴随着企业经营治理的逐步完善、我国新型工业化道路的逐步深入实施和国家环境保护,工业治理等措施的逐渐实施,效率改进会有较大幅度地持续增长,效率对经济增长的贡献率偏低这一状况可能有扭转迹象。

二、全要素生产率增长的行业分析

在考虑工业二氧化硫和工业废水这两种坏产出的条件下,1999—2008

年期间,我国制造业 28 个行业整体呈现稳定增长的发展势头,行业平均年增长率达到 3.71%。其中技术进步为 3.58%,效率改进为 0.12%。

表 6—6　28 个子行业 1999—2008 年制造业各行业平均全要素生产率

行业	TFP	TC	EC	行业	TFP	TC	EC
I1	0.55%	0.63%	−0.08%	I15	1.66%	1.80%	−0.13%
I2	0.77%	0.70%	0.06%	I16	−0.42%	0.12%	−0.55%
I3	0.58%	0.73%	−0.15%	I17	1.85%	1.63%	0.21%
I4	12.90%	12.90%	0.01%	I18	2.90%	3.52%	−0.61%
I5	0.32%	0.47%	−0.15%	I19	3.81%	2.22%	1.60%
I6	5.43%	5.57%	−0.12%	I20	0.82%	0.58%	0.23%
I7	4.59%	10.61%	−5.44%	I21	1.14%	0.98%	0.16%
I8	0.94%	0.83%	0.11%	I22	1.76%	1.64%	0.12%
I9	5.85%	3.39%	2.37%	I23	3.64%	2.76%	0.86%
I10	0.11%	−0.03%	0.14%	I24	3.93%	2.31%	1.58%
I11	4.30%	4.49%	−0.18%	I25	6.66%	4.80%	1.79%
I12	7.83%	4.94%	2.75%	I26	9.41%	5.03%	4.17%
I12	0.21%	0.53%	−0.31%	I27	13.41%	13.41%	0.01%
I14	0.30%	0.00%	0.30%	I28	17.73%	12.74%	4.43%
平均	3.71	3.58%	0.12%				

从总的方面来看,制造业 28 个行业 Malmquist 全要素生产率指数都有了较大的提高,但增长分布很不均匀,出现行业分布离散的格局。增长最快的是仪器仪表制造业行业(17.73%),增长率超过 10% 的还有通信设备制造业(13.41%)和烟草制造业(12.90%),处在第四到第八位的行业分别是电气机械制造业(9.41%),文教体育用品业(7.83%),交通设备制造业(6.66%),家具制造业(5.85%)、纺织服装业(5.44%)。制造业 28 个行业中有 12 个行业超过行业平均增长率。9 个行业增长率在 0—1% 之间。其中化纤制造业出现了负增长,10 年平均全要素生产率为 −0.42%。增长率在行业之间差别较大。

仪表仪器制造业、烟草加工业、通信设备电子计算机及其他设备制造业投入产出值分别为 1.66、3.04 和 1.88,大幅高于制造业平均产出值 1.01,位

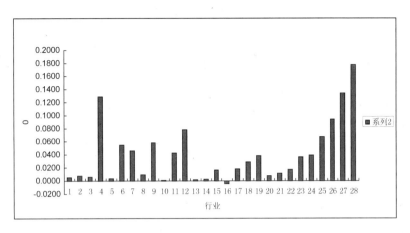

图 6—5　制造业各行业 1999—2008 年全要素生产率平均值

于 14 个产投值大于 1 行业中的第四、第三和第一位。皮革毛发制品业产投
值 1.93 居第二位,其全要素生产率为 4.59%。这四个行业共同的特征是产
出投入值水平高,全要素生产率高,二氧化硫、工业废水污染少。

具体到行业分类分析,按照国家标准 GB/T4754－94 将制造业分为轻
纺制造业、资源加工业和电气机械制造业,本书所选择的 28 个制造业行业
中归属轻纺制造业 12 个,资源加工业 9 个,电子机械制造业 7 个,其中电子
机械制造发展最快,分析期间全要素生产率高达 7.95%,远远高于轻纺制造
业的 3.61% 和资源加工业的 1.36%。电子机械制造业的高速增长一方面
是技术进步的大幅提升,以 6% 的平均速度增长,技术对行业发展贡献很大;
同时技术效率平均达到了 1.84%,其中电气机械制造业技术效率高达
4.17%,最低的 1.64%,所属 7 个行业中技术效率没有出现恶化。

本书选取的 28 个行业按照国家统计局公布的轻重工业划分类别,轻工
业 12 个,重工业 16 个,轻工业包括除轻纺制造业中出木材加工、木、竹、藤、
棕制品业之外的 11 个,加上资源加工业中的化纤制造业。轻工业的全要素
生产率为 3.50%,其中技术进步 3.63%,效率改进为－0.13%;重工业的全
要素生产率高于轻工业为 4.28%,其中技术效率为 0.9%,技术进步为
3.35%。轻重工业的全要素生产率、技术进步、效率基本在制造业整体水平
附近波动,整体差别并不明显。

表 6—7　不同类别制造业全要素生产率情况

行业分类	ML			TC			EC		
	Avr	Max	Min	Avr	Max	Min	Avr	Max	Min
轻纺制造业	3.61%	12.90%	0.11%	3.69%	12.90%	0.00%	−0.07%	2.37%	−5.44%
资源加工业	1.36%	3.81%	−0.42%	1.26%	3.52%	0.00%	0.10%	1.60%	−0.55%
机械电子业	7.95%	17.73%	1.76%	6.00%	13.41%	1.64%	1.84%	4.17%	0.01%

按照技术密度制造业可以化为高技术密度行业、中高技术密度、中低技术密度和低级书密度,28 个制造业行业中有 21 个属于低技术密度和中低技术密度,由此可见我国制造业目前还是以初级加工业为主的格局。低技术密度行业涵盖了轻纺制造业和资源加工业中的石油加工、黑色金属冶炼和金属制品业,平均的全要素生产率为 3.07%。低于行业平均水平,技术进步为 3.13%,效率改进为 −0.06%。中低技术密度行业有 6 个,主要是资源加工业行业,全要素生产率为 2.62%,其中技术进步为 2.20%,效率改进为 0.43%。低技术密度行业进步好于中低技术行业,说明技术提升对这些行业的边际产出大;中低技术密度行业技术效率好于低技术密度行业。

高技术行业包括医药制造业和通信设备制造业,平均的全要素生产率为 7.37%,技术进步为 7.45%,效率为微幅恶化。中高技术密度行业有 5 个,分别是通用设备制造业、专用设备制造业、电子机械、化学原料和仪器仪表制造,全要素生产率为 6.83%,接近于高技术行业的表现,其中技术进步为 4.48%,效率改进为 2.25%;相对于高技术密度行业的发展情况,中高技术密度行业的发展更加依赖于效率的改善。

从总体上看,制造业全要素生产率的增长动力主要依靠的是技术进步大幅提升,其中效率改进最大的是仪器仪表制造业,为 4.43%,10 个制造业行业出现了效率恶化,其余的则在 0—1% 之间波动;技术平均增长为 6%,导致这些行业技术进步的因素主要是规模经济、垄断经营和行业资本技术密集型优势。其中烟草加工业为高度垄断行业,市场化水平仅为 0.01%,仪器仪表制造业、通信设备制造业、化纤制造业和皮革毛发业规模较大,这些行业企业具有集中度较高,市场适度竞争带来的规模经营优势,仪器仪表行业具有行业特殊的资金技术密集型优势。普通机械中的农用机械制造属于国家产业政策重点支持项目使得整体行业受惠。

　　其他平均年增长率都在 3.0％左右。其中文体用品(-1.45％)、金属制品(-1.68％)和纺织(-1.82％)这三个行业比较特殊,出现了负增长,技术的小幅增长不足以弥补效率恶化带来的整体生产率的恶化,这主要是受行业低端技术老化,企业规模较小、竞争激烈影响,发展更多依赖中间投入,资本和劳动增加,这个研究结果与李小平、朱钟棣(2005)相同。

　　曼昆斯特—卢恩伯格生产指数将全要素增长分解成两部分,一部分是技术进步(TC)带来的产出增加,技术进步表示生产力提高带来的生产可能性边界的外移,产出能力的突破式增长;另一部分是效率改进(EC),效率改进表示的是管理方法和经营决策的得当导致工业生产经营的改善,环境污染的减少,成本节约等因素使得无效率低效率的变得有效率,产出增加。就增长结构而言,2001—2007 年间技术进步增长 3.58％,效率改进为 0.12％,技术进步对全要素增长的贡献率达到 90％以上。单个行业分析显示,效率改进在行业分布之间呈现高度分散格局,效率改进最大的行业是仪器仪表制造业(4.43％),其次是电气机械制造业业(4.17％),其余行业在 0.2％—1.5％之间,其中大于 1％的有 4 个行业。比较特殊的是造纸业、金属制品业和纺织业出现了效率恶化的情形,三个行业效率改进分别为 -0.99％,-1.77％和 -2.00％,这与这些行业受节能减排政策的影响比较大有关。

　　分析显示,1999—2008 年十年间我国工业增长主要依靠技术进步。与此同时效率对经济增长的贡献很小,甚至有些行业出现负增长。反映出工业发展和环境保护、资源节约之间的关系不协调。

　　分析表明 2001—2007 年期间我国工业行业取得较快的发展,技术进步是全要素增长率的主要动力,全要素生产率增长几乎全部来自于技术进步。对全要素增长的贡献在 80％以上,而效率则进步十分缓慢,甚至是负增长,成为全要素增长的阻碍,这个结论和涂正革、肖耿(2009)认为中国工业全要素增长主要依赖技术进步是相符合的。当然这也表明未来全要素增长在效率方面有巨大的提升可能,我国的工业企业在这方面有很好的发挥空间(涂正革,2005)。

三、全要素生产率的对比分析

　　为了分析环境因素对制造业经济绩效的影响,经济学者提出了环境全要素生产率的概念,即把环境污染作为坏产出纳入计算而得到的全要素生产率作为环境全要素生产率,而不考虑环境因素的则称之为市场全要素生产率。

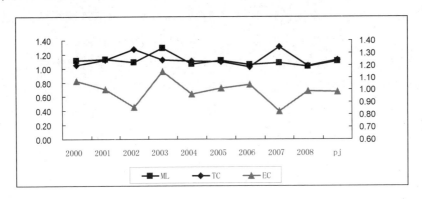

图6—6　制造业各年度平均全要素生产率

　　数据分析表明,市场全要素生产率平均值为10.66%,其中技术进步占12.40%,效率则出现负值,为-1.55%,"高技术进步、低效率"的方式非常明显。波动趋势基本上与环境全要素生产率一致,呈现先增长,后冲高回落,缓慢调整的态势,波动幅度比较环境全要素生产率剧烈一些。市场全要素相比环境全要素生产率的3.71%大幅高出近7个百分点,后者只相当于其34.8%,导致这个结果的主要原因是考虑环境因素的技术进步大大低于不考虑环境因素的情况,环境因素大大吞蚀了技术进步的成果。可见环境污染对制造业经济绩效有着非常大的负作用,再次说明了中国工业制造业高污染的特征。这个测算值与 Zheng et al.(2008)接近,他们计算的绿色TFP 大幅低于环境 TFP,大概相当于其 1/3 的结果。Zheng et al.(2008)认为导致这种结果的原因是技术进步大幅下降,由此得出生产率增长过分依赖于技术进步,这个结论与本书研究结果一致。

　　市场全要素生产率波动幅度较大,峰值达到28.9%,而最小值则只有3.20%,主要原因是效率的剧烈波动导致。技术效率并不理想,除了2002—2003 年度的爆发式增长外,其余各年增幅微小,并且六年出现恶化,已经严重阻碍了全要素生产率的增长;相比较而言,技术进步则比较均衡,一般在10%以上。我国工业制造业发展主要还是依靠技术的引进和革新,效率改进所依赖的经营管理水平提升、资源有效整合，充分利用、良好的协作分工等因素并没有得到提升。这仍是中国制造业行业在未来发展中必须正视的一个问题。

表6—8　市场全要素生产率与环境全要素生产率对比

行业名称	考虑两种坏产出			不考虑坏产出		
	ML	EC	TC	ML	EC	TC
I1	0.55%	−0.08%	0.63%	10.03%	−2.66%	13.03%
I2	0.77%	0.06%	0.70%	10.67%	−2.09%	13.03%
I3	0.58%	−0.15%	0.73%	12.01%	−2.88%	13.03%
I4	12.90%	0.01%	12.90%	15.28%	0.00%	15.28%
I5	0.32%	−0.15%	0.47%	9.91%	−2.76%	13.03%
I6	5.43%	−0.12%	5.57%	9.35%	−3.26%	13.03%
I7	4.59%	−5.44%	10.61%	12.47%	−0.49%	13.03%
I8	0.94%	0.11%	0.83%	15.60%	2.27%	13.03%
I9	5.85%	2.37%	3.39%	15.37%	2.07%	13.03%
I10	0.11%	0.14%	−0.03%	6.58%	−5.71%	13.03%
I11	4.30%	−0.18%	4.49%	8.52%	−3.99%	13.03%
I12	7.83%	2.75%	4.94%	6.73%	−5.57%	13.03%
I13	0.21%	−0.31%	0.53%	4.61%	−11.03%	17.58%
I14	0.30%	030%	0.00%	9.88%	−2.79%	13.03%
I15	1.66%	−0.13%	1.80%	7.11%	−5.24%	13.03%
I16	−0.42%	−0.55%	0.12%	10.81%	−1.96%	13.03%
I17	1.85%	0.21%	1.63%	5.90%	−6.31%	13.03%
I18	2.90%	−0.61%	3.52%	6.88%	−5.44%	13.03%
I19	3.81%	1.60%	2.22%	8.45%	−4.05%	13.03%
I20	0.82%	0.23%	0.58%	10.94%	−1.99%	13.19%
I21	1.14%	0.16%	0.98%	10.98%	−1.81%	13.03%
I22	1.76%	0.12%	1.64%	11.10%	−1.71%	13.03%
I23	3.64%	0.86%	2.76%	13.30%	0.24%	13.03%
I24	3.93%	1.58%	2.31%	11.49%	−1.37%	13.03%
I25	6.66%	1.79%	4.80%	13.10%	0.06%	13.03%
I26	9.41%	4.17%	5.03%	11.58%	−1.29%	13.03%
I27	13.41%	0.01%	13.41%	14.60%	1.62%	13.03%
I28	17.73%	4.43%	12.74%	17.77%	4.19%	13.03%

表 6−9　考虑 SO_2、工业废水的环境全要素生产率计算值

行业名称	考虑 SO_2			考虑工业废水		
	ML	EC	TC	ML	EC	TC
I1	0.65%	−0.14%	0.80%	0.20%	−0.09	0.29%
I2	0.94%	−0.08%	1.02%	0.55%	0.01%	0.54%
I3	0.78%	−0.12%	0.90%	0.44%	−0.29%	0.72%
I4	13.27%	0.01%	13.27%	13.30%	0.00%	13.30%
I5	0.27%	−0.26%	0.52%	0.16%	−0.15%	0.31%
I6	5.08%	0.71%	4.37%	0.58%	−1.50%	2.09%
I7	8.03%	0.88%	7.15%	10.18%	0.04%	10.15%
I8	0.18%	−0.17%	0.35%	0.87%	0.11%	0.77%
I9	4.74%	1.46%	3.26%	4.14%	−0.43%	4.56%
I10	0.12%	−0.02%	0.14%	0.05%	−0.00%	0.05%
I11	3.77%	−1.84%	5.61%	3.26%	−0.52%	3.79%
I12	7.90%	1.55%	6.35%	4.50%	−0.08%	4.58%
I13	−0.02%	−0.25%	0.23%	0.16%	−0.31%	0.47%
I14	0.18%	−0.04%	0.22%	0.20%	0.01%	0.19%
I15	1.54%	−0.20%	1.74%	0.58%	−0.22%	0.80%
I16	0.25%	−0.07%	0.31%	0.10%	−0.08%	0.19%
I17	0.65%	−0.14%	0.79%	1.77%	0.23%	1.54%
I18	1.51%	−0.95%	2.46%	2.79%	−0.71%	3.50%
I19	0.05%	−0.01%	0.06%	0.84%	0.08%	0.76%
I20	0.28%	−0.04%	0.31%	0.68%	0.19%	0.49%
I21	0.16%	0.01%	0.12%	1.01%	0.25%	0.76%
I22	2.06%	−0.21%	2.04%	0.57%	−0.38%	0.96%
I23	2.87%	−0.08%	3.09%	2.91%	0.26%	2.65%
I24	2.63%	1.54%	2.71%	2.74%	0.60%	2.15%
I25		7.21%	1.54%	5.67%	3.86%	0.59%
I26	9.17%	2.07%	7.10%	6.20%	1.22%	4.98%
I27	14.04%	0.01%	14.04%	5.76%	−0.55%	6.30%
I28	11.003%	4.40%	6.63%	5.21%	−0.05%	5.26%

　　四种情况下的全要素生产率波动方向呈现基本一致的态势,其中考虑两种污染条件下的全要素生产率相对于单独考虑一种污染的两种情况而言,并没有明显的差别。这似乎表明全要素生产率在不同污染物情况下的年度分布差别并不显著,应该着重考虑各个行业中环境全要素生产率和市

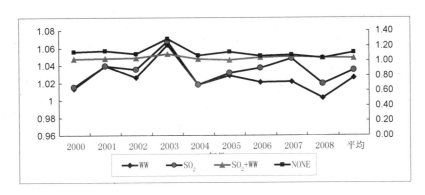

图6—7　四种情况下全要素生产率分布

场全要素生产率的差别。

　　分别考虑二氧化硫、工业废水的环境全要素生产率的情况,不同行业二者差别较大,本书规定差别在±6％内为显著差别,±2.5％为比较显著差别,±1％以内为微弱差别。其中17个行业全要素生产率差别在±1％以内,这说明超过一半的制造业中分别考虑二氧化硫和工业废水的环境全要素生产率差别并不明显。这有以下几个原因:首先可能是这些行业两种污染是并生的,并不存在偏重于某一种污染物;其次,由于工业制造业产生的污染物很多,除了二氧化硫、工业废水之外,还有固体废弃物,工业烟尘、工业粉尘、化学需氧量等,某些行业偏重的污染物本书没有纳入计算考核。

　　有3个行业出现显著差别,考虑二氧化硫条件下的服装纺织业、通信设备制造业、仪表仪器制造业的环境全要素生产率明显高于考虑工业废水的值,表明工业废水只是这些行业的主要污染物。比较显著的行业也是3个,分别是文体用品制造业、交通运输设备制造业和电气机械制造业,也是考虑二氧化硫的环境全要素生产率高于考虑工业废水的情况。

四、行业环境技术效率分析

　　环境技术效率表示"好"产品的实际产出量与环境技术结构下的边界产出量的比率。环境技术效率(ETE)与传统技术效率的区别在于产出边界不同。按照一定方向,方向性环境产出距离函数考虑"好"产品增加、"坏"产品减少的最大可能性。环境技术效率不仅测定"好"产品与最大"好"产品的差距也反映"坏"产品与最少"坏"产品的差距。环境技术效率指标可以测度工

业发展绩效与环境保护之间的协调性。环境技术效率值越大表明工业发展
与资源、环境之间的协调性越高,环境技术效率值等于1,表示该行业在28
个子行业中投入产出与污染排放之间处于最佳水平。

表6—10　1999—2008年各行业年度平均环境技术效率

行业	环境技术效率	行业	环境技术效率
I1	0.51	I5	0.54
I2	0.52	I16	0.56
I3	0.52	I17	0.54
I4	1.00	I18	0.61
I5	0.51	I19	0.66
I6	0.61	I20	0.51
I7	0.73	I21	0.53
I8	0.52	I22	0.54
I9	0.68	I23	0.59
I10	0.50	I24	0.58
I11	0.69	I25	0.67
I12	0.70	I26	0.74
I13	0.52	I27	1.00
I14	0.51	I28	0.72
重工业平均(16)	0.612	轻工业平均(12)	0.629
轻纺制造业(12)	0.626	资源加工业(9)	0.554
行业平均(28)	0.619	机械制造业(7)	0.692

　　本书选取的制造业28个行业平均环境技术效率为0.619,行业环境技
术效率指数分布在0.50到1之间,高于程丹润、李静(2009)1994—2006年
全国环境技术效率为0.55的平均水平。按照环境技术大小将协调性划分
为三个等级。环境技术效率值在0.7—1.0之间为高度协调,0.6—0.7之间
为较为协调,0.6以下为不协调行业。

表6—11 各工业子行业平均技术效率分布图

等级		行业
ETE≥0.7 高度协调行业	很高 2 TE=1	烟草加工业、通信设备制造业
	高 4 0.7≤TE<1	电气机械制造业、皮革毛发制品业、仪器仪表制造业、文体教育用品业
环境技术效率 中等 0.6≤TE<0.7 6 较协调行业		服装纤维制品制造业、家具制造业、印刷记录业、塑料制造业、非金属矿物制品业、交通运输设备制造业
环境技术效率差 0.5≤TE<0.616 较不协调行业		食品加工业、食品制造业、饮料加工业、纺织业、木竹藤棕制品业、石油加工业、化学原料、医药业、化学纤维制造业、橡胶制造业、黑色金属冶炼及加工业、造纸业以及纸制品业、金属制品业、普通机械制造业、有色金属冶炼及压延加工业、橡胶制造业

按照环境技术效率细分3个等级,其中工业发展与环境保护高度协调行业有6个,较为协调的行业是6个,不协调行业16个。烟草加工业、通信设备制造业环境技术效率最高等于1,这表明这两个行业投入产出与污染排放之间的组合在28个行业中是最先进的,较为协调行业环境技术效率内部差别较小,主要在0.65—0.70之间,有6个行业。较不协调的行业有16个,纺织业技术效率值最低为0.50,这说明纺织业投入产出组合在28个行业中很落后。

28个行业中轻工业占12个,重工业16个,整体而言,轻工业的环境技术效率平均值为0.629,高于重工业平均水平(0.612)。分开来看,6个高度协调行业中,轻工业有3个,占整个轻工业行业数量的25%,重工业3个,占比为18.9%。6个中度协调行业中,3个行业属于轻工业,重工业有3个,重工业领先于轻工业。但是在不协调行业里,重工业占了10个,轻工业只有6个。

轻工业在投入产出与环境保护之间的平衡性要高于重工业,重工业内部差别较大。这主要有两个原因,首先是行业规模和类别对效率有较大的影响,实践证明传统重工业一般规模很大,在发展过程中更多地依赖于高投入、高耗能,会消耗更多的资源,产生更严重的环境污染。其次重工业内部传统重工业和新兴重工业之间差别比较明显,导致整体平衡性下降。

　　轻纺制造业 12 个行业中环境技术效率平均值 0.626,高于行业总体水平的 0.612,大致和轻工业水平相近,主要原因是轻纺制造业大都属于轻工业;电子机械制造业 7 个行业环境技术效率高达 0.692,行业整体接近于高等协调水平;资源加工业环境技术效率最差,为 0.554,行业整体水平处在较不协调水平。分析表明环境技术效率主要受到制造业产品分类的影响。

第五节　结　论

　　本章借助曼奎斯特—卢恩伯格生产指数和数据包络分析对我国制造业 28 个子行业产出投入面板数据进行了测算分析,研究发现:

　　(1)1999—2008 年制造业 28 个行业的环境全要素生产率为 3.71%,大幅低于市场全要素生产率 10.66% 的水平,环境管制导致了中国全要素生产率的下降;制造业全要素生产率增长主要源自技术进步,效率改进出现恶化,环境技术效率已经严重阻碍了全要素生产率的提高,成为中国制造业发展的瓶颈。

　　(2)制造业各行业之间全要素生产率差别较大,其中电气机械制造业全要素生产率为 7.95%,高于轻纺制造业的 3.61%;资源加工业最低,为 1.36%。技术进步和技术效率同时导致了行业之间全要素生产率差距。电气机械制造业技术进步为 6.00%,大幅高于轻纺制造业和资源加工业,表明技术进步对中国制造业发展尤其关键。

　　(3)制造业分析期间,环境技术效率为 0.619,其中轻工业环境技术效率好于重工业,机械制造业环境技术效率最高,达到了 0.692;资源加工业最低,为 0.554。28 个行业中,行业发展与环境协调的有 6 个,协调性一般的行业有 6 个,很不协调的行业有 16 个,超过总行业的半数。这表明环境污染严重的行业全要素生产率较低,与其低水平的环境技术效率有关。

　　从一国经济发展阶段规律来看,在工业经济阶段,经济增长主要依靠大规模的物质资本的投入,而随着工业经济向现代知识经济的转变,技术进步,先进的管理水平,企业、生产组织方式的变革将会成为主导。针对目前我国制造业发展现状和本书的研究结论,提出以下对策及建议:

（1）提升企业经营管理水平,探讨企业发展新模式,提高行业技术效率。制造业在1999—2008年间发展较快,全要素生产率持续较快增长,实力进一步增强。但这主要是技术进步,效率改进贡献较小,局部行业有进展但整体比较缓慢,在一些行业,效率恶化已经阻碍了全要素生产率的增长。与此同时,工业行业整体增长主要是依靠技术进步,但技术进步对工业增长的贡献出现边际递减的趋势,效率改进的贡献逐步增加。这一方面说明我国制造业发展技术效率的薄弱,但从另一方面来讲,技术效率有很大的提升空间,将会成为中国制造业持续快速增长的新动力。

技术效率的提升需要企业提升经营管理决策水平,工业发展的技术含量在逐步增加,企业要开始着手“软实力”的开发,即依靠高水平的企业管理经营提高企业效率,从而促进经济的发展。效率改进对全要素贡献较小,说明在企业自主经营管理决策和公司法人治理、产权结构和市场化等方面还需要加强,通过管理来提升企业的经营效率。在技术进步出现饱和时,提升效率将会是企业竞争的重点,我国企业在这方面有很大的潜力,这也是未来中国企业努力的方向。

未来中国制造业需要技术革新,但更需要的是组织管理方式的革新,不断探讨改善现代企业经营管理、公司治理的新模式;加大员工的职业培训和规划;营造和谐、融洽的企业文化,这些都有利于企业所拥有的各种资源达到最大的使用。

（2）引进国外先进技术和自主研发不断提升制造业技术水平,实现产业升级。技术冲击、环境管制政策等外部因素导致全要素生产率内部结构发生较大变化,技术进步波动较大,效率改进就会有稳定且明显的增长。

加大对制造业科研投入,从西方各国制造业发展历程来看,充足的资金投入是实现制造业技术创新所必不可少的条件,政府在增加科研投入的同时,同时要建立相关激励机制,鼓励企业技术创新,实现技术水平升级。

企业应该成为技术创新的主体,通过自主创新,模仿创新和合作创新,不断提升行业科技水平,在未来相当长的一段时期内,技术进步仍将是中国工业行业发展的主要动力。工业企业在发展中,继续提升行业的技术水平,通过技术引进或者自主研发保持后发优势。

　　(3)在实现制造业快速发展的同时,要加强对环境的保护和工业增长方式的转变。大力发展高技术制造业,鼓励技术创新和转移,尤其是传统制造业内的技术创新和转移,利用高技术产业提升传统制造业的技术水平。技术水平较高的电气机械制造业除了为低水平的资源加工业、轻纺制造业提供精良、高效、环保的设备之外,还需要实现技术共享,将最先进的技术引入到轻纺制造业和资源加工业中。

　　调整工业经济结构,特别是改善工业的重型化问题是目前制造业工业之中存在的尤为突出的问题。环境污染严重是环境技术效率下降和影响经济绩效的重要原因,制造业是导致环境污染最主要的源头,因此实现经济又好又快发展的要求之一就是行业发展必须与环境保护相协调。制造业必须减少工业废水、SO_2 的排放,对环境污染严重的制造业行业采取改造、减产、迁移等措施。一方面利用高新技术行业改造传统制造业,加快工业经济结构升级、改善制造业与环境之间的关系;另一方面同时加大对传统重工业的转型整顿治理,对一些污染严重,产值较低的行业实行限产,乃至停产。这将有利于环境技术效率的提高,可以促进我国工业企业的环境与工业产值增长的协调有序发展,也有利于当前我国经济增长方式的调整和优化。

第七章　环境约束下的中国火电行业技术效率

第一节　引言

一、研究背景

(一)中国气候及大气状况

2009年年底,根据国际气象组织和英国气象局公布的数据显示,21世纪头十年是有气象记录的160年以来最热的十年,目前全球温度高于多年平均值0.44摄氏度(0.79华氏度)。总而言之,气候变暖的客观事实毋庸置疑。20世纪中期以来,全球平均气温的升高,已经对全球许多生态系统产生负面影响,其中生物多样性降低的趋势就是一个突出的例子。国际自然与自然资源保护联合会的一份研究报告指出,有1/8的鸟类、1/4的哺乳动物和1/3的两栖动物正濒临灭绝。更值得关注的是,由气候变暖所导致的冰川消融、海平面上升、干旱、酷热、流行性疾病等极端灾害现象,正在直接威胁着整个人类的生存和发展。而二氧化碳(CO_2)等温室气体的过度排放,是全球气候变暖的罪魁祸首。

除了CO_2等温室气体源源不断地向大气空间排放外,与此同时,由于工业经济的快速发展以及汽车消费的急剧增加,人类每年还向大气排放数以万吨计的二氧化硫(SO_2)等污染气体。SO_2是大气中最常见的污染物之一。英国伦敦、比利时的缪斯河谷和美国多诺拉等城镇大气污染中毒事件,皆与SO_2污染有关。SO_2对人的呼吸器官和眼膜具有刺激作用,吸入高浓度SO_2会导致各种疾病。长期吸入SO_2会引起慢性中毒,不仅使呼吸道疾病加重,而且还对肝、肾、心脏都有危害。此外,大气中SO_2对植物和建筑物也会产生破坏,特别是 SO_2 在大气中经阳光照射以及某些金属粉尘的催化,极易氧化成 SO_3,与水蒸气结合形成硫酸雾,严重腐蚀金属制品及建筑物,并使土壤和江河湖泊日趋酸化[①]。

　　改革开放 30 余年来,中国经济在取得飞速发展的同时,也出现了"高增长、高污染"的尴尬局面。目前,中国正处于工业化发展阶段,每年需要消耗大量的化石燃料,向大气排放难以计数的 CO_2 和 SO_2 等威胁人们健康和生存的有害气体。中国 CO_2 排放总量从 2000 年的 3383.61 万吨快速增长到 2008 年的 6896.54 万吨,年均增长率高达为 9.31%,2003 年更是环比增长了 17.43%。而 SO_2 排放总量从 2000 年的 1995.1 万吨增长到了 2008 年 2321.2 万吨,年均增长率 1.91%[②]。从表 7—1 和图 7—1 的资料可以看出,经历了 2003—2005 年的快速增长后,CO_2 和 SO_2 排放总量的增速都出现了逐渐放缓的趋势,SO_2 甚至出现了负增长。这与"十五"(2001—2005)、"十一五"(2006—2010 年)期间节能减排措施的累计成效初现,存在着密切的联系。然而,CO_2 和 SO_2 排放总量绝对值仍然处于较高的水平,以至于既面临着来自国际社会的巨大压力,又对中国环境造成了较大的破坏。

表 7—1　2000—2008 年 CO_2 和 SO_2 排放总量数据

年份	CO_2		SO_2	
	排放总量(万吨)	增长率(%)	排放总量(万吨)	增长率(%)
2000	3383.61	—	1995.1	—
2001	3457.71	2.19	1947.8	−2.37
2002	3650.26	5.57	1926.6	−1.09
2003	4286.66	17.43	2158.7	12.05
2004	4958.77	15.68	2254.9	4.46
2005	5466.27	10.23	2549.4	13.06
2006	5995.77	9.69	2588.8	1.55
2007	6466.09	7.84	2468.1	−4.66
2008	6896.54	6.66	2321.2	−5.95

　　资料来源:CO_2 排放数据来源于 BP 统计(2009),摘自金三林(2010);SO_2 排放数据则根据历年《中国统计年鉴》的资料整理得出。

---

　　① 资料来源:广东环境保护公众网,(http://www.gdepb.gov.cn/xcyjy/hjzs/hbabc/200502/t20050205_17904.html.

　　② CO_2 和 SO_2 的年均增长率为几何年均增长率。

中国正处于工业化发展阶段,一次能源结构以煤为主,且这种能源结构在未来相当长的时期内难以根本改变,使得未来控制以 CO_2 为代表的温室气体排放的难度很大,任务艰巨。若不能较好控制我国的温室气体排放,又会给我国的社会发展和环境保护带来重大的损失,甚至威胁着我们的生存[①]。同时,中国的 SO_2 排放问题,也越来越引起人们的关注。尤其是在人口密集的大城市或者工业城市,SO_2 过度排放所导致的酸雨问题不仅破坏着我们的生态环境,也严重威胁着当地居民的身心健康。因此,不管从外部压力,还是从内部保护环境的需要出发,减排工作都迫在眉睫。

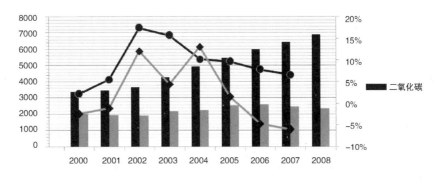

图 7—1　CO_2 和 SO_2 排放总量及增长速度

（二）火电既是污染主源,也是重要能源

CO_2 和 SO_2 的大量排放,将威胁着我们的生存与发展。在我国,火电行业是 CO_2 及 SO_2 的主要排放源。我国火电行业的生产燃料以煤炭、油品为主,据估计其生产过程中所产生的 CO_2 和 SO_2,分别约为全国总排放量的三分之一和二分之一。由于国内关于 CO_2 排放量的统计数据缺乏,使得无法准确地对火电行业和其他行业的排放量比重进行直观的对比。庆幸的是,关于各行业 SO_2 的排放数据是存在的。本书通过观察 2008 年的 SO_2 排放量数据,发现与化学、非金属制造与金属冶炼等其他重污染行业相比,火电行业在其生产过程中,排放了更多的 SO_2 气体,约占总排放量的 57%,是

---

① 根据 2008 年 10 月底发布的《我国应对气候变化的政策与行动》表明,气候变化将会对中国造成重大的影响,主要包括导致水资源分布变化,粮食减产,影响森林及其他自然生态系统,提升海平面等。这些都将会给人们的健康和国民经济的发展带来巨大损失。

SO_2 气体的主要排放源(见图 7—2)[①]。同时,它消耗着大量的煤炭、油品等化石燃料,也必定会极大增加温室气体 CO_2 的排放。

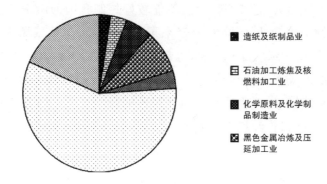

图例:
- ■ 造纸及纸制品业
- ▤ 石油加工炼焦及核燃料加工业
- ■ 化学原料及化学制品制造业
- ▨ 黑色金属冶炼及压延加工业

图 7—2　2008 年各行业 SO_2 排放比重

虽然火电生产排放着大量的 CO_2 和 SO_2,危害着环境,但是它在我国现阶段的能源结构中占有极其重要的地位。我国电力生产以火电为主,并且这种电力生产结构在未来较长一段时间内仍将维持。据《中国电力年鉴 2009》的资料显示,2008 年我国合计生产电力 34 334 亿千瓦时,其中火电、水电、核电、风电分别为 27 793、5633、684 和 128 亿千瓦时,所占结构比重各为 80.95%、16.41%、1.99% 和 0.37%(见图 7—3)。目前,我国是世界第二大电力生产国,火电的大量生产与供应为国民经济持续、快速的发展提供了源源不断的动力,作出了难以替代的贡献。

然而不可忽略的是,人均电力生产、消费水平还远落后于世界主要发达国家。从供应层面上看,2008 年我国电力行业装机总容量为 79 273 万千瓦时,每年生产电力共 34 334 亿千瓦。假若按照 13 亿人口计算,我国人均装机容量仅为 0.61 千瓦,人均发电量也只有 2641 千瓦/年,与发达国家存在着相当明显的差距(见表 7—2)[②]。从需求层面上看,当前我国人均电力消费还处于较低水平。而我国正处于工业化和城镇化的高速发展阶段中,可预知随着工业化和城镇化进程的进一步深入发展,人均电力消费需求必将继

---

① 各行业 SO_2 的排放数据来源于《中国统计年鉴 2008》。

② 由于最新数据的缺乏,在此只能引用世界主要国家 2001 年的数据与我国的人均电力指标进行比较。

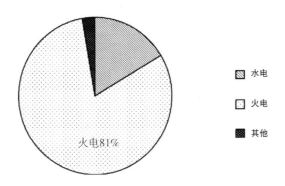

图 7—3　电力生产结构

续增加,增长潜力巨大。一方面是人均发电量处于较低水平,另一方面则是需求巨大,结果就往往容易导致电力供需出现紧张局面。例如,2004 年我国大部分地区就出现了较大规模的拉闸限电现象,曾给整个国家的生产和生活带来极大的影响,造成了巨额的经济损失。这一现象是我国电力供需不平衡矛盾的集中爆发,也拉响了电力危机的警钟。

表 7—2　世界主要国家 2001 年人均电力指标统计

国别	人均装机容量(kW/人)	人均发电量(kWh/人)
美国	3.2	13214
俄罗斯	1.49	6170.69
日本	2.06	8463
法国	1.96	8832
加拿大	3.58	18152
德国	1.47	6328
英国	1.33	6456
意大利	1.31	4814
西班牙	1.44	5892
澳大利亚	—	10706
瑞典	3.83	18303
韩国	1.13	6152

资料来源:《我国电力年鉴 2004》。

二、研究火电行业的意义

从上述内容可以看出,一方面我们的生产和生活离不开火电等电力供应,另一方面火电生产又破坏着我们赖以生存和发展的资源与环境。本书认为提高电力效率尤其是提高火电行业生产效率、减少污染气体排放,是破解当前我国经济发展中面临的电力供需紧张与环境污染两大困境的必经之路,是节能减排的有效手段。因此,关于火电行业环境绩效以及污染总量变化率分解的研究,具有非常重要的意义。它有利于客观评价火电行业的生产效率,也为如何减少污染物排放量提供了一定的方向。

(一)研究火电行业环境技术效率的意义

除了供需紧张外,整体而言,我国电力行业还存在着"高投入、低效率"的行业状况。2007年3月,由电力监督委员会、财政部、世界银行联合发布的《中国电力监管机构能力建设研究报告》指出,过去20年里,中国电力工业虽取得了巨大进步,但目前中国电力行业绩效依然存在问题,如效率较低。从表7—3可以看到,2008年我国火电行业单位发电煤耗为322克/千瓦时,而早在1990年,以日本和德国为代表的发达国家的相应值却分别只有317克/千瓦时、309克/千瓦时。也就是说,目前我国火电行业的生产效率与发达国家相比还存在着近20年的差距。

表7—3　中外火电厂发电煤耗比较统计(1990—2008)　单位:克/千瓦时

国家	1990	1995	2000	2005	2006	2007	2008
中国	392	379	363	343	342	332	322
日本	317	315	303	301	299	300	292
德国	309	322	309	301	306	—	—
韩国	332	322	311	302	300	—	—

资料来源:《中国能源统计年鉴2009》。

从环境层面来看,我国以火电为主的电力生产需要消耗数以亿吨的煤炭、石油等不可再生资源,还向大气空间排放着大量的 CO_2、SO_2 等有害气体,危害着我们的生存环境。由于上文已经对 CO_2、SO_2 等污染气体的相关内容进行了说明,在此不再赘述。

总的来说,我国电力供求紧张,"电荒"时有发生,且火电行业存在"高投入、低效率、高污染"的现状。在当前发展阶段,唯有提高我国火电行业环境技术效率,才能改变这一落后的现状。提高火电行业环境技术效率,首先要了解其处于何种水平。本书将在考虑 CO_2、SO_2 两种环境因素的情况下,利用方向性距离函数测算 2001—2007 年我国 30 个省、自治区、直辖市(除西藏外,以下统称"省")火电行业的技术效率。从省份、地区和整体的角度出发,开展对我国火电行业环境技术效率的认识与研究。

除了高投入、低效率和高污染问题存在外,《电力体制改革方案》的实施以及"十五"、"十一五"规划中关于火电行业节能减排目标的制定也是我们关注火电行业环境技术效率的原因之一。2002 年颁布的《电力体制改革方案》使我国电力体制改革迈出了重大步伐,实施厂网分开,重组发电和电网企业,打破行业垄断,为火电行业引入了竞争机制。同时,为了实现火电行业节能减排的目标,"十五"、"十一五"规划采取了关停小火电机组,装备脱硫设施,以及新建的燃煤发电厂尽量采用超临界和超临界机组等措施。这些措施既有利于火电行业整体技术水平的提高,也使火电生产面临更严厉地环境约束。那么,电力改革和节能减排措施对火电行业环境技术效率有何影响,值得探讨。

(二)对火电行业污染物进行分解的意义

火电为现阶段国民经济的持续发展提供了不可或缺的动力,其生产过程所导致的大气污染也令管理层头疼不已。因此,无论是"十一五"规划还是"十二五"规划,都将火电行业列为节能减排所重点监管的领域。那么,近年来我国火电行业 CO_2 及 SO_2 排放总量有何变化,减排的效果如何,需要我们去研究与探讨。虽然通过观察污染物排放总量的增减,在一定程度上也能够评估节能减排的成效,但是这种方法的缺点在于它将污染物总量的变化简单地与投入要素的多少相联系,而不是利用环境线性规划的思想。一般来说,在其他条件不变的情况下,企业投入的要素越多,其生产出来的"好"产出和伴随而来的"坏"产出也越多。所以简单地观察污染物排放总量变化并不能科学地评价节能减排成效,需要利用系统、科学和合理的方法进行研究[1]。

除了投入要素的多少外,技术状况、污染处理设备效率等因素也会对火电

---

[1]　"好"产出主要指合意的产出,例如火电行业所生产的火电;"坏"产出主要指非合意的产出,例如火电行业产生的 CO_2 和 CO_2 等大气污染物。

行业节能减排成效产生影响。本章将利用产出距离函数,基于联合产出框架下,同时对中国 30 个省火电行业的 CO_2 和 SO_2 的排放变化率进行分解,分解为技术效率变化(Changes In Technical Efficiency,简称 TECH)、技术进步(Technical Change,简称 TC)、投入增长率 IG(Input Growth,简称 IG);而 IG 又可分为非燃料投入增长率(Changes In Fuel Inputs,简称 IG—NF)、燃料投入增长率(Changes In Non—fuel Inputs,IG—F)两个部分)以及污染强度变化率(Changes In The Output Mix,OM)四个成分①。目前国内关于污染排放分解的文献极少,但是这样的分解却有助于我们更好地了解哪些因素对污染物排放总量的变化产生重要的影响,从而正确评价减排项目或措施的成效。总的来说,对污染物变化率进行分析,具有理论及现实意义。

第二节 文献综述

本节主要对火电行业环境技术效率和污染总量变化率的相关文献分别进行较为详细地介绍。对文献进行回顾,除了增进人们对相关研究发展的了解外,也希望能够从中突出本书研究的不同与贡献。

一、关于环境技术效率的文献

从 20 世纪 60 年代初开始,人们就已经利用各种方法对火电行业绩效进行研究。在此,本章将对相关文献进行回顾。

(一)国外火电绩效的研究

从 20 世纪 60 年代初开始,学者们日益重视火电行业绩效的研究。然而,早期关于火电行业绩效的研究一般是不考虑环境因素的。Mayer(1975)运用哑变量对美国公有和私营电厂的绩效进行了比较,检测由于所有权结构不同所造成的成本差异性,但是他没有将价格和技术的影响考虑进去。Pescatrice and Trapani (1980)也使用哑变量去测量美国国有和私营电厂之间生产率的不同。然而,区别于 Meyer 的是,他们使用的是一种超对数函数(Translog Function),电厂绩效由产出、投入价格以及技术决定。他们的结

---

① 污染强度,由生产一单位好产出所伴随某种污染物的多少来表示。

论是,国有电厂的单位成本低于私营电厂的 24%—33%,而私营电厂的低效率与企业最低回报率的限制有关。Dilorenzo and Robinson(1982)也得出了类似的结论,而 Atkinson and Halvoren(1986)则进一步指出,两者都存在价格非效率。Färe et al.(1985)首次使用数据包括分析(Data Envelopment Analysis,DEA)的方法,对电厂绩效进行了分析和比较。Färe et al.(1990)又通过曼奎斯特生产率指数(Malmquist Productivity Index),对 1975—1981 年间美国伊利诺伊州 19 个燃煤火电厂的生产率进行了研究,发现除了 1976—1977 年间减缓外,其余年份的平均生产率保持着相对稳定地增长。Necmiddin and Catherine(1996)采用非参数方法对土耳其电力行业建立了以公有电力企业的绩效作为绩效标杆后,结果发现私营电力企业呈现出比公有电力企业更高的技术效率和规模效率,并进一步从市场结构因素对公有电力企业非效率的原因进行了分析。Olatubi and Dismukes(2000)使用 DEA 的方法对美国燃煤电厂的成本效率进行了测算,认为资本配置的不当是导致 1996 年电厂效率低下最重要的原因。

　　火电行业是重要的污染排放源,因此忽略环境因素而测算出来火电行业的绩效是不科学的。1980 年以来,国外研究者逐渐把环境约束引入火电行业生产率增长分析中。Gollop 和 Roberts(1983)检验了环境管制对火电生产企业效率与生产率的影响,发现美国 1970 年颁布实施的空气洁净法令使得火电企业不得不使用价格更高的低硫燃煤进行生产,导致了 1973—1979 年生产率增长每年降低了 0.59%。然而,他们的研究忽视了法令颁布后 SO_2 排放的减少。Yaisawarng 和 Klein(1994)对火电行业的研究考虑了 SO_2 的排放,发现在 1985—1989 年期间,考虑 SO_2 排放而计算得出的生产率增长比不考虑 SO_2 排放下的提高了 1%。Färe,Grosskopf 和 Tyteca(1996)关于美国火电企业的文章为我们判断生产决策单位(Decision-Making Unit,简写为 DMU)的环境绩效提供了有效的方法,并且其构建的线性规划技术使得对大量相似 DMUs 的环境绩效比较成为可能。Korhonen and Luptacik(2004)将效率分解为相互联系的两部分:技术效率(这与有用的产出相关)和生态效率(这与无用的产出相关),在生态效率中基于期望有用产出更大而污染(非期望产出)更小,将污染看作是投入要素,并用这种方法估计了欧洲国家 24 个发电厂的效率。Surender and Shunsuke(2010)通过对美国 1995—2007 年的投入产出数据进行研究时发现,引入 SO_2 排污交易系统通过改变 SO_2 排放许可价格可以增加火电行业的电力产出,并减少 SO_2 的排放。然而,他们还认为,SO_2 排污交易系统的引入,带来的额外效益相对较小,因为它使得技术进步从原来年均增长约 8% 变为仅增长了 1%—2%。Färe et al. (2011)利用方向性距离函数的方法,测度了 1985—1998 年美国燃煤发电企业污染排放物的影子价格,发现了发电企业减少 SO_2 排放的同时,NO_x 却是增加的。两者存在相互替代的关系,得出了污染物之间相互影响,这是因为环境对某类污染物的管制变得严厉,使得企业转向于增加其他污染物的排放。

(二)中国火电绩效的研究

从 20 世纪 90 年代末开始,关于我国电力行业绩效的文献逐渐增多。Pun—Lee Lam 和 Alice Shiu(2004)利用数据包络分析(DEA)方法,在没有考虑环境因素下,发现 1995—2000 年中国火电行业全要素生产率增长了 2.1%,技术进步几乎解释了全要素生产率增长,并认为容量利用率和燃料效率对技术效率有重大影响,且国家电力公司(SPC)管辖外的省份拥有更高的技术效率。罗道平、肖笛(1996)应用数据包络分析技术,测算了八大电网的全要素相对生产率,研究了其规模效益及分类情况,并对计算结果进行了纵、横向的综合分析、比较,较好地解释、印证了八大电网生产实际,为决策层对经济系统进行综合比较、评价提供了有效的技术经济手段。腾飞和吴宗鑫(2003)采用数据包络分析(DEA)方法,利用 1991 年中国燃煤基本负荷电厂级数据,对全国电力企业的发电绩效作了初步的分析,发现在所有的成本低效率中,大约有 95% 的成本低效率是由于过度使用燃料引起的,其余的 5% 则是由于使用过度的劳动力引起的,因此认为"减员增效"并不是提高电力工业效率的捷径。孙建国和李文溥(2003)运用好随机前沿生产函数方法,对 18 个国家电力行业(1990—1997 年)的技术效率状态及技术效率变动、技术进步情况和全要素生产率的变化进行了实证分析。楼旭明等人(2006)通过采用数据包络分析(DEA)方法中的两个模型:C^2R 模型和 C^2GS^2 模型,对我国电力在 1981—2001 年间的改革绩效进行评价,评价结果发现在此期间我国电力改革的相对规模有效性与相对技术有效性均变化不大,并由此认为,近 20 年我国电力改革绩效不明显。陶峰等人(2008)以 2002—2005 年各省区市发电行业的 DEA 技术效率值为基础,利用面板数据的固定效应模型考察和识别了电力体制转型期间产权结构、市场结构、燃料成本和技术对发电行业技术效率的影响。他们的实证结果表明:国有资产比重过高和小机组的大量存在会损害发电行业的技术效率;企业规模和技术效率之间呈"U"形关系;煤炭价格与技术效率显著负相关,而出厂电价与技术效率显著正相关;运输费用是燃料成本的重要构成部分,煤炭稀缺程度将影响地区发电行业技术效率;行业竞争程度与技术效率的关系尚难确定。

虽然火电行业全要素效率或技术效率逐渐受到我国学者的重视,但是只有极少的文献考虑了环境约束。白雪洁、宋莹(2008)利用 DEA 三阶段分析法对 2004 年中国 30 个省(自治区、直辖市)火电行业进行了排除环境变量和统计噪音影响的技术效率分析,其结果表明很多省份火电行业效率水平的确受到地区经济发展水平、资源禀赋等环境变量和好坏运气的影响,在同质经营环境下规模效率不高的问题更为突出。根据纯技术效率和规模效率的水平,文章将中国各省火电行业的发展分为四种类型,并针对 13 个纯技术效率并非完全有效的省,提出资金节约型、资源节约型、劳动节约型和环境友好型四种提升模式,最后得出上大压小、严格资源的集约利用标准等宏观政策建议。白雪洁、宋莹(2009)基于效率的视角,利用三阶段 DEA 从非规制、弱规制、强规制三个层次分析环境规制程度与中国火电行业效率的关系,得出环境规制可以提升中国火电行业整体的效率水平的结论,并将中国各地区火电行业的发展模式划分为内力驱动环境友好型、环境弱友好型和外力推动环境友好型三种。白雪洁、宋莹(2008)将污染物简单地作为投入处理,而白雪洁、宋莹(2009)则是按照 Seiford and Zhu(2002)的方法将污染物进行转换,从而使其具有产出的特性。然而,Färe and Grosskopf(2004)早就对这两种方法进行了批评,并建议用方向性距离函数(Directional Distance Function)将污染物作为"坏产出"纳入分析框架中。Yang and Pollitt(2009)尝试通过提出 6 个基于 DEA 绩效评估的模型,同时考虑这个问题来评价中国煤电发电行业的样本。王兵、卢金勇和陈茹(2010)在考虑

环境因素 SO_2 情况下,运用方向性距离函数测度了中国 30 个省(除西藏外)火电行业 2001—2007 年的技术效率,并对技术效率影响因素进行了实证分析。王兵、卢金勇和陈茹(2010)的研究美中不足的地方是,只考虑了 SO_2 一种环境因素,而忽略了 CO_2。

(三)文献小结

基于上述文献研究的不足,本书将在同时考虑 SO_2、CO_2 两种因素的前提下,利用方向性距离函数测算 2001—2007 年我国火电行业的技术效率,并对影响技术效率因素进行实证分析。至于方向性距离函数,目前国内学者还没有将这种较为先进的方法运用到我国火电行业技术效率的研究当中。方向性距离函数具有优越性,它不需要污染物(可称为"坏"产出)的价格信息,只需要得到各种污染排放物的数量就能将环境因素纳入效率研究当中。它的主要思想是:既要求产出增加,又要求污染减少。这符合我国经济与资源、环境协调发展的战略。

此外,需要注意的是,在我们研究期间实施的《电力体制改革方案》以及"十五"、"十一五"规划中制定的火电行业节能减排目标,都可能在一定程度上对火电行业技术效率产生影响[①]。因此,本书还将初步探讨电力改革和节能减排措施对环境约束下的火电行业技术效率的作用如何。

二、污染分解的文献综述

在本节中,对与污染总量变化率分解有关的文献进行回顾。早期,学者关注更多的是导致 CO_2 发生变动的驱动因素。早在 20 世纪 80 年代末,以 CO_2 为主的温室气体所引起的全球变暖问题就逐渐引起了人们的关注。同时,人们也在思考是什么因素影响着温室气体总量排放的变化。因此,一些学者开始着手构建模型,以 CO_2 变化率为研究对象,将其分解为几个部分,探讨它们对 CO_2 总量的增减产生着怎样的影响。

(一)国外的分解研究

此前,国外流行的分解技术方法主要存在两种:一种为结构分解分析模

---

① 2002 年颁布的《电力体制改革方案》,使我国电力体制改革迈出了重大步伐。"十五"和"十一五"规划则对火电行业的节能减排作出了明确规定。

型(Structural Decomposition Analysis Models,SDA),另一种则是指数分解模型(Index Decomposition Models,ID)。

SDA 模型是基于数量经济学里的投入和产出模型构建而成的,Rose and Casler (1996)对其基本原理、主要特征以及相关文献进行了介绍与总结。SDA 是目前投入产出技术领域普遍使用的量化分析工具,它在描述因素的时间序列方面有着较为突出的优势,其基本思路是将经济结构中某一重要的因素的变动分解成有关自变量各种形式的变动,以测量各自变量对因变量变动贡献的大小。Casler and Rose(1998),Chang and Lin(1998),Munksgaard et al. (2000)和 Chang et al. (2008)等也都曾利用 SDA 对 CO_2 进行分析。Casler and Rose (1998)利用 SDA 中的二级 KLEM 模型,对 1972—1982 年间美国 CO_2 的变动进行了分解,其结果表明能源与其他投入之间的代替所产生的巨大作用是美国 CO_2 下降的主要原因。Munksgaard et al. (2000)则对丹麦 1966—1992 年的 CO_2 进行了分解,得出的结论是私人消费的增长是 CO_2 排放增加的关键。Chang et al. (2008)投入产出型 SDA 对中国台湾的 CO_2 变化率进行了分解,认为电力消费的快速增长是 1999—2004 年 CO_2 大量增加的主要原因。目前,SDA 模型已经被广泛应用经济系统的各个领域,并取得了很多经典的结果。

而 ID 模型的产生则起源于 20 世纪的两次石油危机。20 世纪 70 年代,两次石油危机重创了工业化国家的经济,各国政府开始推行一系列旨在提高能源效率的节能政策,理论界也更加注重对改进能源效率内在机制的研究。80 年代中期,借鉴了投入—产出分析方法的能源强度指数分解模型(ID)应运而生,利用它可以观察经济增长过程中能源强度变动的主导效应(师博,2007)。在分解中,ID 模型主要是利用指数的思想,可以用于测量与"坏"产出变化有关的要素的相对重要性,使用此方法的相关文献有 Lin and Chang(1996),Selden et al. (1999),Hammer and Lofgren(2001),Cherp et al. (2003),Lin et al. (2006)以及 Diakoulaki and Mandaraka(2007)等。其中,Lin et al. (2006)运用 ID,将中国台湾工业行业的 CO_2 变化率分解成排放系数、能源强度、工业结构以及经济增长四个部分,并认为经济增长和较高的能源强度是工业 CO_2 快速增加的重要因素;Diakoulaki and Mandaraka

(2007)利用 SDA 中 Laspeyres 模型,将欧盟 14 个国家 1990—2003 年的工业 CO_2 分解成五部分,发现能源强度的下降以及发展清洁能源有利于减少污染。

Hoekstra and van den Bergh(2003)对 ID 和 SDA 进行了比较,指出它们的区别除了模型构建原理不一致外,还包括 ID 对研究数据的要求较 SDA 低,但其分析结果却没有 SDA 的细致等。Aiken and Pasurka(2002)在对 SO_2 分解时,指出了治污活动的有效性问题将有可能导致 ID 模型和 SDA 模型产生偏差的结果,原因是这两种模型过于严格的生产技术限制。

除了 ID 和 SDA 这两种模型外,国外一些学者从产出理论框架出发提出了不同的分解方法,如 Pasurka(2006),Wang(2007)和 Zhou and Ang(2008)等。其中,Pasurka(2006)利用美国 92 个燃煤电厂 1985 年到 1995 年的数据,通过联合产出分解模型对污染物 SO_2、NO_x 进行了分解,分解成技术效率变化、技术进步、投入增长率以及污染强度变化率四个成分,探讨哪个成分是导致研究期间美国燃煤电厂 SO_2、NO_x 排放量下降的重要因素。其研究结果认为 SO_2 排放量的下降主要与污染强度变化率有关,而 NO_x 排放量的下降则主要可以用燃料消费的减少和污染强度变化率来解释。与 SDA 和 ID 相比,Pasurka 的联合产出模型对数据的要求性并不高,只需要生产单位的总投入和总产出的数据即可,而且其分解结果也较为细致。此外,它还具有两个优点,一是该模型可以解决面板数据的分解问题,另一个是其同时对两种污染物进行分析。本书的研究将采用 Pasurka(2006)的联合产出模型对我国各省火电行业的生产过程中产生的污染物 CO_2、SO_2 进行分解的,分析影响它们变动的主导效应有哪些。

(二)中国的分解研究

目前,关于中国污染物变化率分解的相关文献还较少。Fan et al.(2007)利用 ID 模型中的 AMDI 分解法(Arithmetic Mean Divisia Index),探析什么因素导致了 1980—2003 年间中国碳强度的下降。他们认为,能源强度的减少是碳强度下降的主要原因,并且指出仅考虑能源强度是不够。Guan et al.(2008)则利用 SDA 模型以及投入—产出分析,测度 1980—2030 年间中国 CO_2 排放变化的驱动因素。Guan et al. 认为,消费、投资和出口的

增加将极大导致 CO_2 排放量的提高,并预测到 2030 年 CO_2 排放量将是现在的 3 倍左右。同时,他们认为效率的改善,只能够部分地减少 CO_2 的排放,CO_2 的大幅增加难以避免。

国内方面,徐国泉等(2006)基于碳排放量的基本等式,采用对数平均权重 Divisia 分解法(Logarithmic Mean Weight Divisia Method, LMD),建立中国人均碳排放的因素分解模型,定量分析了 1995— 2004 年间,能源结构、能源效率和经济发展等因素的变化对中国人均碳排放的影响,结果显示经济发展对拉动中国人均碳排放的贡献率呈指数增长,而能源效率和能源结构对抑制中国人均碳排放的贡献率都呈倒 U 形。这说明能源效率对抑制中国碳排放的作用在减弱,以煤为主的能源结构未发生根本性变化,能源效率和能源结构的抑制作用难以抵消由经济发展拉动的中国碳排放量增长。刘红光、刘卫东(2009)借助 ID 模型中的 LMDI 分解法(Logarithmic Mean Divisia Index)分析了我国 1992—2005 年间工业燃烧能源导致碳排放的影响因素。他们的结果显示我国经济总量的增长、能源利用效率低以及以煤为主的能源消费结构是导致我国碳排放大量增加的主要原因。而技术、行业产值结构、能源结构等因素的变化对碳减排的作用并不明显。最后,他们得出的结论是,加快技术进步、调整产业结构和能源结构、发展清洁能源发电,以提高能源利用效率、转变能源消费结构,可以有效减少工业碳排放量。赵奥、武春友(2010)基于改进的 Kaya 等式和 LMDI 分解法,对 1990—2008 年间中国 CO_2 排放量变动的影响因素进行效应测算与贡献率分析,研究表明:CO_2 排放量变动的影响因素可以分解为排放强度效应、能源强度效应、经济效应和人口效应;经济效应和人口效应刺激 CO_2 排放量增长,排放强度效应和能源强度效应抑制 CO_2 排放量增长,但这种抑制作用难以抵消由经济效应拉动的 CO_2 排放量的增长。

可见,以上关于中国污染物变化率分解的文献使用的方法主要是 ID 或 SDA 模型。前面已经提过,这两种模型过于严格的生产技术限制可能会使测算结果出现偏差。此外,相关文献几乎没有将火电行业单独列为一个研究对象。

第三节　研究方法

为了测算中国火电行业的环境技术效率以及对污染总量变化率进行分解,本章将分别介绍方向性距离函数和分解模型。由于分解模型在国内文献中较为少见,因此本书将着重阐述该模型。

一、环境技术效率的研究方法

经济学家很早就认识到,由于没有考虑"坏"产出而使得全要素生产率的测度出现偏差。Pittman(1983)在对威斯康星州造纸厂的效率进行测度时,发展了Caves et al.(1982)超对数生产率指数,第一个尝试了在生产率测度中引入"坏"产出。在研究中,Pittman(1983)用治理污染成本作为"坏"产出价格的代理指标。从此以后,大量的研究者开始将环境污染变量纳入到估计的生产模型中,主要的思路有两个:一是,将污染变量作为一种投入(如,Hailu和Veeman,2001);二是,将污染变量作为具有弱可处置性的"坏"产出(如Chung et al.,1997)。本书主要是运用Chung et al.(1997)在测度瑞典纸浆厂的全要素生产率时介绍的一种新函数——方向性距离函数来测度环境约束下中国火电行业的技术效率。

(一)环境技术

为了将环境因素纳入效率分析的框架中,我们首先需要构造一个既包含"好"产出,又包含"坏"产出的生产可能集。Färe et al.(2007)将这种生产可能集称为环境技术(The Environment Technology)。用产出集合模拟环境技术:

$$P(x) = \{(y,b):x \text{ 可以生产}(y,b)\}, x \in R_+^N \tag{7.1}$$

集合 $P(x)$ 是指 N 种要素投入 x 所能生产的"好"产品 y 与"坏"产品 b 的所有组合。投入向量表示为 $x = (x_1, \cdots, x_N) \in R_+^N$;"好"产品向量表示为 $y = (y_1, \cdots, y_N) \in R_+^M$;"坏"产品表示为 $b = (b_1, \cdots, b_N) \in R_+^I$,指生产过程中排放的污染物,如废气、废水等。本书中是指火电行业产生的主要污染物 CO_2 和 SO_2。此外,环境技术的产出集合 $P(x)$ 具有联合弱可处置性(Jointly Weak Disposability)、强可处置性(Strong or Free Disposability)、零

结合公理(Null—jointness Axion)或称为副产品公理(Byproducts Axiom)、投入的自由可处置性(Free Disposability)四个特征(详见王兵等,2008;涂正革,2008)。

假设在某时期 t(t=1,…,T)的某省 k(k=1,…,K)的投入和产出值为 $(x_{kn}^t,y_{km}^t,b_{kj}^t)$。运用数据包络分析(DEA)可以将满足上述特征的环境技术模式表示为:

$$P^t(x^t) = \left\{ \begin{array}{l} \sum\limits_{k=1}^K z_k^t y_{km}^t \geqslant y_{km}^t, m=1,\cdots,M; \sum\limits_{k=1}^K z_k^t b_{kj}^t = b_{kj}^t, j=1,\cdots,J \\ \sum\limits_{k=1}^K z_k^t x_{kn}^t \leqslant x_{kn}^t, n=1,\cdots,N; z_k \geqslant 0, k=1,\cdots,K \end{array} \right\} \tag{7.2}$$

(二)方向性距离函数

环境技术实际上给出了环境产出的可能前沿,即在给定投入 x 条件下,最大产出、最小污染的集合。Chung et al. (1997)根据 Luenberger(1992,1995)短缺函数(Short Function)的思想构建了方向性环境距离函数:

$$\vec{D}(x,y,b,g) = \sup\{\beta:(y,b)+\beta g \in p(x)\} \tag{7.3}$$

$g=(g_y,g_b)$是"好"产出和"坏"产出扩张和缩减的方向向量。对于给定投入 x,当产出 y 和污染 b 按照相同比例扩张和收缩,β 就是产出 y 增长、污染物 b 减少的最大可能数量。因此,方向性距离函数值衡量了生产者相对于前沿环境技术水平,非效率(Inefficiency)的大小程度。我们通过解数学线性规划来计算方向性距离函数:

$$\vec{D}_o^t(x_k^t,y_k^t,b_k^t,y_k^t,-b_k^t) = \text{Max}\beta$$

$s.t.$

$$\sum_{k=1}^K z_k^t y_{km}^t \geqslant (1+\beta)y_{km}^t, m=1,\cdots,M,$$

$$\sum_{k=1}^K z_k^t b_{kj}^t = (1-\beta)b_{kj}^t, j=1,\cdots,J,$$

$$\sum_{k=1}^K z_k^t x_{kn}^t \leqslant x_{kn}^t, n=1,\cdots,N, z_k^t \geqslant 0, k=1,\cdots,K \tag{7.4}$$

方向性距离函数的值如果等于零,表明这省的生产处于生产可能性边界上,具有技术效率,否则表示技术无效率。为了将方向性距离函数转换为符合值越大技术效率越高的指标,我们根据 Chung et al. (1997),利用式(7.5)进行转换:

$$TE(x_k^t,y_k^t,b_k^t,y_k^t,-b_k^t) = \frac{1}{1+\vec{D}_o^t(x_k^t,y_k^t,b_k^t,y_k^t,-b_k^t)} \tag{7.5}$$

二、污染分解的研究方法

由于目前国内文献缺乏关于联合产出框架下的污染物分解模型的介绍,因此我们认为有必要对此进行较为详细的阐述。那么,接下来我们将主要根据 Pasurka(2006)的文献对污染排放分解模型进行介绍,首先引入基于产出的距离函数作为模型的基础,然后通过公式的转换将污染物增长率分解成几个部分。

(一)基于产出的距离函数

为了构建联合产出的距离函数,假设"坏"产出为弱可处置,也就是说"坏"产出的减少必须以"好"产出的减少为代价。这是因为,减排需要相应的投入,从而占用了生产"好"产出的部分资源,导致了一定资源条件下"好"产出的减少。这表明减排需要成本,同时也将环境管制的思想引入到我们的研究中。接着根据 Färe et al. (1994a)的方法,我们假设在时期 t=1,…,T 内,第 k=1,…,K 个生产单位的投入产出集为 (x_k^t, y_k^t, b_k^t) [①]。因此,构建的环境技术 $S^t(x_k^t)$ 可以表示为:

$$S^t(x^t) = \{(y^t, b^t): \sum_{k=1}^{K} z_k^t y_{km}^t \geqslant y_{km}^t, \quad m = 1, \cdots, G$$

$$\sum_{k=1}^{K} z_k^t b_{ki}^t = b_{ki}^t, \quad i = 1, \cdots, B$$

$$\sum_{k=1}^{K} z_k^t x_{kn}^t \leqslant x_{kn}^t, \quad n = 1, \cdots, N$$

$$\sum_{k=1}^{K} z_k^t = 1, z_k^t \geqslant 0, \quad k = 1, \cdots, K\} \tag{7.6}$$

在模型(7.6)中,z_k^t 代表第 k 个生产单位在 t 时期时的权重,以此来构建研究对象的生产前沿。"好"产出和投入变量的不等式约束意味着"好"产出和投入是自由可处置的。"坏"产出的等式约束,则表示"好"产出和"坏"产出联合起来是弱可处置的,也说明了环境管制的思想。在研究中,我们假设规模报酬是不变的。

此外,我们假设"坏"产出符合"零结合公理"(Null-joint),即每一种"坏"产出至少被一个生产单位所生产且每一个生产单位至少生产一种"坏"

[①] x 代表投入,y 代表"好"产出,b 代表"坏"产出(如 SO_2、CO_2 等污染物)。

产出,其用数学公式可表示为(Färe et al.,2001):

$$\sum_{k=1}^{K} b_{ki}^t > 0, i = 1, \cdots, I \tag{7.7a}$$

$$\sum_{i=1}^{I} b_{ki}^t > 0, k = 1, \cdots, K \tag{7.7b}$$

利用距离函数,Färe et al.(1994b)将生产率变化分解为技术效率变化和技术进步两个成分。而 Li and Chan(1998)扩展了 Färe et al.(1994b)的模型,将产出变化分解为技术效率变化、技术进步和投入变化。Pasurka(2006)的分解模型在 Li and Chan(1998)的模型上进行了三个改动。首先,引进"坏"产出并且假设其具有弱可处置性;其次,对投入变化进行了分类,分成了非燃料投入变化和燃料投入变化两个部分;再次,测量了污染强度变化率对"坏"产出变化的影响。

Pasurka(2006)污染排放分解模型需要构建 6 个不同的产出的距离函数。第一个距离函数为(Färe et al.,1994b):

$$D_o^t(x^t, y^t, b^t) = \inf\{\theta : (x^t, y^t/\theta, b^t/\theta) \in S_r^t(x^t)\} \tag{7.8}$$

从这里我们可以看到,Pasurka(2006)假设"好"产出与"坏"产出是同比例变化的。他这样假设的理由是,在环境管制下,当将部分资源用于减排项目时,既使"坏"产出减少,也导致了"好"产出下降;相反,"好"产出增长时,"坏"产出也随之增加。$D_o^t(x^t, y^t, b^t)$ 表示的是以 t 时期的生产技术为参照,投入为 x^t 的情况下最大可能产出与实际产出的比率的倒数。当 $D_o^t(x^t, y^t, b^t) = 1$ 时,表示该生产单位技术为有效,若 $D_o^t(x^t, y^t, b^t) < 1$ 时,表示该生产单位技术为无效。类似的表达和解释适用于 $D_o^{t+1}(x^{t+1}, y^{t+1}, b^{t+1})$。第三个距离函数为跨期的距离函数:

$$D_o^t(x^{t+1}, y^{t+1}, b^{t+1}) = \inf\{\theta : (x^{t+1}, y^{t+1}/\theta, b^{t+1}/\theta) \in S^t(x^t)\} \tag{7.9}$$

公式(7.9)在 t 时期的生产技术下,其投入产出为 $x^{t+1}, y^{t+1}, b^{t+1}$,即存在跨期。$D_o^t(x^{t+1}, y^{t+1}, b^{t+1})$ 表示为以 t 时期的生产技术为参照,投入为 x^{t+1} 的情况下最大可能产出与实际产出 (y^{t+1}, b^{t+1}) 的比率的倒数。类似的表达和解释适用于 $D_o^{t+1}(x^t, y^t, b^t)$, $D_o^{t+1}(x^{t+1}, y^t, b^t)$ 和 $D_o^t(x^t, y^{t+1}, b^{t+1})$。

为了更好地理解距离函数,将以 $D_o^t(x^t, y^t, b^t)$ 为例,结合图 7—4 来进行解释。在图 7—4 中,0JKBC 代表的是在投入为 x^{t+1} 时,包含了所有产出向

量 (y^{t+1}, b^{t+1}) 的环境技术 $S^t(x_k^t)$。0JKBC 的边界为生产的前沿,其向外移动代表着技术的进步,反之则是技术的后退。假设 a 为研究的观测值,那么 $D_o^t(x^t, y^t, b^t)$ 等于 $\frac{oa}{ob}$,即表示:在既定的技术条件下,从观测值 a 到达处于生产前沿的 b 时,y^t 和 b^t 需要扩张倍数的倒数。

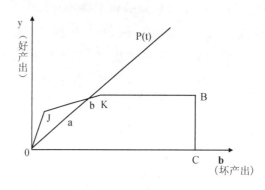

图 7—4　联合产出模型(一)

(二)污染排放的分解

由于 Pasurka(2006)的污染排放分解模型,主要是对污染物排放增长率进行分解,以此分析污染排放变化的主要是由什么因素影响的。因此,假设 b_i^t 表示 t 时期第 i 种污染物的数量,b_i^{t+1} 表示 $t+1$ 时期第 i 种污染物的数量,那么第 i 种污染物的变化指数可以表示为:

$$\Delta EMIT_i = \frac{b_i^{t+1}}{b_i^t} \tag{7.10}$$

若 $\Delta EMIT > 1$,说明污染物 b_i 的数量相比于上期,出现了增长;若 $\Delta EMIT < 1$,说明污染物 b_i 的数量相比于上期,出现了下降;若 $\Delta EMIT = 1$,说明没有变化。图 7—5 引入了 $t+1$ 期投入与 $t+1$ 期技术限制下的生产前沿 0QRSIC(见图 7—5),因此根据几何原理,$\Delta EMIT$ 等于 $\frac{oi}{oa}$。

紧接着,可以将公式(7.10)通过距离函数表示成:

$$\Delta EMIT_i = \frac{b_i^{t+1}}{b_i^t} = \frac{D_o^{t+1}(x^{t+1}, y^{t+1}, b^{t+1})(b_i^{t+1}/D_o^{t+1}(x^{t+1}, y^{t+1}, b^{t+1}))}{D_o^t(x^t, y^t, b^t)(b_i^t/D_o^t(x^t, y^t, b^t))} \tag{7.11}$$

再转换成:

$$\Delta EMIT_i = \left[\left(\frac{D_o^{t+1}(x^{t+1}, y^{t+1}, b^{t+1})}{D_o^t(x^t, y^t, b^t)}\right)\right]\left[\left(\frac{D_o^t(x^t, y^t, b^t)}{D_o^{t+1}(x^t, y^t, b^t)}\right)\left(\frac{D_o^t(x^{t+1}, y^{t+1}, b^{t+1})}{D_o^{t+1}(x^{t+1}, y^{t+1}, b^{t+1})}\right)\right]^{\frac{1}{2}}$$

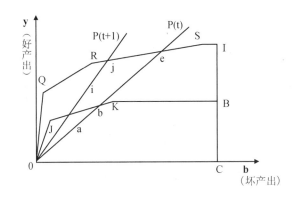

图 7—5　联合产出模型图(二)

$$\times\left[\left(\frac{D_o^{t+1}(x^t,y^t,b^t)}{D_o^{t+1}(x^{t+1},y^t,b^t)}\right)\left(\frac{D_o^t(x^t,y^{t+1},b^{t+1})}{D_o^t(x^{t+1},y^{t+1},b^{t+1})}\right)\right]^{\frac{1}{2}}$$

$$\times\left[\left(\frac{\dfrac{b_i^{t+1}}{D_o^{t+1}(x^{t+1},y^{t+1},b^{t+1})}}{\dfrac{b_i^t}{D_o^{t+1}(x^{t+1},y^t,b^t)}}\right)\left(\frac{\dfrac{b_i^{t+1}}{D_o^t(x^t,y^{t+1},b^{t+1})}}{\dfrac{b_i^t}{D_o^t(x^t,y^t,b^t)}}\right)\right]^{\frac{1}{2}} \tag{7.12}$$

公式(7.12)可以理解为:

$$\Delta EMIT_i = TECH_i \times TC_i \times IG_i \times OM_i \tag{7.13}$$

其中,TECH、TC、IG、OM 分别表示与污染物的变化指数有关的技术效率变化、技术进步、投入增长率、污染强度变化率。TECH、TC、IG 对于不同的污染物而言都是相同的,但 OM 则会因为污染物的不同而存在着差异,从而使不同污染物的 ΔEMIT 不相同。OM 用来表示生产单位"好"产出时的"坏"产出的变化情况。若 OM 下降,则说明在生产过程中,为了生产一单位"好"产出而所产生的"坏"产出下降了;反之,"坏"产出增加了。OM 反映的是"坏"产出沿着生产前沿上的变动,它可能与环境管制诱发的技术变化存在联系。当构造包括"好"产出与"坏"产出在内的联合产出函数时,技术进步有多种定义。本书对技术进步的定义是"好"产出与"坏"产出同比例的扩张。这种定义的优点是能够分别计算 TC 和 OM。从公式(7.13)可以看到,若 TECH、TC、IG、OM 大于 1,则 ΔEMIT 增大;反之,则减小。效率改进和技术进步将会促进"好"产出的增长,根据"好"产出与"坏"产出是同比例变化的假设,也会导致"坏"产出的增加。

　　此外,由于投入 x 包括非燃料投入(如资本、劳动力等)和燃料投入(如

煤炭、石油、天然气等)两大类,因此 t 期到 $t+1$ 期的投入增长率还可以分解成:

$$IG_t^{t+1} = \left[\left(\frac{D_o^{t+1}(x_{nf}^t, x_f^t, y^t, b^t)}{D_o^{t+1}(x_{nf}^{t+1}, x_f^t, y^t, b^t)} \right) \left(\frac{D_o^{t+1}(x_{nf}^{t+1}, x_f^t, y^t, b^t)}{D_o^{t+1}(x_{nf}^{t+1}, x_f^{t+1}, y^t, b^t)} \right) \right]^{\frac{1}{2}}$$
$$\times \left[\left(\frac{D_o^t(x_{nf}^t, x_f^t,, y^{t+1}, b^{t+1})}{D_o^t(x_{nf}^{t+1}, x_f^t, y^{t+1}, b^{t+1})} \right) \left(\frac{D_o^t(x_{nf}^{t+1}, x_f^t, y^{t+1}, b^{t+1})}{D_o^t(x_{nf}^{t+1}, x_f^{t+1}, y^{t+1}, b^{t+1})} \right) \right]^{\frac{1}{2}} \quad (7.14)$$

经转换可变为:

$$IG_t^{t+1} = \left[\left(\frac{D_o^{t+1}(x_{nf}^t, x_f^t, y^t, b^t)}{D_o^{t+1}(x_{nf}^{t+1}, x_f^t, y^t, b^t)} \right) \left(\frac{D_o^t(x_{nf}^t, x_f^t, y^{t+1}, b^{t+1})}{D_o^t(x_{nf}^{t+1}, x_f^t, y^{t+1}, b^{t+1})} \right) \right]^{\frac{1}{2}}$$
$$\times \left[\left(\frac{D_o^{t+1}(x_{nf}^{t+1}, x_f^t,, y^t, b^t)}{D_o^{t+1}(x_{nf}^{t+1}, x_f^{t+1}, y^t, b^t)} \right) \left(\frac{D_o^t(x_{nf}^{t+1}, x_f^t, y^{t+1}, b^t)}{D_o^t(x_{nf}^{t+1}, x_f^{t+1}, y^{t+1}, b^t)} \right) \right]^{\frac{1}{2}} \quad (7.15)$$

即:

$$IG = IG\_NF \times IG\_F \quad (7.16)$$

为了更好地理解上述模型,图 7—6 对图 7—5 进行了进一步拓展,加入了两个生产前沿,其中 ONOPGC 代表 $t+1$ 期的投入在 t 期的技术限制下的生产集合,OLMEC 代表 t 期的投入在 $t+1$ 期的技术限制下的生产集合,而且 ONOPGC 与 OLMEC 在理论上有相交的可能。那么,$\Delta EMIT$ 可以表示为:

$$\Delta EMIT_i = \left(\frac{0i}{0a} \right) = \left[\left[\frac{\frac{0i}{0j}}{\frac{0a}{0b}} \right] \right] \left[\left(\frac{\frac{0a}{0b}}{\frac{0a}{0c}} \right) \left(\frac{\frac{0i}{0h}}{\frac{0i}{0j}} \right) \right]^{\frac{1}{2}} \left[\left(\frac{\frac{0a}{0c}}{\frac{0a}{0e}} \right) \left(\frac{\frac{0i}{0f}}{\frac{0i}{0h}} \right) \right]^{\frac{1}{2}} \times \left[\left(\frac{\frac{0i}{0j}}{\frac{0a}{0e}} \right) \left(\frac{\frac{0i}{0f}}{\frac{0a}{0b}} \right) \right]^{\frac{1}{2}} \quad (7.17)$$

还可以转化为:

$$\Delta EMIT_i = \left(\frac{0i}{0a} \right) = \left[\left(\frac{0i}{0j} \right) \left(\frac{0b}{0a} \right) \right] \left[\left(\frac{0c}{0b} \right) \left(\frac{0j}{0h} \right) \right]^{\frac{1}{2}}$$
$$\times \left[\left(\frac{0e}{0c} \right) \left(\frac{0h}{0f} \right) \right]^{\frac{1}{2}} \left[\left(\frac{0j}{0e} \right) \left(\frac{0f}{0b} \right) \right]^{\frac{1}{2}} \quad (7.18)$$

以上就是利用距离函数分解污染物排放的分解模型,但是距离函数还有待求解。由于通过线性规划问题可以求解距离函数,所以下一步将着手构建线性规划。Pasurka(2006)的研究中,以求解 $D_o^t(x^t, y^t, b^t)$ 和 $D_o^{t+1}(x^t, y^t, b^t)$ 的线性规划为例,说明线性规划如何构建。首先,我们构造 t 期第 k' 个生产者在 t 期技术限制下的线性规划:

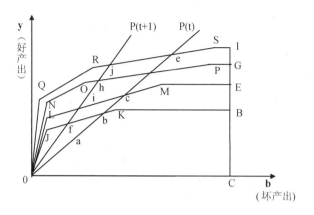

图 7—6　联合产出模型(三)

$$(D_o^t(x^{t,k'}, y^{t,k'}, b^{t,k'}))^{-1} = \max\beta$$

$$s.t. \quad \sum_{k-1}^{K} z_k y_{km}^t \geqslant \beta y_{k'm}^t \quad m = 1, \cdots, G$$

$$\sum_{k-1}^{K} z_k b_{ki}^t = \beta b_{k'i}^t \quad i = 1, \cdots, B$$

$$\sum_{k-1}^{K} z_k x_{kn}^t \leqslant x_{k'n}^t \quad n = 1, \cdots, N$$

$$z_k \geqslant 0 \quad k = 1, \cdots, K \tag{7.19}$$

线性规划中的 β,代表在给定的技术水平、投入下,联合产出所能扩大的最大比率。求解公式(3—19)中的线性规划能够计算出 $D_o^t(x^t, y^t, b^t) = oa/ob$ 的具体值。

接下来将求解跨期距离函数 $D_o^{t+1}(x^t, y^t, b^t)$ 的线性规划:

$$(D_o^t(x^{t,k'}, y^{t,k'}, b^{t,k'}))^{-1} = \max\beta$$

$$s.t. \quad \sum_{k-1}^{K} z_k y_{km}^{t+1} \geqslant \beta y_{k'm}^t \quad m = 1, \cdots, M$$

$$\sum_{k-1}^{K} z_k b_{ki}^{t+1} = \beta b_{k'i}^t \quad i = 1, \cdots, B$$

$$\sum_{k-1}^{K} z_k x_{kn}^{t+1} \leqslant x_{k'n}^t \quad n = 1, \cdots, N$$

$$z_k \geqslant 0 \quad k = 1, \cdots, K \tag{7.20}$$

按照公式(7.20)中的线性规划能够计算出 $D_o^{t+1}(x^{t+1}, y^{t+1}, b^{t+1}) = oa/oc$ 的具体值。其他的距离函数的计算方法类似,不再赘述。

三、数据处理

鉴于数据的可得性与完整性,本书只选取了 2001—2007 年中国 30 个省(西藏除外)的火电行业发电侧产出与投入的数据,其中产出变量为发电量(亿千瓦)、SO_2(吨)、CO_2(万吨),投入变量包括劳动力(人)、机组容量(万千瓦)和燃料(万吨)。发电量代表"好"产出,而 SO_2 和 CO_2 代表"坏"产出。由于缺乏火电行业劳动人数的单独统计,故劳动力变量采用与之具有高度相关性的电力、热力生产与供应从业人数来替代;机组容量代表火电行业的资本投入量;燃料代表中间投入,用标准煤来表示,由发电量乘以发电技术经济指标中的标准煤耗计算得出。SO_2 和劳动力的数据分别来源于《环境年鉴》和《中国劳动统计年鉴》,发电量、机组容量以及燃料数据均来源于《电力年鉴》。需要详细说明的是,与 SO_2 等环境数据不同,我国并没有直接公布 CO_2 排放数据,必须通过化石能源消费、转换活动以及某些工业品生产过程进行估算。本书根据杜立民、魏楚(2009)提供的 CO_2 排放系数,利用火电生产过程使用的各种化石能源消费实物量来计算出各省火电行业的 CO_2 排放数据。

杜立民、魏楚(2009)关于化石能源消费活动的二氧化碳排放量具体计算公式如下:

$$CO_2 = \sum_{i=1}^{7} CO_{2i} = \sum_{i=1}^{7} E_i \times CF_i \times CC_i \times COF_i \times (44/12) \tag{7.21}$$

其中,CO_2 表示估算的各种能源消费的二氧化碳排放总量;i 表示各种消费的能源,包括煤炭、原油、汽油、煤油、柴油、燃料油和天然气共 7 种;E_i 是分省各种能源的消费总量;CF_i 是转换因子,即各种燃料的平均发热量,单位为万亿焦耳/万吨,或者万亿焦耳/亿立方米;CC_i 是碳含量(Carbon Content),表示单位热量的含碳水平,其单位是吨/万亿焦耳;COF_i 是氧化因子(Carbon Oxidation Factor),反映了能源的氧化率水平,如果等于 1 则表示完全氧化,但通常都低于 1,往往有一部分碳元素没有被完全氧化,而是留在了残渣或灰烬中;由于氧原子的相对质量是 16,而碳原子的相对质量是 12,因此 44/12 则表示将碳原子质量转换为二氧化碳分子质量的转换系数,两者相差约 3.67 倍。其中,$CF_i \times CC_i \times COF_i$ 被称为碳排放系数,而 $CF_i \times CC_i \times COF_i \times 44/12$ 则是二氧化碳排放系数。水泥生产排放的二氧化碳计算相

对简单,只需将水泥产量乘以相应的 CO_2 排放系数即可。表 7—4 列出了各排放源的 CO_2 排放系数:

表 7—4　二氧化碳排放系数[①]

燃料名	煤炭	原油	汽油	煤油	柴油	燃料油	天然气
碳含量	27.28	20.32	18.9	19.6	20.17	21.09	15.32
热值数据	192.14	418.16	448	447.5	433.3	401.9	3893.1
碳氧化率	0.923	0.99	0.98	0.986	0.982	0.985	0.99
碳排放系数	0.484	0.841	0.83	0.865	0.858	0.835	5.905
CO_2 排放系数	1.776	3.084	3.045	3.174	3.15	3.064	21.67

资料来源:引用杜立民、魏楚(2009)的计算结果。

为了检验变量选取的合理性,我们借鉴白雪洁、宋莹(2009)的方法,采用非参数的 Kendall's tau—b 秩方法对 30 个省的投入产出变量做相关性分析。从表 7—5 可以看到,投入产出变量之间具有显著相关性。

表 7—5　Kendall's tau b 相关系数

变量		劳动力	机组容量	燃料
发电量	相关系数 P 值	0.528 *** 0.000	0.904 *** 0.000	0.946 *** 0.000
SO_2	相关系数 P 值	0.522 *** 0.000	0.589 *** 0.000	0.616 *** 0.000
CO_2	相关系数 P 值	0.513 0.000	0.632 *** 0.000	0.547 *** 0.000

注:*** 表示相关系数在 1% 水平上显著。

给出数据变量和其来源后,我们接着将对研究数据进行描述(见表 7—6):在研究期间,除了由于国家宏观调控的影响使 2004—2005 年间的各省发电量的平均增长速度有所回落外,各省火电行业电力生产一直保持较高的增长水平。各省火电行业的燃料投入几乎都保持着稳定的增长速度,而 SO_2 平均增长率变化急剧。各省的 SO_2 排放量经历了 2001—2002 年间低速增长后,2002—2005 年期间急速增长,平均增速在 20% 左右徘徊。各省

---

① 本书根据需要,还利用杜立民、魏楚(2009)的方法,另外计算了原油的 CO_2 排放系数。此外,陈诗一(2009)的研究中也给出了计算 CO_2 排放量的方法。在本质上,和杜立民、魏楚(2009)计算方法的思路基本一致。

能源消费的超常规增长和火电行业 SO_2 排放增长过快是导致"十五"期间 SO_2 排放总量失控的主要原因[1]。"十一五"初期,各省 SO_2 平均增长迅速回落到 2.59%,甚至出现负增长,这得益于装备脱硫设施的火电机组占全部火电机组的比例由 2006 年的 32% 提高到 2007 年的 48%[2]。各省火电行业 CO_2 排放量在研究期间维持着较高的增长速度,平均增速约为 14%。远高于同期全国 CO_2 排放的增长速度。

表 7—6　投入与产出的年度增长率　　　　　　　单位:%

	2001—2002	2002—2003	2003—2004	2004—2005	2005—2006	2006—2007
发电量	13.09	19.69	13.56	9.27	17.88	15.23
SO_2	4.38	27.24	15.3	16.90	2.59	−1.92
CO_2	12.59	18.76	19.78	12.64	12.81	11.26
劳动力	1.57	1.33	1.82	1.18	1.61	0.65
机组容量	3.81	9.05	12.44	13.42	24.69	18.91
燃料	7.9	20.42	11.28	10.19	13.45	11.63

第四节　实证结果

根据上述的研究方法及所得数据,我们运用 GAMS22.6 软件包测算了不考虑环境因素与考虑环境因素情况下的火电行业技术效率值,并对两者进行了比较,试图证明考虑环境因素时所测算的火电行业技术效率,更加地科学与合理。除此之外,还将分析影响环境技术效率高低的各项因素。

一、技术效率比较与分析

由于受到方法和数据的限制,早期关于火电行业技术效率的研究是不考虑环境因素,也就是忽略"坏"产出。随着研究方法的发展与数据的健全,考虑环境因素已经成为火电技术效率研究的趋势。接下来,本书将比较两者实证结果之间的差别。

(一)不考虑环境因素的技术效率

从表 7—7 可以看到,在不考虑环境因素的情况下,我国各省的技术效

---

[1]　援引中国环境规划院副院长邹首民于 2006 年 4 月 12 日在国家环保总局举行的新闻通气会上的讲话。

[2]　关于装备脱硫设施比例的数据来源于《2007 年中国环境状况公报》。

率均值整体呈上升趋势，从 2001 年的 0.9064，上升至 2004 年的 0.9256，在 2007 年进一步达到了 0.9290。而在研究期间内，我国火电行业技术效率整体均值为 0.9185，区域差异较为明显，其中东部为 0.9621，高于中部的 0.9016 和西部的 0.8941。技术效率值之所以呈现区域差距，与各省技术水平、市场结构、资源禀赋等条件的不同存在着一定的联系。经济发达地区领先的整体技术水平、开放的市场体制以及煤炭大省丰富的资源更有利于火电行业技术效率的提高。在此，可以理解成，东部地区总体要比中西部拥有更为先进的技术水平和更加合理的市场结构。同时，西部火电行业技术效率非常接近中部，得益于其煤炭等资源丰富性。就单个省而言，技术和市场优势首屈一指的上海，其每年的效率值几乎都为 1，优于其他省份，说明其投入产出组合是相对最有效率的①。由于本章分析的重点在于环境技术效率，不考虑环境因素的技术效率值的测算主要是用来提供比较，因此，本节将对不考虑环境因素的技术效率值不展开进一步地分析。

表 7—7　各省火电行业技术效率值

省份	2001	2004	2007	年平均值	省份	2001	2004	2007	年平均值
上海	1.0000	1.0000	1.0000	1.0000	云南	0.8668	0.8965	0.9007	0.8903
江苏	0.9596	0.9478	1.0000	0.9691	河南	0.8849	0.8013	0.9221	0.8730
宁夏	1.0000	1.0000	0.9897	0.9846	陕西	0.8580	0.9220	0.9095	0.8980
贵州	0.9960	0.9825	0.9526	0.9713	福建	0.9269	0.9819	0.9861	0.9579
山西	0.9154	0.9219	0.9604	0.9348	重庆	0.8619	0.8413	0.8963	0.8675
河北	0.9696	0.9547	0.9390	0.9534	新疆	0.7863	0.7765	0.8048	0.7862
青海	0.9193	0.9747	0.8613	0.9018	黑龙江	0.8386	0.8442	0.8672	0.8501
天津	0.9854	1.0000	1.0000	0.9958	湖北	0.8733	0.9159	0.9362	0.8976
甘肃	0.9046	0.9807	0.9369	0.9473	湖南	0.8431	0.9012	0.8790	0.8721
内蒙古	0.9195	0.9717	0.9415	0.9395	广西	0.8709	0.8754	0.8832	0.8933
安徽	0.9188	0.9785	0.9444	0.9403	江西	0.8544	0.9183	0.8879	0.8912
北京	1.0000	0.9968	1.0000	0.9995	四川	0.7676	0.8072	0.7954	0.7806
广东	0.9354	0.9619	0.9607	0.9527	海南	0.8929	0.9461	1.0000	0.9437
辽宁	0.8929	0.9333	0.9329	0.9210	东部	0.9494	0.9659	0.9774	0.9621
山东	0.9430	0.9482	0.9075	0.9160	中部	0.8879	0.9031	0.9181	0.9016
浙江	0.9653	0.9463	0.9921	0.9698	西部	0.8837	0.9085	0.8956	0.8941
吉林	0.9012	0.9051	0.9315	0.9076	全国	0.9064	0.9256	0.9290	0.9185

①　本书计算的技术效率值是相对的，是与研究样本中处于生产前沿的省区市的最优投入产出组合相比较而得出的结果。若某一省区市的区投入产出组合最优，则其技术效率值为 1 时，处于生产前沿。

(二)考虑环境因素的技术效率

表7—8给出了考虑CO_2和SO_2两种环境因素时,测算得出的30个省火电行业的环境技术效率值。本书将从国家、地区和省份三个层面,对我国火电行业环境技术效率值展开分析,并与未考虑环境因素的技术效率进行简要的比较。

表7—8　各省火电行业环境技术效率值[①]

省份	2001	2004	2007	年平均值	省份	2001	2004	2007	年平均值
上海	1.0000	1.0000	0.9585	0.9901	云南	0.7358	0.7890	0.6660	0.7425
江苏	0.9554	0.9064	1.0000	0.9400	河南	0.7506	0.7263	0.7114	0.7325
宁夏	1.0000	0.9909	0.9550	0.9363	陕西	0.6777	0.8210	0.7140	0.7205
贵州	0.9784	0.9482	0.8315	0.9263	福建	0.5040	0.8771	0.7994	0.7140
山西	0.8740	0.9059	0.9001	0.9061	重庆	0.7157	0.7056	0.6692	0.6805
河北	0.9074	0.9255	0.8576	0.8894	新疆	0.6504	0.6447	0.7646	0.6803
青海	0.9193	0.9747	0.7265	0.8519	黑龙江	0.6279	0.6636	0.7082	0.6581
天津	0.7225	0.8902	0.9052	0.8426	湖北	0.6013	0.6358	0.6847	0.6526
甘肃	0.7230	0.9334	0.7938	0.8207	湖南	0.5884	0.7663	0.6061	0.6493
内蒙古	0.8175	0.8913	0.8360	0.8149	广西	0.5924	0.6428	0.5695	0.6471
安徽	0.7539	0.9373	0.7415	0.8087	江西	0.5039	0.7658	0.6547	0.6464
北京	0.8288	0.7505	0.7988	0.7834	四川	0.4945	0.7011	0.5250	0.6280
广东	0.7634	0.8609	0.7264	0.7779	海南	0.3241	0.5090	0.6306	0.5133
辽宁	0.7132	0.8163	0.8059	0.7766	东部	0.7392	0.8066	0.8133	0.7862
山东	0.8651	0.7634	0.7617	0.7698	中部	0.6662	0.7664	0.7249	0.7212
浙江	0.9016	0.7001	0.7711	0.7614	西部	0.7395	0.8120	0.7222	0.7612
吉林	0.7006	0.7794	0.8348	0.7566	全国	0.7191	0.7976	0.7551	0.7593

从国家层面来看,在考虑CO_2、SO_2两种环境因素的情况下,我国火电行业环境技术效率从2001年的0.7191上升到2004年的0.7976,2006—2007年又回落到0.7551的水平,7年累计均值为0.7593。从中看出,考虑CO_2、SO_2而测算得出的环境技术效率值,要明显低于未考虑任何环境因素时的0.9185。也就是说,"坏"产出——CO_2、SO_2纳入研究范围导致火电行业的技术效率值出现了下降,说明我国火电行业的污染减排状况还存在许多有待改进的地方。而同时,也证明了未考虑环境因素将会使技术效率值测算出现偏差。此外,白雪洁、宋莹(2009)从环境强规制层次上计算得出的2004年全国平均技术效率

---

① 　为了更好地比较各省份环境技术效率值,表7—8依照研究期间各省技术效率平均值由高到低进行排列。

值为 0.89,高于本书计算得出的相应环境技术效率值[①]。而王兵、卢金勇和陈茹(2010)在只考虑一个环境因素 SO_2 的情况下,其全国火电行业技术效率值为 0.940,也高于本书中同时考虑 SO_2 和 CO_2 两个环境因素时的测算值。这说明考虑 CO_2 降低了我国火电行业技术效率值。

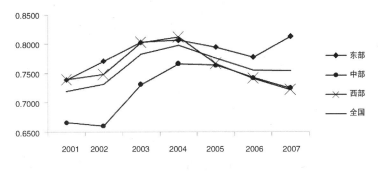

图 7—7 各地区环境技术效率值的比较

从地区层面来看,中西部地区环境技术效率值低于东部地区,甚至低于全国平均水平;而 2001—2004 年期间,中部环境技术效率明显落后于西部地区,但是差距逐渐缩小,到了 2005 年以后两地区的环境技术效率水平几乎相等(见表 7—8 及图 7—7)。东部经济发达地区凭借较高的技术水平和良好的市场机制,使得其环境技术效率达到 0.7862,而西部(0.7612)依靠丰富的资源和"西电东送"等国家能源政策使得其环境技术效率又略高于中部(0.7212),但是能源政策的实施对西部地区环境技术效率的促进作用是逐步递减的。虽然 Pun—Lee Lam 和 Alice Shiu(2004)、陶峰等(2008)和白雪洁、宋莹(2009)的研究中没有直接对技术效率进行地区比较,但是我们从其公布的实证结果,经过整理后可以看出在他们的研究中,东、中、西部火电行业环境技术效率存在着差异。其中,东部地区环境技术效率都要高于中西部,只是在中部与西部之间孰高孰低的问题上存在着不同。

从省份层面来看,环境技术效率排名前五位的省份分别为上海、江苏、宁夏、贵州和山西,平均值达到了 0.9394,其中上海的环境技术效率值每年

---

① 白雪洁、宋莹(2009)的研究中所指的环境强规制模型与方向性距离函数中"既要求产出增加,又要求污染减少"的思想是一致的。但是,我们在文献综述部分已经提到 Färe and Grosskopf (2004) 对 Seiford and Zhu(2002)的方法进行了批评。

都达到或接近最高值 1。排名末五位的省份分别为湖南、广西、江西、四川和海南,其环境技术效率平均值只有 0.6144,其中海南的环境技术效率平均值只有 0.5133。可知,前五位省份都处于科技发达、市场优化的沿海地区或者属于煤炭资源丰富的省份,而末五位省份除了海南外,都属于经济相对落后的中西部地区。测算结果表明,不管是否考虑环境因素,在技术、市场和资源等方面占有优势的省份,其环境技术效率值往往比其他省份要高。而海南省火电行业的环境技术效率之所以最低,主要是因为其每生产一单位电力相比于其他省份需投入更多的劳动力及资本。

二、环境技术效率变化率与增长方式

长期以来,粗放的发展模式和忽视环境保护的行为造成了资源紧缺,环境质量不断恶化,使得发达国家上百年陆续出现的环境问题在我国短期内集中反映出来。为了检验我国火电行业发展模式与环境约束下技术效率的关系,我们在前面研究的基础上,利用公式(7.22)计算出环境技术效率变化值(EFFCH),并以此来研究各省火电行业发展模式与环境技术效率变化率之间的关系。

$$EFFCH_t^{t+1} = \frac{1 + \vec{D}_o^t(x_k^t, y_k^t, b_k^t, y_k^t, -b_k^t)}{1 + \vec{D}_o^{t+1}(x_k^{t+1}, y_k^{t+1}, b_k^{t+1}, y_k^{t+1}, -b_k^{t+1})} \tag{7.22}$$

胡鞍钢、郑京海(2008)研究了中国各省总体经济增长模式与环境约束下技术效率的关系。他们发现,一个省份增长模式越是接近集约型,其技术效率进步越快;而一个省份增长模式越是接近粗放型,其技术效率进步越慢。在他们的研究中,资本存量增长率和 GDP 增长率的比值被用来衡量一个地区的增长模式。而本书则采用机组容量增长率和发电量增长率的比值来衡量一个省份火电行业的发展模式,如果该比值小于 1,则该省份为"集约式"增长模式,否则为"粗放式"增长模式[①]。按照这个比值,我们发现 2001—2007 年有 13 个省份属于"粗放式"发展模式(见表 7—10)。这表明,"十五"期间和"十一五"前期发展大型燃煤电厂,进一步优化火电机组结构,推进循环流化床、洁净煤燃烧、空冷机组等高新技术的应用,虽然促进了火电行业生产能力的提高,但是同时还有将近一半的省份仍然主要是通过扩大机组容量规模来实现发电量增长。而增长模式中的分类,

---

① 该方法参考胡鞍钢、郑京海等(2008),它使用的是采用资本存量增长率和 GDP 增长率的比值来衡量中国各地区的增长模式。对于火电行业,用机组容量增长率来代表资本存量增长率。

区域因素所导致的差异并没有显现。

表7—9　2001—2007年各省环境技术效率变化率①

省份	EFFCH	省份	EFFCH	省份	EFFCH
海南	1.1173	四川	1.0100	宁夏	0.9924
福建	1.0799	陕西	1.0088	广东	0.9917
江西	1.0446	江苏	1.0077	河南	0.9911
天津	1.0383	湖南	1.0050	河北	0.9906
吉林	1.0296	山西	1.0049	重庆	0.9889
新疆	1.0273	内蒙古	1.0037	云南	0.9835
湖北	1.0219	安徽	0.9972	山东	0.9790
辽宁	1.0206	北京	0.9939	浙江	0.9743
黑龙江	1.0202	广西	0.9934	贵州	0.9733
甘肃	1.0157	上海	0.9929	青海	0.9615

表7—10　各省份发展方式划分

方式	省份
粗放型发展	上海(1.000)，河北(1.000)，广西(1.001)，江苏(1.007)，重庆(1.007)，宁夏(1.011)，河南(1.012)，云南(1.014)，山东(1.016)，内蒙古(1.022)，浙江(1.028)，青海(1.029)，贵州(1.034)
集约型发展	海南(0.893)，福建(0.927)，天津(0.938)，江西(0.949)，吉林(0.964)，新疆(0.966)，辽宁(0.972)，湖北(0.973)，黑龙江(0.974)，四川(0.977)，甘肃(0.979)，北京(0.981)，山西(0.987)，陕西(0.988)，安徽(0.992)，湖南(0.993)，广东(0.996)

　　为了检验火电行业发展方式与环境技术效率变化率的关系，我们假设资本存量增长率和发电量增长率的比值为GROWTH，环境技术效率变化率为EFFCH，对两者进行了OLS回归估计，得出以下结果：

　　常数值与GROWTH的系数均通过了1%的显性水平的检验。回归系数为负，意味着发展模式越粗放的省份，其环境技术效率改善得越慢甚至出现恶化。这就说明火电行业发展模式与环境技术效率变化率显著相关，这与胡鞍钢、郑京海等(2008)以中国各省整体经济为研究对象时所得出的结论是一致的。因此，一个省份要想提高火电行业的环境技术效率就必须转变其发展模式。

――――――――

　　① 技术效率变化率主要反映技术效率改善的程度，当该值大于1时，表示在研究期间该省火电行业的技术效率得到了改善；当等于1时，技术效率保持不变；当小于1时，技术效率出现恶化。

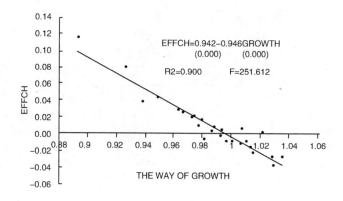

图 7—8 增长方式与环境技术效率变化率拟合图

三、环境技术效率影响因素分析

上文已经对环境约束下技术效率的实证结果进行了分析,那么有哪些因素影响技术效率呢? 因此,接下来我们将着重对环境技术效率的影响因素进行实证分析。由于机组容量和燃料是火电生产的不可或缺的投入变量,因此我们和 Pun—Lee Lam 和 Alice Shiu(2004)一样,将机组容量利用率和燃料效率作为技术效率的影响因素[①]。我们用 X_1 代表机组容量利用率,等于机组全年运行小时数占全年总小时数的比例;X_2 代表燃煤效率,用发电技术经济指标的标准煤耗(kg/kwh)来反向表示,表示生产一度电需要消耗多少千克标准煤(该值越高,说明燃煤效率越低;反之则燃煤效率越高);X_3 代表环境管制强度,用每年各省的排污费收入总额(万元)与上缴纳排污费单位个数的比值,即各单位平均排污费(万元)来表示[②]。需要交代一下的

---

① Pun—Lee Lam 和 Alice Shiu(2004)的研究中使用机组容量利用率、燃料效率和国家电力公司 (SPC)组织控制虚拟变量这三个指标来分析中国火电行业技术效率的影响因素。由于经过 2002 年的电力体制改革,国家电力公司已不存在,所以本书并没有使用组织控制虚拟变量。此外,Pun—Lee Lam 和 Alice Shiu(2004)的影响因素检验中只使用了 2000 年的数据,而本书研究使用的是 2001—2007 年的面板数据。由于各省火电行业从业人员的学历和职称构成的数据无法取得,因此本书研究没有将劳动者素质纳入影响因素的考虑范围。

② 各省各单位平均排污费(万元) $= \dfrac{\text{各省排污费收入总额(万元)}}{\text{各省缴纳排污费单位个数}}$,表示不同省份的环境管制程度。然而,实际上进行线性回归测算所使用的面板数据中,各单位平均排污费已经作了再除以 10 的处理,主要是为了使它与机组容量利用率、燃煤效率的数据在表现形式上更加相近,利于回归变量的系数既不会偏小,也不会偏大(当然回归系数的大小并没有实际意义,其为正或者负才是关键),从而令回归结果更加美观和易于理解。

是,本书关于环境管制强度指标所选用的数据与王兵、卢金勇、陈茹(2010)存在着差别。在他们的文章中,各省火电行业技术效率仅考虑了 SO_2 一种环境因素。因此,在分析技术效率影响因素时,他们选择治硫费用表示各省的环境管制强度。而本书测算的技术效率,由于同时考虑了 CO_2 和 SO_2 两种环境因素,所以选择各省排污收费轻重,既用各单位平均排污费来表示各省的环境管制强度,更具综合性和代表性。根据整理的数据表明,以北京、上海和天津为代表的沿海发达地区,其整体的环境管制力度更为严格。此外,环境污染严重的内陆省份,其环境管制力不得不严厉,例如产煤大省——山西。

X_1 和 X_2 的数据都来源于《电力年鉴》,X_3 则来源于《环境统计年鉴》。由于《环境统计年鉴》中关于 X_3 只有 2003—2007 年的数据,因此本书回归模型中所使用的面板数据仅有五年。受篇幅所限,在此将不对上述数据进行详细的描述。此外,我们还引入了年份虚拟向量 $T_{2004}=(0,1,0,0,0)^T$、$T_{2005}=(0,0,1,0,0)$、$T_{2006}=(0,0,0,1,0)^T$、$T_{2007}=(0,0,0,0,1)^T$ 作为技术效率的影响因素,以此来考察技术效率在研究期间的动态变化。

为了修正可能的异方差和序列相关问题,我们采用面板数据的可行性广义最小二乘法(FGLS),利用 Eviews6 软件对模型 Ⅰ 和模型 Ⅱ 进行估算(结果见表7—11)。同时对两个模型进行估算,是为了更好地检验各影响因素与技术效率之间的关系。我们的实证发现主要可归纳为以下几个方面:

表 7—11　技术效率影响因素的回归分析

变量	模型 Ⅰ		模型 Ⅱ	
	系数	t 值	系数	t 值
C	0.403 ***	4.697	0.389 ***	4.559
X_1	0.758 ***	13.278	0.882 ***	15.369
X_2	−0.342 *	−1.692	−0.378 *	−1.846
X_3	0.042 ***	1.956	0.121 ***	3.615
$(X_3)^2$			−0.034 **	−2.119
T_{2004}			−0.058 ***	−4.521
T_{2005}			−0.0874 ***	−6.896
T_{2006}			−0.094 ***	−7.273
T_{2007}			−0.085 ***	−6.127

注:*** 表示显著水平为 1%,** 表示显著水平为 5%,* 表示显著水平为 10%。

1. 在两个回归模型中,机组容量利用率和燃料效率都对环境技术效率具有较为显著的影响。机组容量利用率和燃料效率的回归系数分别为正和负,与 Pun—Lee Lam,Alice Shiu(2004)和王兵、卢金勇、陈茹(2010)在没有考虑环境约束或仅考虑 SO_2 的情况下而得出的检验结果是一样的。一方面,机组容量利用率的回归系数为正,说明机组容量利用率越高,反过来说就是机组闲置率越低,越有利于技术效率的提高。我们的研究数据表明,沿海经济发达省份(如江苏、浙江等)和煤炭大省(如山西、贵州和宁夏等)更有可能保持较高的机组容量利用率[①]。这可能是因为沿海经济发达省份庞大的电力需求市场和煤炭大省丰富的煤炭资源使得机组能够高负荷地运转。另一方面,反向表示的燃料效率的回归系数为负,说明生产一度电所消耗的标准煤越少,越有利于技术效率的提高。然而,以 2006 年为例,各省平均发电标准煤耗为 342 克/千瓦时,而当年日本、德国和韩国等发达国家单位煤耗却分别只有 299 克/千瓦时、306 克/千瓦时和 300 克/千瓦时,之间相差 40 克左右,技术差距明显(见表 7—3)。我国燃料效率低下也在一定程度上给节能减排目标的实现带来了困难。而目前,我国也正积极加快火电机组的技术结构改进。截至 2010 年 3 月底,我国 2010 年在建的百万千瓦火电机组达到 68 台,而投运的百万千瓦超临界火电机组已有 24 台,总装机容量为 2400 万千瓦,占火电装机总量的 3.37%,平均发电煤耗为 290 克/千瓦时[②]。因此,随着机组的不断更新和改善,未来我国火电行业单位煤耗的总体水平将会有较大地提高。

2. 在模型 I,我们发现,在考虑 CO_2、SO_2 两种环境因素的情况下,当前我国的环境管制程度有助于环境技术效率的提高。X_3 的系数估计值为负,说明了各省排污收费越重,也就是环境管制越严格,越能促进环境技术效率的提高。那么,是不是排污收费越重越有利于环境技术效率的提高呢?为了更好地检验环境约束与技术效率的关系,我们在模型 II 引入了环境约束

[①] 陶峰等(2008)在技术效率影响因素分析部分中,得出各地区原煤产量(说明地区煤炭资源丰富程度)对技术效率影响显著而为正。这跟煤炭大省丰富的煤炭资源有利于机组容量利用率提高,而机组容量利用率对技术效率的影响又为正的结论,在本质上是一样的。

[②] 资料来源于国际电力网,http://www.in—en.com/power/html/power—1243124328609203.html。

的二次项。研究发现其一次项和二次项的符号分别为正和负,且两者都在1%水平上表现显著。这表明环境管制和技术效率之间基本呈现倒"U"形关系,即各省排污收费处于低水平时,提高征费标准有助于环境技术效率的改善。这可能是因为排污征费标准的提高,使得火电企业更加注重降低污染物的排放,减少"坏"产出,从而有助于技术效率的提高。但是,当超过一定的临界点时,再增加排污费用将会逐步降低技术效率值。也就是说,过度地征收排污费用,将会加大企业生产的成本,在其他条件不变的情况下,将令"好"产出相应减少,导致了技术效率值的下降。按照模型Ⅱ测算的回归系数,计算得出临界点约为17.8,即平均排污费不超过17.8万元/单位时,增加排污收费,加大环境管制力度,有利于火电行业技术效率的提高;反之,超过时将有可能导致技术效率的下降。目前,我国各省各单位平均排污费还远未达到该临界点。因此,加强环境管制力度,减少"坏产出",是提高我国火电行业技术效率的途径之一。本书中关于当前环境管制力度提高技术效率以及环境管制和技术效率之间基本呈现倒"U"形关系的结论,与王兵、卢金勇和陈茹(2010)的研究是相反的。这跟双方考虑环境因素个数与选取变量的差异,存在着密切关系。相比之下,考虑两种因素和用各省排污收费轻重来表示环境管制强度,可能更加的全面和合理。

3. 在模型Ⅱ中,我们又引入了时间虚拟向量 T_{2004}、T_{2005}、T_{2006}、T_{2007}。回归的结果表明,T_{2004}、T_{2005}、T_{2006}、T_{2007} 的回归系数均为负,且都在1%水平上显著。四个虚拟变量的回归系数均为负,说明在2003—2007年的研究期间中,多年来的电力体制改革并没有使我国火电行业环境技术效率得到总体的改善,甚至出现了逐渐下降的态势,与王兵、卢金勇、陈茹(2010)的结论是一致的。我国火电行业环境技术效率的下降,可能与"粗放式"发展模式以及 CO_2、SO_2 的大量排放有关。这表明了我国电力体制改革还面临着众多困难,有待进一步克服和解决。

四、污染分解实证分析

在第四章的结尾部分,本书已经提到,近年来我国火电行业技术效率的下降,可能与 CO_2、SO_2 的大量排放有关。那么,是什么因素影响着各省污染物排放的总量呢?如果能够较好地解答这个问题,将为实现节能减排目标指明方向,进而改善我国火电行业环境技术效率。

根据上面介绍的研究方法及获得的数据,我们运用 GAMS22.6 软件包对污染物(SO_2、CO_2)排放增长率($\Delta EMIT$)进行了分解,分解为四个成分:技术效率变化(TECH)、技术进步(TC)、投入增长率(IG)以及污染强度变化率(OM),其中投资增长率又分解成非燃料投入增长率(IG—NF)和燃料投入增长率(IG—F)两个部分(见表 7—12)[①]。通过分解,有助于我们更好地了解引起污染物变化的驱动因素。

(一)各省污染排放的变化

从各省来看,在研究期间,30 个省份中只有 6 个省份的 SO_2 的 $\Delta EMIT$ 小于 1,也就是说除了 6 个省份外,其余省份的 SO_2 排放均出现正增长。其中,北京的 SO_2 减少了 10.71%,相反安徽的 SO_2 却大幅度增长了 32.54%[②]。2001—2007 年间,北京的 SO_2 排放量之所以出现负增长,与它为了筹办 2008 年奥运会,积极加大投资治理环境存在着密切的联系,而火电厂大气污染整治是其中的重点工作之一。例如,为了减少 SO_2 的排放,北京市加快了高井、国华、京能、京丰、华能等五大燃煤电厂的脱硫深度治理工程,到了 2007 年高井、国华、京能、华能四大电厂建设的脱硫设备全部竣工并投入运营。同时,北京市还关停了大量小火电机组,并积极发展其他新型能源。而安徽 SO_2 的高增长,并不是因为该省火电生产规模快速的扩大,而主要在于其单位火电的 SO_2 污染强度逐年增强,并明显高于其他省份。与此同时,30 个省份的 CO_2 排放在研究期间全部出现了正增长,增长幅度从东部地区上海的 0.87% 到西部地区宁夏的 34.06%。上海火电行业的 CO_2 低速增长,与其大量高效燃煤发电机组的使用是分不开的。而北京 CO_2 平均增长率也只有 4.82%,仅次于上海,同样得益于"绿色奥运"的建设。宁夏的高增长,和安徽类似,与高污染强度有关。

从地区层面来看,三大地区的 SO_2、CO_2 都分别出现了正增长。其中,无论是 SO_2 还是 CO_2,东部地区的平均增速都是相对最低的,而中部地区和西部地区的对应值要更高一些。这与发达经济地区实施更为严格的环境管

[①] 表 7—12 为我们提供的是污染排放增长率及其各成分的几何平均值,非算术平均值。

[②] 若不考虑无法求解的北京,天津 SO_2 下降了 7.43%,下降幅度最大。

制力度有关(对环境管制力度的比较,第四章的技术效率影响因素部分已经
有所提及)。就全国水平而言,2001—2007年间SO_2、CO_2的分别年均增长
了8.95%和13.96%。而CO_2的增长率高于SO_2的,也说明我国火电行业
比较注重生产过程中的脱硫,而CO_2减排却没有得到足够的重视。总之,从
中可以看出,虽然近几年来我国各省电力行业得到了快速发展,但是各省的
环境状况令人担忧。那么,是什么因素导致了这样的结果呢?接下来,本书
将分析促使SO_2、CO_2排放总量增长的驱动因素。

(二)技术进步和效率变化的作用

在分析驱动因素之前,需要说明的一点是,在表7—12中,只有28个省
火电行业的线性规划求解是可行的,北京、海南的污染排放增长率无法进行
分解。这主要是因为"坏"产出"弱可处置"的假设使得一些跨期的线性规划
无法求解。例如,假设我国火电行业的生产前沿是由t期的技术决定的,而
在跨期的线性规划的问题中,所研究的观测值既包括来自t期的,也包括来
自t+1期的,这就容易出现类似$D_0^t(x^{t+1}, y^{t+1}, b^{t+1})$中$(y^{t+1}, b^{t+1}) \notin S^t(x^{t+1})$
的情况,从而导致无法对污染排放增长率进行分解。接下来的分析,将主要
是围绕可分解的28个省份。

在TECH方面,各省的变化幅度不大,维持在-3%—2%左右,说明技术
效率变化不是各省SO_2、CO_2较大幅度增减的重要因素。而各省的TC,除了
新疆的0.9916外,都大于1,最大为江苏的1.1980。各省火电行业的技术水平
普遍提升,与近年来我国火电行业大规模淘汰小火电,大量新型火电机组投产
的技术革新是存在着密切联系的。在本书中,技术出现进步以及技术效率得
到提高时,却会导致污染物的增加,看起来有违常理,令人产生误解。需要再
次指出的是,根据我们"好"产出与"坏"产出同比例增长的假设,技术进步和效
率改善使得"好"产出增加的同时,"坏"产出也会相应增多。而之所以作出这
样的假设,是为了更好地分解出IG(包括IG—NF和IG—F)和OM两个部分。
尽管本书关于污染物增长率分解的模型,还存在一些需要改进的地方,但它提
出了利用线性规划对污染进行分析的思想,是具有积极意义的。从全国水平
来看,TECH和TC分别为0.9994和1.0337,对SO_2、CO_2的变化影响也不大。
因此,接下来将更多关注的是IG和OM。

表 7—12　各省污染排放的分解

地区	ΔEMIT (SO₂)	ΔEMIT (CO₂)	TECH	TC	IG	IG—NF	IG—F	OM(SO₂)	OM(CO₂)
北京	0.8929	1.0482							
天津	0.9257	1.1353	1.0000	1.0374	1.0279	1.0161	1.0276	0.8681	1.0647
河北	0.9798	1.0911	0.9885	1.0134	1.1052	1.0650	1.0801	0.8850	0.9855
山西	0.9910	1.1398	1.0006	1.0410	1.1156	1.0890	1.0568	0.8528	0.9808
内蒙古	1.2585	1.2773	1.0000	1.1029	1.1574	1.0781	1.1482	0.9860	1.0007
辽宁	1.1481	1.0716	0.9986	1.0074	1.0639	1.0367	1.0537	1.0727	1.0013
吉林	1.2637	1.0932	1.0000	1.0233	1.0494	1.0288	1.0420	1.1768	1.0180
黑龙江	1.1921	1.0765	1.0062	1.0057	1.0689	1.0359	1.0644	1.1021	0.9953
上海	1.0747	1.0087	1.0000	1.1491	0.9762	0.9787	0.9928	0.9580	0.8991
江苏	1.0584	1.1624	1.0000	1.1980	1.0964	1.0543	1.0893	0.8057	0.8849
浙江	1.0317	1.1918	1.0000	1.0173	1.1784	1.0902	1.1765	0.8606	0.9941
安徽	1.3254	1.1035	0.9906	1.0335	1.0875	1.0479	1.0803	1.1905	0.9912
福建	1.1111	1.1479	0.9999	1.0116	1.1304	1.0710	1.1179	0.9718	1.0039
江西	1.2163	1.1139	1.0000	1.0093	1.1055	1.0554	1.0961	1.0890	0.9973
山东	1.0279	1.1466	0.9948	1.0421	1.1310	1.0720	1.1308	0.8767	0.9779
河南	1.1287	1.1425	1.0074	1.0164	1.1320	1.0740	1.1161	0.9738	0.9857
湖北	1.0967	1.1383	1.0208	1.0138	1.0823	1.0410	1.0794	0.9791	1.0163
湖南	1.0398	1.1301	0.9996	1.0098	1.1438	1.0761	1.1317	0.9006	0.9788
广东	1.0028	1.1459	1.0057	1.0139	1.0908	1.0442	1.0905	0.9016	1.0302
广西	1.1116	1.2054	1.0023	1.0028	1.1907	1.0941	1.1837	0.9288	1.0071
海南	0.9984	1.1941							
重庆	1.0552	1.1717	1.0000	1.0356	1.0913	1.0292	1.0920	0.9337	1.0367
四川	1.0072	1.0731	0.9903	1.0078	1.0722	1.0799	0.9902	0.9412	1.0028
贵州	1.1964	1.1831	1.0000	1.1123	1.1016	1.0765	1.0779	0.9765	0.9655
云南	0.9617	1.2228	1.0000	1.0072	1.1986	1.0952	1.1882	0.7966	1.0130
陕西	1.0612	1.1349	1.0041	1.0146	1.0983	1.0531	1.0865	0.9485	1.0144
甘肃	1.0429	1.0736	0.9873	1.0157	1.0875	1.0602	1.0547	0.9564	0.9846
青海	1.0523	1.1062	0.9705	1.0133	1.1417	1.0841	1.1040	0.9372	0.9852
宁夏	1.0412	1.3406	1.0000	1.0242	1.1463	1.0631	1.1373	0.8868	1.1418
新疆	1.2260	1.1319	1.0166	0.9916	1.1331	1.0765	1.0983	1.0733	0.9910
东部	1.0380	1.1211	0.9986	1.0525	1.0874	1.0471	1.0831	0.9082	0.9809
中部	1.1518	1.1170	1.0032	1.0190	1.0977	1.0558	1.0830	1.0263	0.9953
西部	1.0704	1.1554	0.9960	1.0228	1.1218	1.0735	1.0908	0.9367	1.0111
全国	1.0895	1.1396	0.9994	1.0337	1.1063	1.0592	1.0913	0.9533	0.9972

资料来源：本书计算。

（三）投入增长率和污染强度变化率的作用

与 TC 类似，除了上海的 0.9762 外，其余省份的 IG 都大于 1，最大为云南的 1.1986。除此之外，IG 较高的省份还包括广西 1.1907、浙江 1.1784、内蒙古 1.1574 以及宁夏 1.1463。从地区来看，东部地区和中部地区的 IG 是较为相近的，分别为 1.0874 和 1.0977，地区差异并不明显。而西部地区的 IG 值，要高出其他两个地区 3 个百分点以上，例如 IG 较高的省份云南、广西、内蒙古以及宁夏均来西部地区。从表 7—13 可以看出，2001—2007 年期间我国火电行业的生产要素投入出现了较快的增长，绝大部分省份的 IG 值超过或接近 1.1。全国平均的 IG 值为 1.1063，说明投入高增长率成为了污染排放物总量增多的主要原因。

表 7—13　各省 IG 的分布

IG＞1.1	云南（1.1986），广西（1.1907），浙江（1.1784），内蒙古（1.1574），宁夏（1.1574），湖南（1.1438），青海（1.1417），新疆（1.1331），河南（1.132），山东（1.131），福建（1.1304），山西（1.1156），江西（1.1055），河北（1.1052），贵州（1.1016）；
IG＜1.1	陕西（1.0983），江苏（1.0964），重庆（1.0913），广东（1.0908），甘肃（1.0875），安徽（1.0875），湖北（1.0823），四川（1.0722），黑龙江（1.0689），辽宁（1.0639），吉林（1.0494），天津（1.0279），上海（0.9762）。

　　投入增长率的高企，与我国各省火电行业多年来"粗放式"的增长方式是分不开的。按照表 7—12 的计算结果，对于非燃料投入增长率，只有上海下降了 2.13％，最高的云南增长了 9.52％；而燃料投入增长率，只有四川下降了 0.98％，最高的也是云南，增长了 18.82％。除了北京和海南这两个无法求解的省份外，其余省份中有 25 个的 IG－F 要大于 IG－NF，表明绝大部分省份火电行业的投入快速增长过程中，燃料投入增长起到了更大的作用。从图 7—9 看出，云南、广西、浙江是高 IG－F、高 IG－NF 的典型代表；上海、天津属于低 IG－F、低 IG－NF 类型，而四川表现出来却是低 IG－F、高 IG－NF；高 IG－F、低 IG－NF 的省份几乎没有。总之，近年来我国火电发电量的快速增长的成绩，主要是通过"铺大摊子"，大量增加燃料和非燃料投入取得的。投入大量增加是导致污染排放日益增多的主要原因，其中全国平均的 IG－F 值为 1.0913，要明显高于 IG－NF 值的 1.0592。

　　上面提到的 TECH、TC、IG，对于 SO_2 和 CO_2 来说都是一致的。可见，SO_2 和 CO_2 的 ΔEMIT 的不同，主要是由 SO_2 和 CO_2 各自不同的污染强度

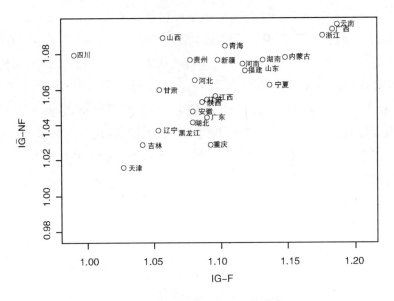

图7—9　IG—F和IG—NF的分布

变化率 OM 导致的。我国大部分省份的 SO_2 的 OM 小于 1,其中云南的 SO_2 污染强度变化率降低了 20.34%,安徽却增长了 19.05%。21 世纪以来,由于承接长三角低端产业的转移,增加了对电力的需求,使得安徽的小火电得到了兴起。而小火电往往不采取脱硫措施,因而导致安徽的 $OM(SO_2)$ 高达 1.1905。除去无法求解的北京和海南,全国过半的省份的 CO_2 的 OM 小于 1,其中江苏的 CO_2 污染强度变化率下降了 11.51%,宁夏则是增长了 14.18%。江苏和宁夏出现一增一减的相反结果,与两省不同的技术结构以及环境管制程度等有关。我们可以看到无论对于 SO_2 还是 CO_2,东部地区的污染强度变化率都要低于其他两个地区,而且都小于 1,即在环境线性规划的情况下,东部地区每生产一单位电力所产生的污染物 SO_2 和 CO_2 分别下降了 9.18% 和 1.91%,说明了东部地区的减排项目或者措施的减排效率要好于中部西部。其中,$MO(SO_2)$ 下降 9.18% 是使得东部地区 SO_2 增速能够明显低于中西部的主要原因。

以上关于各省和各地区的污染排放分解的分析属于横向的比较,接下来我们将纵向分析全国污染排放的变化过程(见表 7—14)。首先,从 2003—2004 年间到 2006—2007 年间,SO_2 的增速基本呈现逐渐递减的趋势。到了 2006—2007 年间，SO_2 排放甚至出现了负增长，较 2005—2006 年间下降了 5.62%。这说明我国火电行业的大型脱硫设备的陆续投入使用正在发挥着其应有的作用。然而在研究期间，CO_2 的增速虽有所下降，但基本保持在较高的水平，这需要我国进一步重视温室气体排放的控制。其次，各年间的技术效率基本保持不变，而技术在各年间都有所进步，进步最快的是 2006—2007 年间提高了 4.84%。接着我们可以看到火电行业投入一直保持较高的增长水平，特别是 2005—2006 年间增长了 14.63%。最后，发现在 2005—2006 年和 2006—2007 年间，生产一单位电力所产生的 SO_2 和 CO_2 都出现下降，其中 SO_2 的下降尤为明显。

表 7—14　跨年度的污染物分析

地区	ΔEMIT (SO_2)	ΔEMIT (CO_2)	TECH	TC	IG	IG—NF	IG—F	OM(SO_2)	OM(CO_2)
2003—2004	1.1617	1.1808	0.9978	1.0420	1.1026	1.0569	1.0903	1.0134	1.0300
2004—2005	1.1875	1.1210	1.0008	1.0184	1.0679	1.0397	1.0570	1.0911	1.0301
2005—2006	1.0821	1.1387	0.9909	1.0263	1.1463	1.0808	1.1236	0.9283	0.9768
2006—2007	0.9438	1.1190	1.0082	1.0484	1.1097	1.0598	1.0953	0.8047	0.9540
平均	1.0895	1.1396	0.9994	1.0337	1.1063	1.0592	1.0913	0.9533	0.9972

资料来源：本书计算。

第五节　结　论

本书在考虑环境约束的前提下，运用方向性距离函数，采用投入、产出的数据测算 2001—2007 年我国各省及各地区火电行业的技术效率值，推测了增长方式与技术效率的关系，并对火电行业技术效率的影响因素以及污染物总量变化的驱动因素进行了分析，研究结果主要归结以下内容。

经济发达和煤炭资源丰富的省份的环境技术效率一般要高于其他省份，中西部地区技术效率（0.7212、0.7612）要低于东部地区（0.7862），而全国平均水平（0.7593）。这样的省份和地区差异与经济发达地区领先的整体技术水平、开放的市场体制以及煤炭大省丰富的资源存在着密切关系。火电行业增长方式与环境技术效率变化率存在显著的负相关关系。也就是说，一个省份火电行业的增长模式越是接近集约型，其环境技术效率进步越快;而其增长模式越是接近粗放型,其技术效率进步越慢。机组容量利用率、燃料效率和环境约束对环境技术效率都具有显著影响。机组容量利用率和燃料效率越高以及环境管制越严厉越有利于技术效率的提高。同时,机组容量利用率和燃料效率的提高有利于增加某省处于生产前沿的可能性。

"十五"和"十一五"规划对火电行业节能减排的措施有利于环境技术效率的提高,但电力体制改革对技术效率的作用并没有体现。在我们的研究中,环境约束和技术效率之间基本呈现倒"U"形关系,说明当平均排污费不超过 17.8 万元/单位时,增加排污收费,加大环境管制力度,有利于火电行业技术效率的提高。从横向来看,大部分省份的火电行业的 SO_2 和 CO_2 在研究期间都出现了不同程度的正增长,尤其是 CO_2 增长率较快,使得我国的环境状况不容乐观;就地区而言,东部地区的 SO_2 增长率要低于中西部,而 CO_2 增长率的地区差距并不明显,都保持较快地增长。从纵向来比较,SO_2 增速逐年下降而 CO_2 没有出现明显的下降趋势。研究发现较高的投入增长率是大部分省份、各地区和多数年间 SO_2 和 CO_2 排放出现增长的主要原因。而较高的投入增长率又主要是由于燃料投入增长率引起的。虽然污染排放总量基本上逐年增加,但是部分省份的减排项目或者措施正在逐渐地发挥作用,使得生产一单位电力所产生的 SO_2 和 CO_2 有所下降。东部的减排效率要好于中西部。就各年间来看,整个火电行业的减排效率在逐步提高,而 SO_2 减排效率的提高要比 CO_2 的明显。

第八章　环境管制下广东省工业全要素生产率增长

第一节　引言

改革开放 30 年以来,中国经济的迅猛发展是有目共睹的,在改革开放中崛起的广东一直是国内经济发展的排头兵。进入 20 世纪 90 年代后,广东向追赶亚洲"四小龙"的目标进军。2005 年,广东的经济总量已超过了中国香港和新加坡。到 2007 年,广东实现生产总值突破 3 万亿元,达到 30 673.71亿元,同比增长 14.5%,占全国的 1/8,连续 23 年居全国首位,经济实力迈上新台阶;人均生产总值超过 4000 美元,进入了中等收入国家的行列,这标志着广东已进入工业化中期的后阶段,并向工业化后期迈进。在这个大背景下,研究广东省工业全要素生产率是很有必要的,而且具有非常大的研究价值。

表 8—1　广东省部分经济指标历年统计数据

年份	地区生产总值在全国的排名	地区生产总值占全国的比重(%)	工业总产值占全国的比重(%)	工业废水排放量占全国的比重(%)	二氧化硫排放量占全国的比重(%)
1998	1	10.12	10.48	5.87	4.02
1999	1	10.32	10.69	5.82	4.59
2000	1	10.83	11.15	5.87	4.53
2001	1	10.98	11.34	5.57	5.00
2002	1	11.22	11.70	6.29	5.06
2003	1	11.67	12.53	7.01	4.98
2004	1	11.80	13.01	7.45	5.09
2005	1	12.21	13.57	8.76	5.08

（续表）

年份	地区生产总值在全国的排名	地区生产总值占全国的比重（%）	工业总产值占全国的比重（%）	工业废水排放量占全国的比重（%）	二氧化硫排放量占全国的比重（%）
2006	1	12.34	13.69	9.77	4.89
2007	1	12.46	13.89	9.99	4.87
2008	1	10.34	12.89	8.83	5.51
2009	1	11.60	13.38	8.06	5.43

　　工业生产率的迅速提高带动了广东经济的崛起，然而，工业发展又不可避免地伴随着环境污染和资源消耗。在可持续发展中，环境和资源不仅是经济发展的内生变量，而且是经济发展规模和速度的刚性约束。但在经济快速发展和工业化、城市化进程中，生态环境问题日益突出，成为制约广东可持续发展的重要因素。《珠江三角洲地区改革发展规划纲要》指出了广东最具有竞争力的珠三角地区存在着"土地开发强度过高，能源资源保障能力较弱，环境污染问题比较突出，资源环境约束凸显，传统发展模式难以持续；城乡和区域发展仍不平衡，生产力布局不尽合理，空间利用效率不高"等问题。目前，广东以全国1.85%的国土面积承载了全国约6%的总人口、超过8%的工业废水总量、约5.5%的工业二氧化硫排放量，环境问题成了新的发展阶段经济增长的瓶颈。从表8—1中可以看出，广东省的工业总产值占全国的比重一直攀升，但是与此同时工业废水的排放量占全国的比重也在攀升，到2009年这个比重已达8.06%。由于工业废气的排放量也比较多，全省复合型大气污染日趋严重。

　　根据张学良等（2008）一文中所建立的区域投资环境评价指标体系的数据显示，长三角16市自然生态环境的平均得分为0.4413，而珠三角9市的平均得分仅为－0.3244。受制于业已耗尽的土地、电力等资源及难以为继的环境承载力，近年来陆续有大企业从广东外迁，而世界500强企业到中国发展的落脚点也鲜有选择珠三角，而是更偏向于选择长三角。广东巨人的竞争力早已不复往昔，可持续发展的问题从来没有像今天这样真切地摆在经济大省广东的决策者面前。近年来广东防治污染的力度不断加大，但是环境污染的整体强度未减反增。据分析，重要原因是广东经济增长方式尚未实现根本性的转变，相当部分经济增长仍是靠高投入来支撑，由此带来了高消耗、高排放和高污染。这与"绿色广东"的建设目标有着很大的差距。由此,治理和改善环境、保护生态平衡要作为广东经济发展的目标之一。环境恶化要计入经济成本,要在全社会中形成环境补偿机制。这应该成为广东经济发展新阶段的基本指导原则之一。

考虑环境约束,研究中国工业生产率的文献已有不少,但是针对广东——中国经济第一大省的研究目前十分鲜见。广东省有 19 个地级市和 2 个副省级市(广州和深圳),按照广东省统计局常规的统计划分,可将广东省划分为四大经济区(如图 8—1 所示),且经济区之间的发展程度是有很大差别的(如表 8—2 所示)。这有利于研究经济的发展程度和环境保护的相关性。研究广东的工业全要素生产率不仅可以对广东目前和未来的经济建设提供信息,而且对国内其他相对较落后的地区的发展有着较强的借鉴意义。

□珠三角 □东翼 ▤西翼 ▥山区

图 8—1　广东省四大经济区域划分

表 8—2　2009 年区域国民经济主要统计指标占全省比重　　　(单位:%)

指标	珠三角	东翼	西翼	山区
土地面积	30.4	8.6	18.1	42.7
年末常住人口	49.7	17.1	16.2	17.1
年末从业人员	57.7	13.5	14.5	14.3
地区生产总值	79.4	6.7	7.2	6.7
第一产业	35.7	12.7	30.2	21.5
第二产业	80.0	7.5	5.8	6.6
第三产业	83.4	5.3	6.2	5.2
规模以上工业增加值	83.8	5.1	4.7	6.4

（续表）

指标	珠三角	东翼	西翼	山区
全社会固定资产投资总额	71.9	8.5	6.1	13.5
社会消费品零售总额	72.8	10.0	9.8	7.4
出口总额	95.2	2.6	0.9	1.3
进口总额	96.4	1.6	0.7	1.3
实际外商直接投资	89.6	3.5	1.2	5.7
地方财政一般预算收入	69.1	3.4	3.1	4.4

目前,研究全要素生产率的一个重要的方法是 Malmquist－Luenberger 生产率指数(ML 指数),它已经被广泛应用于农业、金融、医疗、公共管理、铁路等各种部门(或企业)的生产率度量,以及生产率问题的国际比较研究。本书根据广东省 21 个市要素资源投入、工业产出和污染排放的数据运用 ML 指数分别测度并比较了在考虑和不考虑环境管制的情形下广东各市的全要素生产率增长,在此基础上对广东各市的经济状况进行排名,然后考察环境管制如何影响各市的经济状况,最后对影响环境管制下全要素生产率增长的因素进行实证研究,从而为广东未来可持续发展提供有价值的政策建议。

第二节　文献综述

传统的增长理论主要致力于分析和解释经济增长过程中的"典型化事实"或者规律,并没有过多地关注环境管制和经济增长之间的关系。但是近年来,随着全球环境状况持续恶化,环境管制对经济增长的效应日益受到政策制定者和学术界的重视。接下来我们主要对单个省份的生产率和广东省的生产率两个方面的文献进行梳理。

王国顺、谷金花(2005)选取了湖南省制造业中比例最大的 10 个主导行业,分析了 1993—2002 年湖南省制造业发展状况,论文采用 DEA 方法的 Maimquist 指数测算全要素生产率,得出结论认为湖南省制造业生产水平取得了很大的提高,以平均 17% 的速度增长,其中技术效率 10%,技术进步 7%。制造业的提升得益于效率和技术的双重改善。不过制造业的增长在年度之间波动较大,作者未给出合理解释,对湖南省制造业发展给出的政策建议是提升经营管理水平和从业人员技术水平,推动国企改革和加大对民营企业的扶持力度。万兴等(2007)运用超越对数函数的随机前沿分析(SFA)模型和 DEA 方法测算了 1998—2004 年期间江苏省制造业 28 个部门的 TFP 的增长率、效率变化以及技术进步,并比较了两种方法的计算结果。研究发现:两种方法计算所得 TFP 变动趋势相同;无论按照哪种方法测算,技术进步都是江苏制造业 TFP 增长的主要来源;两种方法计算所得制造业各部门 TFP 增长率排序显著相关,效率变动排序呈现一定相关程度,而技术进步的排序呈现一定程度负相关;SFA 模型所计算出来的 TFP 增长率、效率变化和技术进步都要高于 DEA 方法计算所得结果。陈培叶和陈云蓉(2008)测算了 1994—2006 年湖南省的工业 TFP。在此基础上分析了湖南省主要工业行业近年来的技术发展水平。结果分析表明,目前湖南省工业的生产力进步主要来源于技术进步,而未来湖南省工业生产力的可持续增长不仅是源于行业技术进步,更主要的是来自于效率的提升。张建华、吴孔丽(2007)选取了武汉地区制造业中 10 个有代表性的行业,通过方向性距离函数测算出了 1999—2005 年十年期间武汉 10 个制造业的全要素生产率,测算结果表明武汉地区十年间制造业全要素生产率水平较低,全要素生产率、效率和技术进步随年份波动较大,且时增时减。自 1999 年以来,出现了缓慢上升的势头,技术进步和效率同时出现了改善。刘云枫、周健明(2008)运用基于 DEA 的 Malmquist 指数方法分析了 1996—2005 年北京市以机械制造业 10 个行业的全要素生产率,测算表明分析期间,北京市全要素生产率为年均 9.6%,增长主要依赖于技术进步,而技术效率则出现了下降的趋势;建议机械制造业提高行业经营管理水平、从业人员技术效率,调整产业布局和加强资源整合。林孔团、魏下海、鄢琳(2010)采用数据 DEA 方法对基于福建省 1999—2007 年制造业面板数据进行测算,结果表明分析期间福建省制造业平均全要素生产率增长了 9.1%,技术进步是全要素生产率的最主要动力,技术效率出现恶化。

关于广东的全要素生产率研究较少。黄静波、付建(2004)分析 FDI 对广东技术进步的作用,他们发现,来自港澳台的 FDI 对广东全要素生产率的影响是负面的;而来自西方 7 国的 FDI 对广东的全要素生产率有正向的影响。邓利方、余甫功(2006)利用非参数 DEA－Malmquist 指数法,对广东全要素生产率进行测算和分析,估算出 1980 年至 2004 年广东省 21 个地级市全要素生产率增长、效率变化和技术进步率。陈新林(2008)采用数据包络分析和 Malmquist 指数对 1997—2003 年广东经济增长与其技术效率以及生产率发展的影响关系进行了分析。王晓东(2010)运用 DEA 和 Malmquist 指数,对广东各工业行业 2001—2007 年的技术效率、全要素生产率及其分解项目进行了测算。段晓庆(2010)对 2002—2007 年广东省制造业进行了研究,分析期间广东省制造业内外资企业平均全要素生产率增长率分别为 3.7％和 2.0％,其中全要素生产率的提高主要依赖于技术进步,内资企业的增长效应和对外资企业的追赶效应比较显著。张朝华(2011)对广东 1990—2008 年的农业全要素生产率进行了研究,广东农业 TFP 的增长率与 GDP 的增长率在总体上呈现出同步变化的趋势,然而"八五"与"十五"期间的技术效率缺失是造成广东农业 TFP 增长率低下,甚至在 1993 年与 2003 年出现负增长的主要原因。樊兰(2011)运用非参数的曼奎斯特生产率指数方法,测算了广东省 21 个市 1991—2008 年工业全要素生产率增长、技术效率和技术进步。何传添、谢璇(2012)利用 1995—2010 年广东及其各地区面板数据,采用 DEA 模型的 Malmquist 指数方法,分析了广东及其各地区在 1995—2010 年期间全要素生产率的动态变化特征。

　　通过上述文献,我们可以发现国内外对于生产率的研究无论在研究方法、研究领域、研究视角等方面都得到了新的拓展,但是国内在对考虑环境污染的生产率研究上相对落后,尤其是对单一省份的考察。环境污染中来自于工业的污染所占的比例很高,而广东省是一个代表性的工业大省。本章的主要目的就是运用最新发展的 Malmquist－Luenberger 生产率指数测度广东省 21 个市环境管制下 1998—2007 年全要素生产率及其成分,从而较为准确地评价广东工业发展的绩效,并对影响全要素生产率的因素进行实证分析,从而为广东未来可持续发展提供有价值的政策建议。

第三节　研究方法与数据处理

一、研究方法

工业生产不可避免地要产生污染,在生产出"好"产品的同时,一些副产品例如废水、废气、SO_2 等也随之被生产出来,这些副产品我们称之为"坏"产出。"好"产出和"坏"产出总是相伴而生的,意味着减少"坏"产出是需要付出一定的代价的。我们用来定义 M 种"好"产出,用 $b = (b_1, \cdots, b_I) \in R_+^I$ 来定义 I 种"坏"产出,用 $x = (x_1, \cdots, x_N) \in R_+^N$ 来定义 N 种投入,然后我们可以用一个产出可行集来描述技术:

$$P(x) = \{(y,b) : x \text{ 可以生产}(y,b)\}, x \in R_+^N \tag{8.1}$$

我们设定"坏"产出的减少是需要成本的,即"坏"产出具有弱可处置性:

$$\text{如果}(y,b) \in P(x) \text{ 且 } 0 \leqslant \theta \leqslant 1, \text{那么}(\theta y, \theta b) \in P(x) \tag{8.2}$$

也就是说给定一个投入水平,当"坏"产出减少时,"好"产出也要同比例地减少。另外,我们假设"好"产出具有强可处置性,即:

$$\text{如果}(y,b) \in P(x), \text{且 } y' \leqslant y, \text{那么}(y',b) \in P(x) \tag{8.3}$$

强可处置性意味着"好"产出可以自由支配,但"坏"产出却保持不变。一般来说,对于企业的运营效率,如果持续增加投入,"坏"产出减少的同时"好"产出没有相应地减少的情况是不可能实现的。最后,我们设定"好"产出和"坏"产出是"零结合"的,也就是说没有"坏"产出就没有"好"产出,即:

$$\text{如果}(y,b) \in P(x), \text{且 } b = 0, \text{那么 } y = 0 \tag{8.4}$$

最初的 Malmquist 指数使用传统的 Shephard 距离函数来代表技术,基于产出的距离函数定义为:

$$D_O(x,y,b) = \inf\{h : ((y,b)/\theta) \in P(x)\} \tag{8.5}$$

这个函数设定"好"产出和"坏"产出是同比例增加的,所以它没有考虑到"坏"产出减少的情况。为了将"坏"产出减少的情况考虑进去,我们在此使用方向性产出距离函数代替传统的 Shephard 距离函数来表示技术。方向性距离函数考虑的是在"好"产出增加的同时"坏"产出同比例地减少,基于产出的方向性距离函数定义如下:

$$\vec{D}_O(x,y,b;g) = \sup\{\beta:(y,b)+\beta g \in P(x)\} \tag{8.6}$$

β 代表观测值(y,b)要达到生产边界(y+βg,b+βg),方向向量 $g = (g_y, g_b)$ 需要变化的比例。如果 $\beta = 0$,表示观测值在生产边界上。方向向量可以有多种选择,本书主要考虑两种选择:

(1)当不考虑"坏"产出时,方向向量为 $g = (y,0)$;我们利用 DEA 来解方向性距离函数,这需要对下面的线性规划进行求解:

$$\vec{D}_0^t(x^{t,k^*}, y^{t,k^*}, 0; y^{t,k^*}, 0) = Max\beta$$

$s.t.$

$$\sum_{k=1}^{K} z_k^t y_{km}^t \geqslant (1+\beta) y_{k^*m}^t, m = 1,\cdots,M$$

$$\sum_{k=1}^{K} z_k^t x_{kn}^t \leqslant x_{k^*n}^t, n = 1,\cdots,N$$

$$z_k^t \geqslant 0, k = 1,\cdots,K \tag{8.7}$$

其中 $t = 1,\cdots,T$ 代表所考察的时期,$k = 1\cdots K$ 代表所考察的对象,z_k^t 表示分配给每一个构建了产出可能边界的观察值的权重。

(2)当"坏"产出在技术上具有弱可处置性时,方向向量为 $g = (y,-b)$;此时需要对下面的线性规划进行求解:

$$\vec{D}_0^t(x^{t,k^*}, y^{t,k^*}, b^{t,k^*}; y^{t,k^*}, -b^{t,k^*}) = Max\beta$$

$s.t.$

$$\sum_{k=1}^{K} z_k^t y_{km}^t \geqslant (1+\beta) y_{k^*m}^t, m = 1,\cdots,M$$

$$\sum_{k=1}^{K} z_k^t b_{ki}^t = (1-\beta) b_{k^*i}^t, i = 1,\cdots,I$$

$$\sum_{k=1}^{K} z_k^t x_{kn}^t \leqslant x_{k^*n}^t, n = 1,\cdots N$$

$$z_k^t \geqslant 0, k = 1,\cdots,K \tag{8.8}$$

ML 生产率指数是由传统的 M 生产率指数演变而来的,主要的区别是 ML 生产率指数是基于方向性距离函数而构建的,传统的 M 生产率指数是基于传统的 Shephard 距离函数而构建的。但是,它们具有共同的优点:首先,它们都是一个测算全要素生产率的指数;其次,它只需要投入和产出的数量的数据,而不需要价格信息。但是通过前文的阐述我们知道 M 生产率指数不允许有"坏"产出减少的情况发生,这种缺陷导致对全要素生产率的测度出现偏差。而 ML 生产率指数则避免了这种偏差。设定方向向量 $g = (y, -b)$，Chung et al.（1997）将基于产出的 ML 生产率指数定义为：

$$ML_t^{t+1} = \left[\frac{1 + \vec{D}_0^t(x^t, y^t, b^t; y^t, -b^t)}{1 + \vec{D}_0^{t}(x^{t+1}, y^{t+1}, b^{t+1}; y^{t+1}, -b^{t+1})} \times \frac{1 + \vec{D}_0^{t+1}(x^t, y^t, b^t; y^t, -b^t)}{1 + \vec{D}_0^{t+1}(x^{t+1}, y^{t+1}, b^{t+1}; y^{t+1}, -b^{t+1})} \right]^{\frac{1}{2}}$$

(8.9)

ML 生产率指数可以被分解为效率变化（EFFCH）和技术进步（TECH）两部分。它们被定义为：

$$EFFCH_t^{t+1} = \frac{1 + \vec{D}_o^t(x^t, y^t, b^t; y^t, -b^t)}{1 + \vec{D}_0^{t+1}(x^{t+1}, y^{t+1}, b^{t+1}; y^{t+1}, -b^{t+1})}$$

(8.10)

$$TECH_t^{t+1} = \left[\frac{1 + \vec{D}_0^{t+1}(x^t, y^t, b^t; y^t, -b^t)}{1 + \vec{D}_0^t(x^t, y^t, b^t; y^t, -b^t)} \times \frac{1 + \vec{D}_0^{t+1}(x^{t+1}, y^{t+1}, b^{t+1}; y^{t+1}, -b^{t+1})}{1 + \vec{D}_0^t(x^{t+1}, y^{t+1}, b^{t+1}; y^{t+1}, -b^{t+1})} \right]^{\frac{1}{2}}$$

(8.11)

$$ML_t^{t+1} = EFFCH_t^{t+1} \cdot TECH_t^{t+1}$$

(8.12)

ML、EFFCH 和 TECH 大于（小于）1 分别表明生产率增长（下降），效率改善（恶化），以及技术进步（退步）。为了减少计算 ML 指数不可行解的数量，本书运用序列 DEA 的方法，即每一年的参考技术由当期及其前所有可得到的投入产出值决定。根据上述方法，本书测度了广东省 21 个市1998—2007 年环境管制下的工业全要素生产率指数、效率变化指数及技术进步指数，并对影响全要素生产率增长的因素进行了实证分析。

二、数据处理

由于本书考察的是 1998—2007 年广东省各市在考虑环境管制前后的生产率变动，所以需要两种产出和投入的数据。

1."好"产出

"好"产出我们选择的是广东省各市的规模以上工业企业的实际增加值。名义工业增加值和以上一年为基期的工业增加值指数的数据主要是在广东省历年统计年鉴中搜集到的，利用这两种数据可以求得扣除价格因素后的实际工业增加值。

之所以选择规模以上工业企业作为考察对象是因为规模以上工业企业的总产值或增加值占全部工业企业的比例很大，如表 8—3 所示。

表 8—3　规模以上工业与全部工业企业的指标对比

项目	2000	2005	2006	2007	2008	2009
全部工业企业	—	—	—	—	—	—
企业(单位)数	380231	445657	440769	473324	585511	528691
A1. 工业总产值(亿元)	16904.47	41661.74	51131.94	62759.92	74414.56	75886.62
B1. 工业增加值(亿元)	4463.06	10482.03	12500.22	16356.33	17254.04	18091.56
规模以上工业	—	—	—	—	—	—
企业(单位)数	19695	35157	37523	42289	52603	52217
A2. 工业总产值(亿元)	12480.93	35942.74	44674.75	55252.86	65424.61	68275.77
B2. 工业增加值(亿元)	3422.60	9416.39	11780.89	14104.21	17612.94	18235.21
A2/A1	73.83%	86.27%	90%	88.04%	87.92%	89.97%
B2/B1	76.69%	89.83%	90%	86.23%	102.08%	100.79%

到 2009 年规模以上工业的总产值已经占全部工业总产值的 89.97%，规模以上工业的增加值占全部工业增加值的 100.79%，所以规模以上工业的代表性很强，可以作为考察广东工业的对象。

2. "坏"产出

"坏"产出我们选择的是广东省各市 1998—2007 年的工业废水和工业二氧化硫的排放量。如引言中所述，广东省的工业废水排放量占全国的比重在样本期间年年上升，至 2007 年这个比重已近达 10%；二氧化硫是工业废气的主要成分之一，排放到大气中，会氧化而成硫酸雾或硫酸盐气溶胶，是环境酸化的重要前驱物。这两种污染物和广东省其他污染物排放的程度相比要严重得多，所以我们就把工业废水和工业二氧化硫的排放量作为"坏"产出来考察。

3. 劳动投入

劳动投入我们选择的是广东省各地区规模以上工业企业的从业人员年平均人数。

4. 资本投入

资本投入我们选择的是规模以上工业企业的固定资产净值年平均余额。由于统计年鉴上发布的固定资产净值只是账面价值，所以我们要对其用固定资产价格指数进行折算。按照国家统计局固定资产投资统计司(1987)的规定，固定资产价格指数分为建筑安装工程价格指数、设备价格指数和其他费用价格指数。为了简化计算，在本书中我们将设备价格指数和

其他费用价格指数考虑为一体进行计算,根据李小平和朱钟棣(2005),固定资产投资价格指数的计算公式为:

$$P_i(t) = w_j(t)P_j(t) + w_s(t)P_s(t) \qquad (8.13)$$

其中,$P_i(t)$、$P_j(t)$ 和 $P_s(t)$ 分别代表第 t 年 i 市的固定资产投资价格指数、建筑安装工程价格指数以及设备和其他费用价格指数;$w_j(t)$ 和 $w_s(t)$ 分别表示建筑安装工程投资占固定资产总投资的比例以及设备和其他费用投资占固定资产总投资的比例,而且满足 $w_j(t) + w_s(t) = 1$。建筑安装工程价格指数我们利用按当年价格计算的建筑业总产值除以由建筑业当年价总产值指数推算出来的可比价总产值。设备和其他费用价格指数我们采用工业价格指数来表示,而工业价格指数是用各年的按当年价格计算的名义工业增加值除以按可比价计算的实际工业增加值得到的。最后,我们对各市各年的固定资产净值年平均余额进行如下折算:

$$k_t = k_{t_0} + \sum_{t_0+1}^{t} \frac{\Delta k_t}{P_i(t)} \qquad (8.14)$$

其中,k_{t_0} 为1998 年的固定资产净值年平均余额,Δk_t 为第 t 年固定资产净值年平均余额的增加量,我们用当年的固定资产净值年平均余额与上一年的固定资产净值年平均余额的差值来表示。有关数据的统计性描述如表8—4 所示。

表 8—4 1998—2007 年投入产出指标的统计描述

	单位	均值	中值	最大值	最小值	标准差
资本投入(K)	亿元	334.70	181.87	2179.47	14.71	420.92
劳动力投入(L)	人	384330	143880	3101166	25394	509090
实际工业增加值	亿元	289.43	100.69	3470.68	7.72	510.96
工业废水排放量	万吨	7051.22	4481.00	65174.60	239.00	7542.93
工业二氧化硫排放量	万吨	4.27	2.68	21.34	0.03	4.99

以上所需数据主要来源于广东省各市的历年统计年鉴。对于缺失的数据,我们主要采用两种方法来补齐,一种是应用较多的插值法;一种是可判断的替代法,例如:由于统计项目的不同,汕尾市建筑安装工程投资占固定资产总投资的比例的数据我们不能得到,只有以全省的这个比例数据来代替。我们的判断依据是这个比例各市趋同,差别不是很大。如图 8—2 所示。

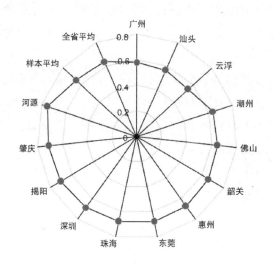

图 8—2　建筑安装工程投资占固定资产
总投资的比例(样本期间平均值)

从图 8—2 中可以看出,我们抽样的广东省 12 个市建筑安装工程投资占固定资产总投资的比例平均在 0.65 左右,全省平均为 0.64,而且各市之间相差不大,变化趋势也类似,所以可以用全省的数据代替部分缺失的数据,不会对我们的运算与分析造成影响。

第四节　实证结果

根据上述的模型设定以及所得到的数据,我们运用 GAMS22.4 软件包测算了四种情形下的 TFP 指数及其成分。情形 1 没有考虑"坏"产出,此时得到的 TFP 指数就是传统的 M 生产率指数;情形 2 考虑了一种"坏"产出——工业废水的排放量,并设定"坏"产出具有弱可处置性,此时得到的 TFP 指数是 ML 生产率指数;情形 3 考虑另一种"坏"产出——工业二氧化硫的排放量,同样设定其具有弱可处置性;情形 4 考虑两种"坏"产出——工业废水和二氧化硫的排放量。表 8—5 是广东各市 1998—2007 年全要素生产率指数及其成分平均值的 Spearman 等级相关系数,表 8—6 是四种情形下的广东省 21 个市以及四大经济区的全要素生产率指数及其成分的平均值。

表 8—5　全要素生产率指数及其成分的 Spearman 等级相关系数

全要素生产率指数	ML_1	ML_2	ML_3	ML_4
ML_1	1.000	0.535***	0.422**	0.556***
ML_2	0.535***	1.000	0.734	0.604***
ML_3	0.422**	0.734***	1.000	0.751***
ML_4	0.556***	0.604***	0.751***	1.000
效率变化指数	EC_1	EC_2	EC_3	EC_4
EC_1	1.000	0.940***	0.735***	0.756***
EC_2	0.940***	1.000	0.773***	0.799***
EC_3	0.735***	0.773***	1.000	0.916***
EC_4	0.756***	0.799***	0.916***	1.000
技术进步指数	TC_1	TC_2	TC_3	TC_4
TC_1	1.000	0.239	0.300*	0.328*
TC_2	0.239	1.000	0.617***	0.404**
TC_3	0.300*	0.617***	1.000	0.799***
TC_4	0.328*	0.404***	0.799***	1.000

注：*** 表示在 1% 的水平上显著，** 表示在 5% 的水平上显著，* 表示在 10% 的水平上显著。

从表 8—5 我们可以看到，不考虑环境因素的全要素生产率指数和技术进步指数，与其他三种情形下的全要素生产率指数和技术进步指数的相关系数较低，考虑环境因素的全要素生产率指数和技术进步之间的相关系数相对较高，且各种效率变化指数之间的相关系数较高。这说明，不考虑环境因素下，对于全要素生产率的估计是存在偏差的，这种偏差的来源主要是由于技术进步。

在对上表进行分析前，需要明确数据的含义：ML 代表的是全要素生产率指数（TFP），EC 代表的是 ML 生产率指数中的效率变化，TC 代表的是 ML 生产率指数中的技术变化，且 ML＝EC×TC。

表 8—6　广东省 21 个市以及四大经济区的工业全要素生产率指数及其成分的平均值

市别	情形 1			情形 2			情形 3			情形 4		
	ML1	EC1	TC1	ML2	EC2	TC2	ML3	EC3	TC3	ML4	EC4	TC4
广州	1.12	1.003	1.123	1.128	1.009	1.127	1.146	1	1.154	1.156	1.002	1.162
深圳	1.111	0.977	1.139	1.096	1	1.096	1.112	1	1.112	1.105	1	1.105
珠海	1.058	0.951	1.12	1.051	0.961	1.098	1.059	0.966	1.103	1.053	0.962	1.099

（续表）

市别	情形 1			情形 2			情形 3			情形 4		
	ML1	EC1	TC1	ML2	EC2	TC2	ML3	EC3	TC3	ML4	EC4	TC4
佛山	1.13	0.995	1.142	1.145	1.008	1.141	1.162	0.987	1.181	1.159	0.994	1.17
惠州	1.076	0.961	1.126	1.075	0.975	1.107	1.073	0.966	1.113	1.08	0.968	1.117
东莞	1.111	0.989	1.13	1.21	1.015	1.164	1.138	1.007	1.131	1.085	1.016	1.082
中山	1.085	0.969	1.125	1.084	0.975	1.116	1.071	0.971	1.106	1.078	0.97	1.116
江门	1.064	0.945	1.132	1.11	0.958	1.182	1.053	0.962	1.1	1.022	0.962	1.066
肇庆	1.157	1.022	1.134	1.271	1.015	1.251	1.16	1.003	1.158	1.297	1.002	1.289
珠三角	1.101	0.979	1.13	1.13	0.991	1.142	1.108	0.985	1.128	1.115	0.986	1.134
汕头	1.041	0.938	1.12	1.055	0.969	1.094	1.075	0.975	1.108	1.074	0.975	1.109
汕尾	1.113	0.994	1.122	1.13	1.018	1.145	1.064	0.999	1.065	1.05	1.014	1.034
潮州	1.067	0.967	1.11	1.057	0.975	1.088	1.104	1.022	1.081	1.136	1.039	1.094
揭阳	1.033	0.938	1.111	1.046	0.956	1.106	1.064	0.983	1.084	1.088	1	1.088
东翼	1.064	0.959	1.116	1.072	0.979	1.108	1.077	0.995	1.084	1.087	1.007	1.081
阳江	1.154	1.031	1.127	1.177	1.032	1.142	1.118	1.013	1.111	1.189	1.039	1.148
湛江	1.103	0.992	1.118	1.152	0.979	1.176	1.17	0.991	1.184	1.065	0.991	1.076
茂名	1.141	1.028	1.117	1.195	1.015	1.189	1.144	0.997	1.164	1.177	1.012	1.167
西翼	1.133	1.017	1.121	1.175	1.009	1.169	1.144	1	1.153	1.144	1.014	1.13
韶关	1.156	1.038	1.12	1.165	1.061	1.165	1.075	1.011	1.069	1.123	1.089	1.032
河源	1.227	1.084	1.144	1.115	1.057	1.052	1.098	1.059	1.035	1.141	1.096	1.042
梅州	1.147	1.021	1.124	1.048	1.011	1.037	1.075	1	1.075	1.083	1.044	1.038
清远	1.146	1.037	1.117	1.039	1.031	1.008	1.033	1.018	1.014	1.04	1.029	1.01
云浮	1.074	0.976	1.114	1.003	0.992	1.011	1	0.988	1.011	1.005	0.991	1.015
山区	1.15	1.031	1.124	1.074	1.03	1.055	1.056	1.015	1.041	1.079	1.05	1.027
全省	1.11	0.993	1.125	1.112	1.001	1.119	1.095	0.996	1.103	1.105	1.009	1.098

一、广东工业全要素生产率的时间变化趋势

根据表8—6的测算结果，我们从时间趋势的角度通过图示来分析 TFP 及其成分。

从图8—3可以看出，在考察期间，四种情形下的全要素生产率都呈现出波折上升的趋势，情形 1 波动较缓，后三种情形波动较大，且情形 4 下的 TFP 期末与期初的差值最大。

如图8—4所示，在考察初期，四种情形下的效率变化值相差不大，期间情形 1 下的效率变化值波动较为明显；对比考察末期与初期的效率变化值可以发现，情形 1 下的平均效率变化值的落差近 0.1，而后三种情形的平均效率变化值却非常小，这说明随着时间的推移，不考虑环境管制的粗放型经济增长其生产效率必然下降。

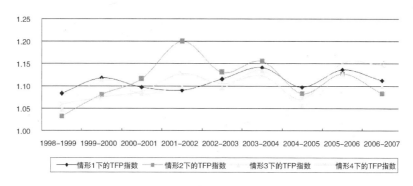

图 8—3 四种情形下的全省平均效率变化值走势

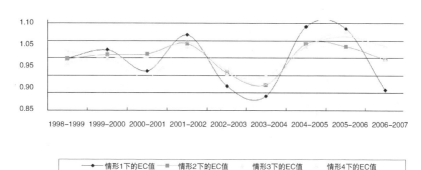

图 8—4 四种情形下的全省平均效率值走势

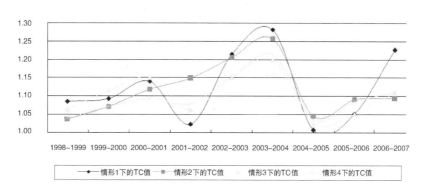

图 8—5 四种情形下的全省平均技术进步率值走势

如图 8—5 所示,在考察期间,四种情形下的技术进步率值都呈现出波折上升的趋势,情形 1 波动较大,且期末与期初的差值最大,后三种情形波动较缓。

对比图8—3、图8—4和图8—5,全省平均技术进步率值和平均效率变化值呈相反的走势,这有可能是由于技术进步对技术效率的发挥存在滞后性造成的,当技术效率下降时,为改变低效率的情况,采用了新的技术,等到技术效率上升时,技术进步所带来的成效则开始减退,这一点和杨顺元(2006)的结论一致。在情形1下,TFP值主要受技术进步率值变化的影响,即TFP增长的主要动力是技术的进步而非效率的提高;在后三种情形下,TFP增长的主要动力虽然还是技术的进步,但是效率大多得到了改善并为TFP的增长作出了积极的贡献。可见当考虑到环境管制时致使TFP下降的因素是技术的退步。

二、广东工业全要素生产率的区域比较

(一)四种情形下平均TFP的区域比较

从图8—6可以看出,对比四种情形珠三角、东翼和西翼的平均TFP略有上升,全省的平均TFP变动甚微,而山区的平均TFP下降幅度较大。不考虑环境管制,山区的平均TFP排名第一,考虑环境管制后山区排名最末。可见环境管制对山区的TFP产生了较大的影响,这可能与山区的经济增长模式及工业企业的类型有关。下面我们通过具体的数据来对TFP进行详细的分析。

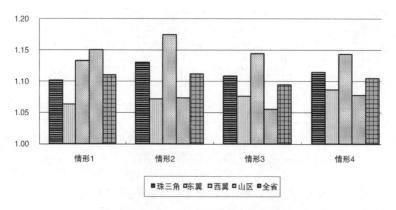

图8—6 四种情形下广东省各经济区的平均TFP值

通过分析表8—7和表8—8我们可以看出在情形1下,即不考虑"坏"产

出时,在考察期内广东省整体平均 TFP 指数为 1.1102,表明广东省的 TFP 平均每年增长 11.02%。从平均意义上来看,TFP 的增长主要是由 12.47% 的技术进步推动的,而效率则出现退步。广东省山区的平均 TFP 指数以及西翼的平均 TFP 指数均在全省平均水平以上,山区 5 市中除了云浮,西翼 3 市中除了湛江其余 6 市的平均 TFP 指数也均在全省平均水平以上。平均 TFP 值最高的前五个城市依次是河源、肇庆、韶关、阳江和梅州,其中有三个位于山区。经济相对比较发达的珠三角和东翼的平均 TFP 指数均位于全省平均水平以下。在珠三角 9 市中只有肇庆的排名较为靠前,其余 8 市的排名相对靠后,而位于东翼的汕尾和揭阳则排在最末。

在情形 2 下,即考虑一种"坏"产出——工业废水排放量时,全省的平均 TFP 指数为 1.1120,高于情形 1 下的平均 TFP 指数,且 TFP 增长的动力来自于 11.89% 的技术进步和 0.05% 的效率提高。21 个市中有 9 个市(其中有珠三角的深圳、珠海、惠州和中山,山区的河源、梅州、清远和云浮,东翼的潮州)的平均 TFP 指数和情形 1 下的平均 TFP 指数相比略有降低,其余 12 个市的平均 TFP 指数都有所提高。西翼的平均 TFP 增长率依旧在全省平均水平以上,且其平均 TFP 增长率有所提高。东翼的平均 TFP 增长率虽然也略有提高,但是依旧位于全省的平均水平之下。对比两种情形下的运算结果,平均 TFP 指数变动幅度最大的 5 个城市依次是肇庆(珠)、河源(山)、清远(山)、东莞(珠)和梅州(山),总体而言,山区的变动最大。当不考虑工业废水排放时,山区的平均 TFP 的增长率很高,山区 5 市的排名也相对靠前;但是当考虑工业废水排放时,山区的平均 TFP 指数竟然低于全省的平均水平,而且位于山区的清远和云浮排在最末,河源从第 1 位降到第 10 位,梅州从第 5 位降到第 18 位,清远从第 6 位降到第 20 位。珠三角的平均 TFP 变动率仅次于山区,平均 TFP 指数已上升到全省平均水平以上,且肇庆和东莞占据前两位。可见,工业废水的排放量对山区和珠三角的生产率产生了较大的影响。究其原因,我们可以首先从两地的工业企业的类型进行分析。到 2008 年,山区的规模以上重工业企业数目约是轻工业的 1.56 倍;工业企业主要集中于纺织业、化学原料及化学制品制造业、非金属矿物制品业、通用设备制造业、电气机械及器材制造业及电力、热力的生产和供应业,这几个行业用水量大所以产生的废水量也大。相比之下,珠三角的工业企业多是轻工业。另外,根据统计数据我们也发现,山区五市的工业废水排放达标率很低,相反珠三角九市的工业废水达标率则相对高些;以2005年为例,全省的工业废水排放达标率平均为84.38%,而山区五市平均仅为78.8%,珠三角九市平均高达94.92%。

表8—7　四种情形下的平均TFP指数及排名状况

市别	情形 1		情形 2		情形 3		情形 4	
	ML1	排名	ML2	排名	ML3	排名	ML4	排名
全省	1.110	C	1.112	C	1.095	C	1.105	C
珠三角	1.101	D	1.130	B	1.108	B	1.115	B
广州	1.120	9	1.128	9	1.146	4	1.156	5
深圳	1.111	11	1.096	12	1.112	8	1.105	9
珠海	1.058	19	1.051	17	1.059	18	1.053	17
佛山	1.130	8	1.145	7	1.162	2	1.159	4
惠州	1.076	15	1.075	14	1.073	14	1.080	13
东莞	1.111	12	1.210	2	1.138	6	1.085	11
中山	1.085	14	1.084	13	1.071	15	1.078	14
江门	1.064	18	1.110	11	1.053	19	1.022	20
肇庆	1.157	2	1.271	1	1.160	3	1.297	1
东翼	1.064	E	1.072	E	1.077	D	1.087	D
汕头	1.041	20	1.055	16	1.075	11	1.074	15
汕尾	1.113	10	1.130	8	1.064	16	1.050	18
潮州	1.067	17	1.057	15	1.104	9	1.136	7
揭阳	1.033	21	1.046	19	1.064	17	1.088	10
西翼	1.133	B	1.175	A	1.144	A	1.144	A
阳江	1.154	4	1.177	4	1.118	7	1.189	2
湛江	1.103	13	1.152	6	1.170	1	1.065	16
茂名	1.141	7	1.195	3	1.144	5	1.177	3
山区	1.150	A	1.074	D	1.056	E	1.079	E
韶关	1.156	3	1.165	5	1.075	13	1.123	8
河源	1.227	1	1.115	10	1.098	10	1.141	6
梅州	1.147	5	1.048	18	1.075	12	1.083	12
清远	1.146	6	1.039	20	1.033	20	1.040	19
云浮	1.074	16	1.003	21	1.000	21	1.005	21

表 8—8　TFP 指数相对变动状况

市别	ML2－ML1	ML3－ML1	ML4－ML1	ML4－ML2	ML4－ML3
全省	0.002	−0.015	−0.005	−0.007	0.010
珠三角	0.029	0.007	0.014	−0.015	0.007
广州	0.008	0.026	0.036	0.028	0.009
深圳	−0.015	0.001	−0.006	0.009	−0.007
珠海	−0.008	0.001	−0.006	0.002	−0.007
佛山	0.015	0.032	0.029	0.014	−0.002
惠州	−0.001	−0.003	0.004	0.005	0.007
东莞	0.099	0.027	−0.026	−0.125	−0.053
中山	−0.001	−0.014	−0.007	−0.006	0.007
江门	0.046	−0.010	−0.042	−0.088	−0.031
肇庆	0.114	0.002	0.140	0.026	0.137
东翼	0.009	0.013	0.023	0.015	0.010
汕头	0.014	0.035	0.033	0.019	−0.002
汕尾	0.017	−0.049	−0.063	−0.080	−0.015
潮州	−0.011	0.036	0.069	0.079	0.033
揭阳	0.013	0.031	0.055	0.042	0.024
西翼	0.042	0.011	0.011	−0.031	−0.001
阳江	0.023	−0.036	0.034	0.011	0.070
湛江	0.049	0.067	−0.038	−0.087	−0.105
茂名	0.054	0.003	0.036	−0.018	0.034
山区	−0.076	−0.094	−0.071	0.004	0.022
韶关	0.010	−0.080	−0.033	−0.042	0.047
河源	−0.112	−0.129	−0.086	0.026	0.043
梅州	−0.099	−0.071	−0.063	0.035	0.008
清远	−0.107	−0.113	−0.106	0.001	0.007
云浮	−0.070	−0.074	−0.069	0.002	0.006

在情形 3 下,即考虑一种"坏"产出——工业二氧化硫排放量时,全省的平均 TFP 指数为 1.0950,低于情形 1 下的平均 TFP 指数,且 TFP 增长的动力来自于 10.3% 的技术进步,效率出现退步。21 个市中有 10 个市(其中有珠三角的惠州、中山和江门,西翼的阳江,东翼的汕尾,山区的韶关、河源、梅州、清远和云浮)的平均 TFP 指数和情形 1 下的平均 TFP 指数相比有所降低。珠三角和西翼的平均 TFP 指数在全省的平均水平以上,东翼和山区的平均 TFP 指数在全省的平均水平之下,且和情形 1 相比珠三角、东西翼均有

所增加,而山区整体下降比较明显。山区 5 市领衔了降幅榜前五位,排名变动得也十分明显,如表 8—7 所示,韶关从第 3 位降到第 13 位,河源从第 1 位降到第 10 位,梅州从第 5 位降到第 12 位,清远从第 6 位降到第 20 位,云浮从第 16 位降至最末。可见工业二氧化硫的排放量对山区的全要素生产率产生了比较大的影响。究其原因,由于珠三角经济发达地区产业升级的需要,一大批工业企业转移落户到山区,山区的工业化进程增速明显放快。然而山区承接的这些工业企业大部分污染较为严重,增长模式仍然是粗放型。山区在得益于工业化带来的利益的同时,其环境污染情况也逐渐恶化。2007 年,山区 5 市的工业废气排放量占全省的 21.16%,全省平均工业废气排放量为 806.6 亿标立方米,山区平均工业废气排放量为 716.82 亿标立方米,低于全省的平均水平;2008 年,山区 5 市的工业废气排放量占全省的比例上升至 24.69%,全省平均工业废气排放量为 976.67 亿标立方米,山区平均工业废气排放量为 1012.73 亿标立方米,且山区的平均工业废气排放量增长率为 0.4128 远远高于全省的平均工业废气排放量的增长率 0.2108。

在情形 4 下,即考虑两种"坏"产出——工业废水和二氧化硫排放量时,全省的平均 TFP 指数为 1.105,且增长的动力来自于 9.79% 的技术进步和 0.93% 的效率提高。和情形 1 相比,全省平均 TFP 指数有所下降,变动幅度较大的仍然是山区五市,排名均大幅下滑。平均 TFP 指数上升幅度最大的是肇庆,肇庆市在加强资源节约、发展循环经济,污染治理等方面采取了多项有力措施,譬如出台了《关于开展资源节约活动工作意见》和《肇庆市电镀、印染等重污染行业统一规划统一定点实施方案》等政策文件;启动了建设亚洲金属资源再生工业基地、广甯华南塑胶再生资源利用加工基地、鼎湖节能环保生态产业园、肇庆高新区国家生态工业示范园四大循环经济园区,培育环保产业。2008 年在国民生产总值比上年增长 14.2% 的形势下,肇庆的环境质量仍保持优良。全市省控主要江河断面水质达到国家地表水 II 类水质标准,全市城区空气环境质量达到国家空气环境质量二级标准,声环境质量按功能分区达标。在产业调整升级的过程中,肇庆走出了一条经济持续快速增长、生态环境质量长期保持优良的科学发展道路。和情形 2 相比,全省平均 TFP 指数也是有所下降,下降幅度最大的城市是东莞,可见东莞受工业废气的污染较为严重。东莞轻工业较多,工业企业集中于食品加工、纺织、皮革制品、木材加工、造纸、塑料制品、橡胶制品、金属制品以及设备制造等行业,这些行业一般能耗较高,需要大量的煤电投入,工业二氧化硫的排放量相对较大,其治理费用也相对较高。和情形3相比,全省平均TFP指数有所上升,四大经济的排名并未发生变动。就单个城市而言,上升幅度最大的依然是肇庆,下降幅度最大的是湛江,平均TFP指数下降了10.5个百分点,排名从第1位降到第16位,可见湛江受工业废水的污染比较严重。经过多年的发展,特别是最近几年来,湛江市已形成机械、化工、造船、汽车制造、电子、食品、制糖、制盐、纺织、建材、橡胶制品、炼油、卷烟和家用电器等门类齐全、结构轻型的工业体系。其中主要排污行业为化工、纺织、冶炼、火力发电、橡胶制品等。据统计资料显示,湛江市工业废水排放量占全部废水量的40%左右,COD排放量占全部排放量的60%左右,重金属排放量占全部废水量的75%—80%,是湛江市水环境污染的主要来源,产业结构造成的污染是湛江市工业污染的主要特征。要想使经济得到全面、快速、健康、持久的发展,建设高效、节水、防污的工业体系对湛江而言是当务之急。

(二)四种情形下平均效率变化值的区域比较

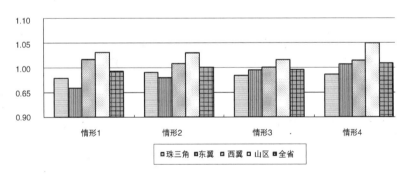

图8—7 四种情形下广东省各经济区的平均效率变化值

如图8—7所示,在四种情形下,山区和西翼的平均效率值均在全省的平均水平以上,且山区的平均效率变化值最高;珠三角和东翼的平均效率均在全省的平均水平以下。四大经济区的平均效率变化值及其排序变化较小,而且呈现出收敛的特征,可见环境管制对效率变化并没有产生太大的影响。下面我们通过具体的数据来对效率的变化进行更为详尽地分析。

通过分析表 8—9,我们发现在情形 1 下,即不考虑"坏"产出时,平均效率变化值排在前五位的城市依次是:河源(山区)、韶关(山区)、清远(山区)、阳江(西翼)和茂名(西翼),而珠三角的惠州、珠海和江门以及东翼的揭阳和汕头则排在了后五位,可见在不考虑环境管制的情况下,工业经济相对粗放发展的山区和西翼的平均效率变化值要高于珠三角和东翼。在情形 2 下,各市的平均效率变化值和排名的变动幅度均很小。四大经济区的平均效率变化值和情形 1 相比,东翼上升最大,珠三角略有上升,西翼和山区略有下降,而排名则没有发生变化。情形 3 和情形 1 相比,上升幅度最大的城市依次是位于东翼的潮州、揭阳和汕头;下降幅度最大的城市依次是茂名(西翼)、韶关(山区)和河源(山区)。四大经济区的排名状况由前两种情形下的山区——西翼——珠三角——东翼,调整为山区——西翼——东翼——珠三角。情形 4 和情形 3 的情况基本类似,而且情形 4 和情形 2 的对比情况也大致类似于情形 4 和情形 3 的对比情况。综上可见,环境管制并没有对效率的变化产生明显的影响,这和我们对图 8—7 的分析结论一致。

表 8—9　广东省 21 个市以及四大经济区的平均效率变化值及其对比变动情况

	EC1	EC2	EC3	EC4	EC2－EC1	EC3－EC1	EC4－EC1	EC4－EC2	EC4－EC3
全省	0.993	1.001	0.996	1.009	0.007	0.003	0.016	0.009	0.013
珠三角	0.979	0.991	0.985	0.986	0.012	0.005	0.007	−0.004	0.002
广州	1.003	1.009	1.000	1.002	0.005	−0.003	−0.001	−0.006	0.002
深圳	0.977	1.000	1.000	1.000	0.023	0.023	0.023	0.000	0.000
珠海	0.951	0.961	0.966	0.962	0.011	0.015	0.011	0.000	−0.004
佛山	0.995	1.008	0.987	0.994	0.013	−0.008	0.000	−0.014	0.007
惠州	0.961	0.975	0.966	0.968	0.014	0.005	0.007	−0.008	0.002
东莞	0.989	1.015	1.007	1.016	0.026	0.018	0.027	0.001	0.010
中山	0.969	0.975	0.971	0.970	0.006	0.003	0.001	−0.006	−0.002
江门	0.945	0.958	0.962	0.962	0.013	0.017	0.017	0.004	0.000
肇庆	1.022	1.015	1.003	1.002	−0.008	−0.020	−0.020	−0.013	0.000
东翼	0.959	0.979	0.995	1.007	0.020	0.035	0.048	0.028	0.012
汕头	0.938	0.969	0.975	0.975	0.032	0.038	0.037	0.005	−0.001
汕尾	0.994	1.018	0.999	1.014	0.024	0.005	0.020	−0.004	0.016
潮州	0.967	0.975	1.022	1.039	0.008	0.055	0.072	0.064	0.017
揭阳	0.938	0.956	0.983	1.000	0.018	0.044	0.062	0.044	0.018
西翼	1.017	1.009	1.000	1.014	−0.008	−0.017	−0.003	0.006	0.014
阳江	1.031	1.032	1.013	1.039	0.002	−0.018	0.009	0.007	0.026

（续表）

	EC1	EC2	EC3	EC4	EC2－EC1	EC3－EC1	EC4－EC1	EC4－EC2	EC4－EC3
湛江	0.992	0.979	0.991	0.991	−0.014	−0.002	−0.001	0.013	0.001
茂名	1.028	1.015	0.997	1.012	−0.013	−0.032	−0.016	−0.003	0.015
山区	1.031	1.030	1.015	1.050	−0.001	−0.016	0.018	0.019	0.035
韶关	1.038	1.061	1.011	1.089	0.023	−0.027	0.051	0.028	0.078
河源	1.084	1.057	1.059	1.096	−0.027	−0.025	0.012	0.038	0.037
梅州	1.021	1.011	1.000	1.044	−0.011	−0.021	0.023	0.034	0.044
清远	1.037	1.031	1.018	1.029	−0.006	−0.019	−0.008	−0.001	0.012
云浮	0.976	0.992	0.988	0.991	0.016	0.012	0.015	−0.001	0.003

（三）四种情形下平均技术进步率的区域比较

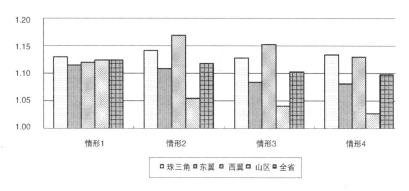

图8—8　四种情形下广东省各经济区的平均技术进步率值

从图8—8中可以看出四大经济区的平均技术进步率值变动较为明显，呈现出明显的发散性，尤其是西翼和山区。平均技术进步率的变动趋势和平均TFP的变动趋势基本一致，可见环境管制对技术变化产生了较大的影响。于是就证实了上述技术变化是TFP变动的主要动力的结论。下面我们通过数据对技术进步的变化进行更为详尽地分析。

在情形1下，只有珠三角的平均技术进步率值在全省的平均水平以上，且排在前五位的城市依次是河源（1.144）、佛山（1.142）、深圳（1.139）、肇庆（1.134）和江门（1.132）；排在后五位的城市依次潮州（1.110）、揭阳（1.111）、云浮（1.114）、清远（1.117）和茂名（1.117）。四大经济区的平均技术进步率值的排名依次是：珠三角——山区——西翼——东翼。在情形2下，西翼和珠三角的平均技术进步率值在全省的平均水平以上。四大经济区排名变为:西翼——珠三角——东翼——山区,且排在最后五位的城市中有 4 个位于山区。情形 3 和情形 4 的情况基本类似,平均技术进步率值排在前面的城市主要来于珠三角和西翼,排在后面的城市主要来于山区。四大经济区的排名状况均为:珠三角——西翼——东翼——山区。可见,环境管制前后,技术的变动十分明显,因此环境管制对技术变化产生了较大的影响。而且技术的积极变动成为全要素生产率增长的主要源泉。从图 8—9 也可以看出,全要素生产率向正的方向变动主要是由技术进步带动的,在环境管制前,效率明显向着负的方向变动,是全要素增长的消极因素;在环境管制后,虽然效率有所改善并且为全要素生产率的增长起到积极作用,但作用并不是很明显,全要素生产率增长的主要动力还是技术的进步。四大经济区中,西翼和山区的变动较为明显,也更能说明结论的正确性。

表 8—10 广东省 21 个市以及四大经济区的平均技术进步率值及其对比变动情况

市别	TC1	TC2	TC3	TC4	TC2−TC1	TC3−TC1	TC4−TC1	TC4−TC2	TC4−TC3
全省	1.125	1.119	1.103	1.098	−0.006	−0.022	−0.027	−0.021	−0.005
珠三角	1.130	1.142	1.128	1.134	0.012	−0.002	0.004	−0.009	0.005
广州	1.123	1.127	1.154	1.162	0.004	0.030	0.039	0.035	0.009
深圳	1.139	1.096	1.112	1.105	−0.043	−0.027	−0.034	0.009	−0.007
珠海	1.120	1.098	1.103	1.099	−0.022	−0.018	−0.021	0.001	−0.004
佛山	1.142	1.141	1.181	1.170	−0.001	0.039	0.028	0.029	−0.011
惠州	1.126	1.107	1.113	1.117	−0.019	−0.013	−0.010	0.009	0.004
东莞	1.130	1.164	1.131	1.082	0.034	0.001	−0.048	−0.083	−0.050
中山	1.125	1.116	1.106	1.116	−0.010	−0.020	−0.009	0.000	0.010
江门	1.132	1.182	1.100	1.066	0.050	−0.033	−0.066	−0.116	−0.033
肇庆	1.134	1.251	1.158	1.289	0.117	0.024	0.154	0.038	0.131
东翼	1.116	1.108	1.084	1.081	−0.008	−0.032	−0.035	−0.027	−0.003
汕头	1.120	1.094	1.108	1.109	−0.027	−0.012	−0.011	0.015	0.001
汕尾	1.122	1.145	1.065	1.034	0.023	−0.058	−0.088	−0.111	−0.031
潮州	1.110	1.088	1.081	1.094	−0.022	−0.030	−0.017	0.005	0.013
揭阳	1.111	1.106	1.084	1.088	−0.005	−0.027	−0.023	−0.017	0.004
西翼	1.121	1.169	1.153	1.130	0.049	0.032	0.009	−0.039	−0.023
阳江	1.127	1.142	1.111	1.148	0.015	−0.016	0.021	0.006	0.037
湛江	1.118	1.176	1.184	1.076	0.058	0.066	−0.043	−0.101	−0.109
茂名	1.117	1.189	1.164	1.167	0.072	0.047	0.050	−0.023	0.002
山区	1.124	1.055	1.041	1.027	−0.069	−0.083	−0.097	−0.027	−0.014
韶关	1.120	1.165	1.069	1.032	0.045	−0.052	−0.088	−0.133	−0.036
河源	1.144	1.052	1.035	1.042	−0.092	−0.108	−0.102	−0.010	0.006
梅州	1.124	1.037	1.075	1.038	−0.087	−0.049	−0.086	0.001	−0.037
清远	1.117	1.008	1.014	1.010	−0.110	−0.103	−0.107	0.003	−0.004
云浮	1.114	1.011	1.011	1.015	−0.102	−0.102	−0.099	0.003	0.003

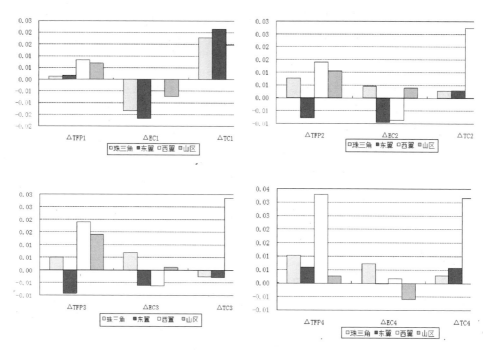

图 8—9　四种情形下四大经济区的平均 ΔTFP、ΔEC、ΔTC 值

三、影响环境管制下全要素生产率的因素分析

本部分考察影响环境管制下全要素生产率的因素。根据数据的可得性，我们主要考虑下列因素：生活水平的高低（实际人均 GDP 的对数，LNPGDP）、科技活动的规模与投入力度（大中型工业企业从事科研活动的人员数与职工年平均人数的比值，RKJR）、能源消费（人均电力消费量取对数，LNPEC）、地区产业结构（规模以上工业增加值占 GDP 的比重，GYZR）、开放度（海关出口总额与 GDP 的比值，RCHK）和资本形成，其中资本形成包括物质资本（固定资产投资与 GDP 的比值，RCIF，主要用于反映城市的发展水平）和人力资本（大中型工业企业从事科研活动的人员数与职工年平均人数的比值，RKJR）。为了着重考察生产率水平的相对差异，在此我们引入累积相对生产率的概念，并将第 h 个（h＝1,2,…,21）市在 T 年的累积相对全要素生产率 CM_h 定义为：

$$CM_h = D_{h^0}^{t^0}(x_{h^0}^{t^0}, y_{h^0}^{t^0}) \times \prod_{t=t_0}^{T} M_h^t \tag{8.15}$$

其中 $D_h^{t_h}(x_h^{t_h}, y_h^{t_h})$ 是经 DEA 方法计算出来的距离函数,也即该观测点的技术效率。$M_h^{t_h}$ 是采用 Malmquist 指数法得到 TFP 指数。累计相对生产率指数和生产率指数水平值相比既包括了样本期初的差异,也包含了样本区间内生产率增长的累积效果,而后者只能反映相邻年份的生产率变化。基于 1998—2008 年广东省 21 个市的数据,本书采用面板数据的多元回归方法,检验以上几种因素对两种情形下累积相对全要素生产率指数的影响。我们建立如下计量模型:

$$CM_h = \alpha + \sum \beta_i x_{ti} + u \tag{8.16}$$

x_{ti} 代表影响生产率增长的因素,β_i 是被估计参数,u 是标准白噪声,α 是截距项。数据来源于《广东省统计年鉴(2008)》和《潮州统计年鉴(2008)》。

由冗余固定效应检验,情形 2 下 $F = 2.3863 > F_{0.05}(20,167)$,情形 3 下 $F = 1.6613 > F_{0.05}(20,167)$,情形 4 下 $F = 1.6468 > F_{0.05}(20,167)$,且 P 值均小于 0.05;且由 Hausman 检验,情形 2 下 $25.4519 > \chi_{0.05}(8) = 15.51$,情形 3 下 $16.7376 > \chi_{0.05}(8) = 15.51$,情形 4 下 $19.1130 > \chi_{0.05}(8) = 15.51$。根据以上两种检验结果我们都应该选择固定效应模型。利用 Eviews6.0 软件,我们的运行结果见表 8—11。

表 8—11　环境管制下全要素生产率的影响因素(固定效应模型)

变量	情形 2		情形 3		情形 4	
	β	t－statistic	β	t－statistic	β	t－statistic
α	2.9945 ***	4.0801	1.7686 ***	3.6128	1.4931 **	1.7591
LNPGDP	− 0.1592 *	− 1.1263	− 0.0440	− 0.4669	− 0.0352	− 0.2151
RAFC	− 0.0222	− 0.1502	0.0005	0.0055	0.1439	0.8434
RCIF	0.2122 *	0.9929	0.2113 **	1.4836	0.2737 *	1.1108
RKJR	9.5789 ***	4.3123	4.1715 ***	3.0929	9.6652 ***	3.7624
RKJJ	− 0.6128	− 0.5290	0.1398	0.1888	− 1.2937 *	− 0.9661
LNPEC	− 0.1285 *	− 0.8943	− 0.0803	− 0.8407	− 0.0782	− 0.4708
GYZR	1.4075 ***	5.0427	0.6263 ***	3.4161	0.9933 ***	3.0760
RCHK	− 0.1920 **	− 1.7941	− 0.0312	− 0.4396	− 0.1461 **	− 1.1794
R2	0.1235		0.2563		0.2237	
Hausman 检验	25.4519		16.7376		19.1130	
观测值数目	189		189		189	

注:*** 表示在 1% 的水平上显著,** 表示在 10% 的水平上显著,* 表示在 20% 的水平上显著。

考虑环境管制的三种情形下具有统计显著性的因素变量其符号一致,下面分别对其进行详细地分析。

(一)资本形成对全要素生产率的影响

固定资产投资与 GDP 的比值、从事科技活动的职工人数占工业就业总人数的比重与 ML 生产率指数呈现正相关,这说明一个城市资本形成速度的加快和规模的扩大对生产率有积极的影响。物质资本形成方面,主要表现在固定资产投资水平的提高,这从一方面也反映了城市的发展水平。城市的发展水平越高,表示各项设施比较齐备和先进,生产资源比较充足,这些都有利于生产率的提高。人力资本形成方面,根据刘智勇(2008)的研究结果,人力资本投资增加 1 个百分点,全要素生产率将增加约 0.3 个百分点。本书的研究结果也证明环境管制下,珠三角和西翼的人力资本投资相对高于山区和东翼,相应的珠三角和西翼的全要素生产率也高于山区和东翼。这是因为广东省相对发达的地区集中了大量且优质的人力资源,这对于企业的研究开发非常有利,进而会促进企业的技术进步和效率改善,最后使得全要素生产率得以增长。岳书敬(2005)的研究结果也证明了人力资本的地区差异将导致全要素生产率的不同。

(二)地区产业结构对全要素生产率的影响

产业结构调整对经济增长起着决定性的作用,王英伟等(2005)的研究证明产业结构调整对 TFP 的弹性高达 0.31,具备较强的杠杆作用。本书的实证结果是规模以上工业增加值占 GDP 的比重与 ML 生产率指数呈现正相关,这说明随着产业结构的逐步完善,资本和劳动力等生产要素将在产业间得到更加充分地流动和合理地配置,表现为从低生产率产业向高生产率产业转移,从低生产率增长的产业向高生产率增长的产业转移,这就将促进要素使用效率的提高。一般认为第一产业占 GDP 的比重在 10% 以下,同时第三产业的比重超过第二产业即在 45% 以上,工业化进程就已经达到了成熟阶段。广东省的产业结构还将继续向着更合理化、更高级化发展 ,优化调整还有很大的余地。所以产业结构的优化调整将继续成为广东省 TFP 增长的主要源泉。

（三）能源消费对全要素生产率的影响

人均电力消费量和 ML 生产率指数呈现负相关，这说明单纯依靠增加投入的粗放式增长模式对生产率有消极的影响。贺胜兵（2009）研究表明能源要素对地区生产率有着重要的影响。符淼（2008）研究证明能源利用效率降低 1 个百分点，全要素生产率大约提高 3 个百分点。广东省的工业废水、废气的排放量一直居高不下，高投入高消耗也使得生产成本居高不下，企业用于改进生产技术的资金就受到限制。虽然近年来能源的利用效率呈上升趋势，但和世界发达国家相比仍处在一个相当低的水平。特别是我国以煤炭为主体的能源消费结构，是能源利用低效率的主要原因。

（四）开放度对全要素生产率的影响

海关出口总额与 GDP 的比值和 ML 生产率指数呈现负相关，这说明出口的增长并不能带动本土 TFP 的增长，这可能与出口企业的规模或产品特性等因素有关联。张庆昌（2009）认为广东省出口产品的技术含量处于较低的水平，但广阔的海外市场可以保证企业的利润，这就降低了企业创新的动力。2010 年中国的贸易依存度高达 60%，正是由于海外市场的巨大，使得企业在低技术下大规模扩张，挤占了更多有限的资源从而阻碍了技术的进步。

第五节　结　论

根据广东省 21 个市要素资源投入、工业产出和污染排放的数据，运用 Malmquist—Luenberger 生产率指数，分别测度并比较了在考虑和不考虑环境管制的情形下广东各市工业的全要素生产率增长，结果表明：如果不考虑环境管制，广东省的生产率平均每年的增长率为 11.02%；如果考虑减少工业废水的排放量，生产率的增长率为 11.2%；如果考虑减少二氧化硫的排放量，生产率的增长率为 9.5%；如果考虑同时减少工业废水和二氧化硫的排放量，生产率的增长率变为 10.5%。在四种情形下，对生产率的增长作出主要贡献的是技术进步而非效率提高。环境管制对效率变化的影响不大，但是对技术进步的影响较为明显。珠三角城市尤其是深圳向生产可能性边界移动次数最多,是广东省工业的技术"创新者"。另外,我们也考察了在环境管制假设下,影响全要素生产率增长的因素。结果发现:城市发展水平、从事 R&D 的职工人数、产业结构与生产率指数正相关,而能源消费量、海关出口总额与生产率指数是负相关。

　　根据以上的实证研究,广东经济可持续发展需要各市协调工业发展和环境保护的关系,走节能减排的集约式增长之路。对政府而言,相关的政策引导要落到实处,例如对实施清洁生产的企业进行税收减免和资金扶持,对污染超标的企业进行严格监管和处罚等。东西两翼和粤北山区在承接产业转移时,政府可以授权环保部门严格把关,警惕"产业转移"变"污染转移"。对企业而言,不仅要解决污染排放与治理的问题,更重要的是用高新技术改造传统生产工艺和流程,将工业污染控制从传统的末端治理向源头控制和生产全过程控制转变,即实现清洁生产。

第九章 环境约束下长三角与珠三角城市群生产率

第一节 引言

1978 年改革开放以来,中央政府划定的第一批四个经济特区中,就有三个是珠三角城市,通过对珠三角地区倾斜以税收、财政、信贷、投资等一系列优惠政策,使得这一区域迅速集聚起资金、技术、人力资本等生产增长的重要要素从而一跃成为中国经济发展的"增长极"。20 世纪 90 年代开始,国家制定的新一轮发展规划又以开发上海"浦东"进而带动整个长三角城市群为重点,长三角地区进而又成为中国的另一个经济"增长极"。长三角和珠三角两个地区的经济发展不仅突飞猛进,而且在自身保持高速增长的基础上,通过发挥自身的"扩散"效应,给周边城市和地区带来了巨大的经济发展与社会进步(刘华、蒋伏心,2007)。一般来说,长江三角洲是指由长江和钱塘江在入海处冲积而形成的三角洲区域,包括上海市、江苏省和浙江省的部分城市共有 16 个城市,总面积约 5 万平方公里;珠江三角洲是由珠江流域入海口经过千百年冲刷而形成的一块区域,北起广州,向东南和西南呈扇形放射,内有广州、深圳、珠海等 9 个城市,这也是参照由国务院发展规划的指导意见划分的,共有约 1 万平方公里的土地面积。

长三角、珠三角作为改革开放的排头兵,它们在整个中国经济中占据着重要的战略地位,为中国近几十年来经济发展的奇迹作出了巨大的贡献。经济总量上来说,2008 年长三角地区 GRP 总量占全国 GDP 总量的20.78%,珠三角地区占全国 GDP 的 11.83%,两个地区的 GRP 总量合占全国的 32.61%;从经济增长上来说,2008 年长三角地区平均经济增长率为

16％,珠三角为 17％,高于全国平均经济增长率 11.7％。近年来,大量学者从全国的经济地位及发展趋势、经济体制、发展条件、发展模式的和经济增长方式等角度对两个三角洲的经济发展进行了比较研究(刘华、蒋伏心, 2007)。然而,两个三角洲孰优孰劣? 哪个三角洲的发展模式和经验更值得其他城市群借鉴和学习,或更有所长? 根据经典增长理论,持续的技术进步是实现经济长期增长的关键,而全要素生产率的增长正是技术进步的重要体现(邵军、徐康宁,2010)。但是目前文献,从全要素生产率的角度对两个三角洲经济发展进行比较研究的相对较少(如米运生、易秋霖,2008)。大多数文献仅仅是简单地研究长三角的全要素生产率(张小蒂、李晓钟,2005;李桢业等,2006;姚先国等,2007;张学良等,2009;陈清霞,2010),或者从广东省的层面研究珠三角的全要素生产率(如宋树龙等,1999;黄静波、付建, 2004;邓利方、余甫功,2006;陈新林,2008;王晓东,2010)。

　　另一方面,长三角与珠三角的经济发展已经进入工业化中后期,伴随着经济的连年高速增长,工业"三废"的排放也逐年增加,排放量自 1996 年一直呈现出上升趋势,没有任何减少的迹象。从《珠江三角洲地区改革发展规划纲要(2008—2020)》和《长三角地区区域经济发展规划(2009—2020)》也可以看出随着工业化的推进和加深,两个三角洲地区的污染形式已经相当严峻,资源环境约束凸显,已经难以维持传统的发展模式。透支的环境容量和环境承载能力已经难以支撑粗放的工业发展模式,环境问题成为制约两个三角洲可持续发展的重要因素。同时,无论长三角还是珠三角都是一个矿产资源和能源匮乏的地区,支持经济发展的能源和工业原料铁矿石、煤、石油等都十分稀缺,甚至有些资源矿藏自身完全没有。两个地区的资源状况可以用"少煤、无油、缺铁"六个字来概括,因此,从主要的矿物性能源和工业原料等支持庞大经济和工业的发展的情况来说,完全可以排除域内资源的支持,特别依赖域外尤其是国际市场,而国际市场的不稳定又反过来会影响经济的效率(朱伯伦,2006)。《珠江三角洲地区改革发展规划纲要(2008—2020)》和《长三角地区区域经济发展规划(2009—2020)》都提到要"加强环境保护和生态建设,推进资源节约型和环境友好型社会建设"。然而,上述文献仅仅考虑劳动、资本等生产要素的投入约束,并没有考虑资源环境的约束,从而扭曲了对社会福利变化和经济绩效的评价,以致误导政策建议。在测度瑞典纸浆厂的全要素生产率时,Chung et al.（1997）在介绍一种新函数——方向性距离函数（Directional Distance Function）的基础上,提出了 Malmquist—Luenberger(ML)生产率指数,这个指数可以测度存在环境资源约束时的全要素生产率。许多学者已经运用 ML 生产率指数对不同层面、不同范围研究对象的全要素生产率进行了测度（如 Färe et al. 2001；Jeon and Sickles,2004;Yoruk and Zaim,2005 ;Kumar,2006 等）。近年来,国内一些学者已经尝试将环境因素纳入到生产率的分析框架中对经济进行实证研究（王兵等,2008;吴军,2009;杨文举,2009;陈茹等 2010 ;陈诗一,2010;王兵等,2010;王兵、王丽,2010）。

由于数据包络分析（DEA）是一种非参数分析方法,它具有不需要假设函数形式、不需要对参数进行估计的优点,因而上述许多文献运用了 DEA 的方法。然而,在运用非参数 DEA 方法研究全要素生产率时,上述文献均假设各个决策单位面对相同的技术边界,从而很难分清衡量出来的全要素生产率是来自管理配置资源方面的缺失,还是由于技术水边界不同的生产制度结构问题。而长三角与珠三角两个城市群在产业结构、人均生活水平、利用外资水平和文化传统方面存在着差异。并且由于两个城市群存在的发展观念的差异,在全国经济地位中的地位和责任不同,因而在经济发展的过程中形成不同的发展模式,以此为基础形成不同的产业的累积效应（王磊磊,2010）。如果不考虑技术边界的差异,采用相同生产技术的假设将会使测算结果出现偏差。为了克服决策单位具有不同技术边界的问题,解决评价多群体效率的问题,最早由 Hayami（1969）提出共同生产函数（Metaproduction Function）概念。之后 Hayami 和 Rutten（1970）、Rutten et al.（1978）、Sharma 和 Leung（2000）、Battese et al.（2002）和 Battese et al.（2004）对其进行了发展,Rambaldi et al.（2007）以距离函数定义了共同边界函数,同时利用 DEA 方法构建了 Metafrontier—Malmquist 生产率指数及其分解,从而进一步把共同边界的概念延伸到全要素生产率指数衡量的领域中。许多学者开始运用 Metafrontier 方法测度不同领域的效率和生产率。Bos et al.（2007）运用 Metafrontier 方法测度 1993—2004 年欧洲 5000 家大的商业银行的效率得分;Chen et al. (2008)运 Metafrontier 方法根据经济发展水平不同将中国农业部门分为四个地区来研究其技术效率和技术差距;Matawie and Assaf(2008)采用 Metafrontier 模型来估计和比较澳大利亚不同地区的保健食品公司的技术效率和效率落差;Assaf (2009)应用 Metafrontier 方法来分析和比较英联邦国家的大机场和小机场的技术效率;Chen et al. (2009)运用具体的 Metafrontier—Malmquist 生产率指数分析了1996—2004 年的中国省际生产率变动情况;李兰冰、胡均立、黄国章(2010)采用 Metafrontier 对海峡两岸的证券业企业进行了效率测度;Huang et al. (2010)应用随机的 Metafrontier 方法估计了 1997—2002 年的中国台湾电力部门的成本效率;Assaf et al. (2010)引入 Metafrontier 的概念来测量 78 家中国台湾不同的旅馆组之间的环境和技术不同;Oh (2010)运用 Metafrontier 方法测度了 1993—2003 年间 46 个国家的环境敏感性生产率增长指数。上述文献中,仅有 Oh (2010)考虑了环境约束,但他是从国家层面对效率和生产率进行测度,本书将运用该方法考察城市层面的效率和生产率。

　　具体来说,本书的理论意义主要包括:首先,将环境因素纳入生产效率测度中,将会拓展科学全面评价生产率进步的思路;其次,运用 Metafrontier 方法和 Malmquist—Luenberger,通过计算生产率、纯粹技术追赶和潜在技术相对变动,能够丰富生产率的测度方法和更加深入地了解生产率变动的原因;再次,对城市群效率、纯粹技术追赶、潜在技术相对变动的影响因素分析,能够正确评价各种因素对于城市生产率的影响,为城市群的发展提供政策建议。实践意义主要有:第一,加入"坏"产出的城市生产率测度符合经济发展方式转变和落实科学发展观的政策背景,同时对于生产率的测度能够很好地反映这两个城市经济持续增长的潜力;第二,通过 Metafrontier 方法和 Malmquist—Luenberger,计算生产率、纯粹技术追赶和潜在技术相对变动能够更加精确地比较两个城市群在经济发展中的优点和不足,为其他城市群的发展提供借鉴。第三,通过分析各个因素对于生产率的影响情况,可以得出改善生产率的政策建议;同时,研究各个因素对于纯粹技术追赶和潜在技术相对变动的影响,可以对现阶段两个城市群向高水平发展提供出具有一定参考价值的政策建议。

第二节　文献综述

随着中国的城市化进程、工业化进程的加速推进,工业、服务业也迅速在城市集聚,城市也成为区域经济发展的主要动力和核心载体,城市生产率的变化情况及发展趋势必然影响到区域乃至全国范围内的生产率变化及发展趋势(邵军、徐康宁,2010)。长三角和珠三角两个城市群作为引领中国经济发展的两大引擎,在中国区域发展格局中的优势地位日益突出,在全球性的分工和竞争中的地位显著并有着新的发展特点(于谨凯、于海楠,2008)。周一星(1998)提出了城市经济的发展应该以追求效率为目标的观点,同时,王志平(2010)提出全要素生产率(TFP)(指除各要素如资本和劳动等投入之外能对经济增长产生贡献的因素)与单要素生产率相比,全要素生产率指标能够全面地衡量要素使用的效率以及技术水平进步情况,能很好地反映生产率综合水平的变动情况。过去的文献从不同层面和不同方法对中国的生产率进行了研究,以下将对这些文献进行回顾和评析。

一、对城市效率和城市生产率的文献综述

下面将从全国范围城市、省际层面城市和长三角与珠三角城市群对城市效率和城市生产率的相关文献进行综述。

(一)对全国范围内的城市效率和生产率的文献回顾和评析

全国范围内的城市效率和生产率研究能够从总体上把握中国城市发展的现状,李郇、徐现详、陈浩辉(2005)利用 DEA 测评 202 个地级及以上城市效率,他们发现规模效率是影响中国城市经济的主要要素。目前中国城市效率较低,并且与东、西、中三大地域相一致的效率分布。他们进一步从规模经济、利用效率、纯技术效率三方面来分析中国城市的效率。发现规模效率是影响中国城市经济的主要要素,利用效率和纯技术效率都比较高。他们的研究同样没考虑环境因素,作出的效率评价是不完善的。另一方面,单个城市间的分析没有考虑城市群之间的规模效应,值得进一步研究。

刘元元(2005)从不同的角度主要包括价值角度、城市的功能角度、投入产出角度、城市的可持续发展等对城市效率进行了分析。他们的结论表明

尽管对城市效率存在不同的界定和认识,并在实践中形成了不同的测算效率的方法,但城市效率对于城市发展的意义重大。

汤建影等(2007)使用非参数的 DEA 方法测算了 1991—2004 年的中国 18 个地级以上煤炭矿业城市的 Malmquist 指数,分析了这些城市全要素生产率的变动情况并对生产率变动的内在原因进行了分析;进一步以 1998 年为界,分析这些城市在不同阶段全要素生产率变动的原因。结果表明:自1991 年以来,这些城市的全要素生产率平均每年下降了 0.8%,导致这一结果的主要原因是技术退化,技术退化有加速的趋势。

李因果(2007)通过一个包含城市产业差异的聚集经济函数和利用1997—2003 年中国 171 个地级以上城市的统计数据,实证分析我国东、中、西部地区城市就业结构、聚集经济对区域城市生产率的影响。他发现聚集经济与区域城市产业结构关联性存在差异,东部城市密集人口引致了全要素生产率的降低。

陈良文(2007)以城市人口规模与生产效率关系和经济密度与生产率关系的相关计量模型为基础,分析了 1996 年、2000 年和 2004 年我国各地级市生产率与劳动生产率、规模与经济密度的关系。研究结果显示城市规模和城市经济密度对城市生产率的影响都为正向,表明存在着城市的集聚经济效应,但是这一效应要弱于美国的水平。

郭海涛等(2007)通过构建 7 个 DEA 模型利用 2004 年的指标数据测度了 12 个代表不同类型的矿业城市的城市效率。研究结果表明煤炭类城市综合效率最低,石油类的最高,规模收益因城市规模不同而不同。

柯善咨等(2008)运用空间计量模型采用 2005 年的地级及以上城市的数据对其工业集聚和劳动生产率进行了分析。结果表明我国工业的相对集聚和劳动生产率之间不仅存在着互为因果的关系,并且这一关系开始互相强化,与相邻城市的工业集聚和生产率存在着显著的空间黏滞性和连续性。研究结果还表明我国城市就业在空间密度上过高,这会降低生产率。

王金祥等(2008)将 DEA 模型和超效率评价模型分别衡量了 15 个副省级 2005 年的城市效率。他们发现超效率评价模型在应用上更具有优势,他们发现我国各副省级城市的资源利用是相对总体有效率的,即劳动生产、能源利用以及资金利用都是较为有效率的。

袁晓玲等(2008)进一步用超效率的数据包络分析模型分析了我国15个副省级城市1995—2005年的城市效率演变。他们发现,这些副省级城市的超效率随着时间变化的趋势是倒U字形,且呈现出趋同的趋势。

郭腾云等(2009)基于GIS分析工具、数据包络分析方法及Malmquist模型方法分析了中国特大城市空间紧凑度、城市效率以及它们之间的相关性。他们发现:特大城市的空间紧凑度与城市效率之间有一定的相互影响:特大城市空间紧凑度的提高会在一定范围内改善城市要素资源的配置和利用水平;城市效率的提高会随城市空间紧凑度的提高而提高,随城市空间紧凑度的下降而下降。

刘修岩(2009)通过集聚经济因素包括就业密度、相对专业化水平和城市相对多样化水平对2003—2006年的城市非农劳动生产率的影响进行了实证分析。文章发现,在假设其他影响不变的情况下,城市的就业密度和相对专业化水平对其非农劳动生产率的影响为正。

刘秉镰等(2009)利用DEA模型测算了1990—2006年中国196个主要城市的Malmquist指数。该研究表明,这一时期的中国城市全要素生产率平均每年的增长率为2.8%,主要是技术进步引起的,技术效率的影响为负;这一时期城市的全要素生产率有三个上升高峰和两个下降波谷;最后,近些年的城市开始呈上升趋势,这也可能是未来发展趋势。

赵千钧等(2009)运用以城市能量代谢过程为核心的、定量的城市空间结构、人流物流形态、社区形态等等的行为效率衡量了中国中小城市的城市效率。他们发现建立城市效率学科可为我国城市化发展提供更好的科技支撑。

邵军、徐康宁(2010)运用非参数的Malmquist指数分析方法了我国城市的生产率变化情况及分解。研究结果表明,城市生产率的增长率从20世纪90年代末期以来开始持续下降,导致了生产率水平下降,主要原因是技术水平下降,而效率水平却有明显地上升。

陈洁雄(2010)对2000—2008年的城市非农产业劳动生产率影响因素进行了回归分析。主要结论有:(1)技术效率和人均资本存量是劳动生产率差异的主要原因,其作用在近年呈强化趋势。(2)高新技术开发区有利于提高劳动生产率,但经济技术开发区的系数不显著,出口加工区与保税区甚至带来负效应。(3)受技术效率和人均资本存量的影响,劳动生产率存在收敛性。

陈玉和(2010)运用非参数 DEA 分析了 1997—2006 年的我国 50 个矿业城市全要素生产率的变化情况并对影响全要素生产率变化的原因进行了分析。研究发现:(1)矿产品的价格上涨能提高我国矿业城市 TFP 水平,这些城市的 TFP 总体总体增长缓慢并且对产出增长的贡献不大。(2)总体上,TFP 增长来源于技术进步和技术效率的比例相同,但具体到不同年份结果不同。(3)石油类城市的 TFP 的增速第一,金属类城市第二,综合类城市第三,煤炭类城市第四。(4)矿业城市 TFP 增长率区域上东部大于西部,西部大于中部。

(二)对省际层面的城市效率和生产率的文献回顾和评析

省际城市效率和城市生产率研究能够对一个省区城市经济的发展经验作出合理的评价和测算,也能比较不同省区城市发展的经验。王圆圆(2004)测算了安徽省 14 个地级市的城市效率,并总结了城市效率的地域分布规律和特征。研究发现安徽省城市效率与城市规模的相关性不明显,城市产业结构效益对城市效率影响较大。

聂磊(2005)测算了江西省 11 个地级市的城市效率指标,总结了其地域分布规律并分析了江西省城市化水平与城市效率的相关关系。结果表明,江西省的城市化水平对城市效率影响为正,符合"城市规模效率梯度"假说,即城市化水平的提高和城市规模扩大会提高城市效率水平。

杜志、朱明峰、邓利平(2007)利用 DEA(数据包络分析法)从经济效率、环境效率和资源效率三个层次构建城市效率指标体系测算安徽省的城市经济效率。他们发现,安徽省的城市在经济、资源、环境的方面的效率受合理配置资源的影响;同时发现经济效率的非效率,则资源和环境上也会非效率。

舒强、王秀云(2007)定量分析了江苏省 13 个地级及以上城市的综合效率差异,他们认为区位条件差异是造成城市效率差异主要因素。钱鹏升等

(2010)运用 DEA 方法测度了淮海经济区 2006 年 20 个地级城市的效率,并分析了淮海经济区城市效率随时间变化的时空格局及其演化模式。结果发现:淮海经济区城市效率普遍相对较高,空间上皖北鲁南高、苏北豫东低。

杨波等(2010)应用城市效率评价指标体系,定量分析了四川省 18 个地级市的城市效率和进行了城市效率与城市规模的相关性分析。他们发现四川省城市规模对城市效率影响不大,城市效率与城市产业结构效益密切相关。

施晓丽(2010)采用非参数 Malmquist 指数的方法测算了福建省三大中心城市福州、厦门、泉州 1990—2006 的全要素生产率指数、技术效率变化指数和技术进步指数。结果表明:这三个中心城市的全要素生产率整体呈现增长趋势,并且主要来源于技术进步;城市间的全要素生产率不同,且技术效率改进和技术进步的影响作用在不同时期不同。

姜建英等(2010)采用 DEA 模型测度了 2000—2007 年山西省 10 个地级以上城市的城市全要素生产率、技术变化和技术效率变化。他们发现全要素生产率增长主要来源于技术进步,技术效率拖累了全要素生产率的增长。

(三)对长三角与珠三角的城市效率和生产率的文献回顾和评析

长三角与珠三角作为中国经济最为发达的两个城市群,对于中国经济的发展、中国城市化的带动有着重要作用。现阶段研究长三角、珠三角城市群的城市效率与城市生产率对于总结两个城市群的发展经验,进一步提高这两个城市群经济发展质量有着重要的意义。

宋树龙、孙贤国、单习章(1999)年通过考虑城市效率对城市化的影响对珠三角城市发展进行了分析。他们通过选取产业结构、从业人员、农业与非农业人口比例、耗水耗电量衡量城市的效率。得出以下政策建议:要加速城市化进程,完善城市区域布局。他们的分析没有对单位投入的产出或单位产出所需的投入进行分析,因此值得进一步研究。

陈秀山等(2006)对比分析了东北地区和长三角地区的经济辐射能力、要素产出效率、科技进步能力、经济增长代价、产业结构特征以及这种产业结构所带来的环境影响和效率影响。他们发现和长三角地区相比,东北地区的增长方式为粗放式增长,即总体产出效率低、经济辐射能力弱、环境代价高、科技进步慢。

李桢业等(2006)通过道格拉斯生产函数研究长三角的政府公共投资的资本边际生产率。他们发现长三角的资本利用效率或技术创新水平的变化并不明显,不能抵消资本边际生产率下降的趋势。在这些地区,公共投资对其经济增长的作用并不明显,但对正处于经济快速增长期且资本边际生产率呈递增态势的长三角外缘中小城市而言,公共投资却有着积极意义。

姚先国等(2007)运用数据包络分析法(DEA)测度了长江三角洲15个城市1999—2005年间的技术效率和技术创新水平以及它们对GDP增长的贡献水平是多少。文章提出提高长三角地区GDP增长的有效途径包括提高当地的产业技术效率,加快技术引进和技术追赶,优化投入要素的组合比例。

米运生、易秋霖(2008)通过传统的参数分析,预设生产函数为道格拉斯生产函数,通过余量求法测得长三角、珠三角、环渤海的全要素生产率。他们发现全球化对于全要素生产率的提高有着正向的影响作用。

张学良等(2009)运用非参数的DEA－Malmquist方法分析了长三角经济增长的原因。他们发现就长三角地区的实际经济增长主要来源于物质资本的贡献。在省际层面上,物质资本积累也是江苏与浙江两省经济增长的主要来源,只有上海市经济增长主要是全要素生产率的贡献。

陈清霞(2010)使用因子分析方法,对长三角两省一市2000年到2008年的数据进行分析并对节能减排效率进行研究和评价。结果发现,长三角节能减排效率整体呈现上升趋势,节能减排工作取得了较好成绩。

丁小飞等(2010)通过协积回归模型、索洛余值法分析1978—2008年广东省经济增长的因素。他们发现广东省经济增长的主要来源是技术进步,同时广东省经济发展的模式为高资本高投入,低劳动增长。

乔占稳(2010)采用DEA数据包络分析法,以其他省份作参照对象,通过建立技术创新效率投入产出指标体系,测度了长三角苏、浙、沪两省一市的技术创新效率。研究结果表明,长三角地区的技术创新效率在全国领先,上海位于DEA的有效阶段,江苏、浙江仍处于非DEA有效阶段,它们具有进一步提升的潜力。文章进一步指出了江苏、浙江两省改进效率的未来方向。

二、对 Metafrontier 方法的文献回顾和评析

运用非参数的方法测度城市生产率时,过去的文献研究对象或者假设他们的研究对象是处于同一技术水准下的,若两个城市群分属不同的系统,而分析只采用传统的非参数方法将会产生误差。Battese and Rao（2002）提出一种随机边际分析的方法（SFA）用来估计来自不同生产技术条件的决策单位,这种方法一方面可以解释观测变量与某个群组边界的差异,另一方面可以解释观测变量与总体边界,即 metafrontier 的差异。Rao et al.（2003）提出利用 Metafrontier 的方法来对拥有不同生产力的群体进行效率分析。Battese et al.（2004）利用 Metafrontier 生产函数分析在不同技术群下的公司效率。他们指出 Metafrontier 能够测算出同一产业里的不同技术群体相对于潜在技术产出的技术落差。Metafrontier 在这篇文章中被用来分析印度尼西亚五个不同地区的服装公司。通过运用 Metafrontier 方法,他们很好地分析了不同地区服装公司的技术落差比例。O'Donnell et al.（2008）提出运用 Metafrontier 的概念来比较分属不同群体的公司的技术效率。文章提出了基本的 metafrontier 分析框架和定义,文章也探讨了技术边界变革的问题、时间变动的技术非效率、多产出、不同的效率方向和决策单位的异质性。

在 Metafrontier 方法的具体运用上,Bos et al.（2007）运用 Metafrontier 方法测度 1993—2004 年欧洲 5000 家大的商业银行的效率得分,包括单一业务和综合类银行市场。他们发现,相较于 Metafrontier 方法测度的情况,传统的测度低估了效率水平并且很少与具体国家的效率边界相联系。

Chen et al.（2008）运用 Metafrontier 方法根据经济发展水平不同将中国农业部门分为四个地区来研究中国农业部门的技术效率和技术差距。他们发现尽管东部地区有着最高的效率得分,但是东北地区在农业生产的效率居全国最高。同时,东北地区的平均效率最低,表明技术和知识的分布将改善效率生产和农业产出。

Matawie and Assaf（2008）采用 Metafrontier 模型来估计和比较澳大利亚不同地区的保健食品公司的技术效率和效率落差。文章的创新点在于可

以利用 Metafrontier 来分析不同地区可能有不同技术和生产环境的公司的效率。估计的过程通过了假设检验,说明 Metafrontier 在比较不同群体间的有效性。他们的结论表明 Meta－frontier 有效地比较了在不同技术水准下经营的决策单位的情况。

Assaf(2009)应用 Metafrontier 方法来分析和比较英联邦国家的大机场和小机场的技术效率。他发现大机场通常都比小机场更有效率和更少的经营浪费。诸如规模、地点、技术可得性和资本投资等因素能对技术效率产生影响。

Chen et al. (2009)运用具体的 Metafrontier－Malmquist 生产率指数分析了 1996—2004 年的中国省际生产率变动情况。在 Metafrontier－Malmquist 生产率指数下,他们发现中国省际生产率增长为每年平均 3.191%,低于传统的 Malmquist 生产率指数的 4.729%。生产率进步大部分是由技术进步推动的,效率改变对于生产率却有负的影响。另外,他们也发现了地区间的不平衡,沿海地区的生产率进步远高于内陆地区。

李兰冰、胡均立、黄国章(2010)采用 Metafrontier 对海峡两岸的证券业企业进行了效率测度。他们认为在绩效评估的时候,常常假设研究目标是来自相同的技术水准,但是如果决策单位的生产技术不同,例如,地理环境造成的资源,社会文化和经济条件的不同,此时用传统的绩效评估模型,可能不太适合。由于海峡两岸的技术条件存在差异,所以他们采用 Metafrontier 对两岸的证券企业进行了测度。

Huang et al. (2010)应用随机的 Metafrontier 方法估计了 1997—2002 年的中国台湾电力部门的成本效率。他们发现,由于不同的网络密度,这些电力部门的生产技术可能不同,高密度地区的成本效率明显高于低密度地区的成本效率,这归因于网络经济。

Assaf et al. (2010)引入 Metafrontier 的概念来测量 78 家中国台湾不同的旅馆组之间的环境和技术不同。他们发现规模、经营权和分类对旅馆的效率有着重要的影响。

Oh(2010)提出用 Metafrontier 方法来测度 1993—2003 年间 46 个国家的环境敏感性生产率增长指数。文章的主要结论是欧洲已经成为世界生产边界的领导者,亚洲正在向技术边界上靠近。

三、现有研究的不足

我们可以发现,目前对于城市效率和生产率的研究文献中很少考虑到环境的约束,以上文献中,仅有杜志、朱明峰、邓利平(2007)利用 DEA(数据包络分析法)从经济效率、资源效率和环境效率这三方面来测度城市效率。不考虑环境的测度方式对于城市效率或生产率的评价不完善。经济的发展如果以牺牲环境为代价,最终会受到环境的制约,不符合经济和社会的可持续发展。在考虑环境约束后的生产率研究的文献中,大多数文献都是对省际工业生产率的研究,很少有文献研究考虑环境约束的中国城市效率或生产率,对于长三角或珠三角考虑环境约束后的生产率研究的文献更少,本书的目的之一就是弥补这一不足,将环境约束考虑到长三角、珠三角城市群的生产率测度之中。同时,在运用非参数的分析方法测度城市的生产率或效率时,他们研究的对象或者假设他们的研究对象是处于同一技术水准下的。而在运用 Metafrontier 比较不同群体的有效性时,大部分文献都是对企业和产业进行实证研究,很少有文献运用 Metafrontier 方法去研究长三角或珠三角的生产率比较。本书的另一目的就是弥补这些研究上的不足,运用 Metafrontier 对 1998—2008 年长三角和珠三角城市生产率的及不同城市群城市间的技术差距进行实证研究,并对影响城市环境生产率和城市环境效率的因素进行分析。

第三节　研究方法

Farrell (1957)最早提出用非参数方法来测度效率,他对决策单位的投入项与产出项不预设某种特定的生产函数形式,而是通过构造一条包含所有最有效率的决策单位(Decision Making Unit, DMU)的生产边界,所有较无效率的决策单位都会位于这条生产边界的下方,根据实际决策单位与该生产边界的相对位置就可以衡量该决策单位的效率值,此效率值称之为效率技术(technical efficiency)。位于生产边界上的决策单位称之为有效率的DMU,其效率值为 1。在此基础上,Charnes et al. (1978)三位学者提出来

DEA(数据包络分析),他们假定模型是建立在规模报酬不变的基础上,利用 Pareto 最适确界来衡量最优效率边界,被称为 CCR 模型。具体的模型建立如下:假设每一个城市使用 N 种投入 $x = (x_1, \cdots, x_N) \in \mathrm{R}_N^+$ 得到 M 种"好"产出 $y = (y_1, \cdots, y_M) \in \mathrm{R}_M^+$,以及 I 种"坏"产出 $b = (b_1, \cdots, b_I) \in \mathrm{R}_I^+$,每一个时期 $t = 1, \cdots, T$,第 $k = 1 \cdots K$ 个城市的投入和产出值为 $(x^{k,t}, y^{k,t}, b^{k,t})$。在 Färe et al. (2007)介绍的环境技术(The Environmental Technology)公理基础上,运用数据包络分析(DEA)可以将环境技术模型化为:

$$P^t(x^t) = \left\{ (y^t, b^t) : \sum_{k=1}^{K} z_k^t y_k^t \geqslant y, \sum_{k=1}^{K} z_k^t b_k^t = b, \sum_{k=1}^{K} z_k^t x_k^t \leqslant x, z_k^t \geqslant 0, k = 1, \cdots, K \right\}$$

$$(9.1)$$

z_k^t 为每一个观察值的权重。生产技术规模报酬不变的约束表示为非负的权重。假设生产集合为一个有界的闭集,同时为了使生产集合 $P(x)$ 能够表示为环境技术,需要为生产集合添加两个环境公理:

公理 1:如果$(y, b) \in P(x)$ 及 $b = 0$,则 $y = 0$ $\quad\quad$ (9.2)

公理 2:如果$(y, b) \in P(x)$ 及 $0 \leqslant \theta \leqslant 1$,则$(\theta y, \theta b) \in P(x)$ $\quad$ (9.3)

上式第一个公式表示为作零结合公理(Nulljointness Axiom)或者副产品公理(Byproducts Axiom)。有了这个假设,则一个国家如果不生产"坏产出",就不会有"好产出"的生产,换一种说法即要生产"好产出"必然产生"坏产出",从而将环境因素纳入到模型的分析中。

第二个公式表示为产出弱可处置性公理(Weak Disposability of Outputs Axiom),这个假设意味着如果同比例减少"好"产出和"坏"产出,需要的技术仍然在现行的生产技术范围内。有了这个假设公理,生产单位要减少"坏"产出就必然会同时减少"好"产出,说明减少污染需要付出"好"产出的代价,进而将环境约束的思想纳入到模型中。在式(9.1)中,投入和"好"产出自由可处置表示为投入变量和"好"产出的不等式,加上"坏"产出的等式约束后,表明"好"产出和"坏"产出联合起来是弱可处置的。我们将引入 Chung et al. (1997)的方向性距离函数将生产过程模型化,这个函数是谢泼德(Shephard)产出距离函数的一般化形式。基于产出的方向性距离函数可表示为下式:

$$\vec{D}_o(x, y, b; g) = \sup\{\beta : (y, b) + \beta g \in P(x)\}$$

$$(9.4)$$

$g = (g_y, g_b)$ 是产出扩张的方向向量。我们利用 DEA 来求解方向性距离函数，这需要解下面的线性规划：

$$\vec{D}_o^t(x^{t,k'}, y^{t,k'}, b^{t,k'}; y^{t,k'}, -b^{t,k'}) = \text{Max}\beta$$

s. t.

$$\sum_{k=1}^{K} z_k^t y_{km}(y,b) \geqslant (1+\beta) y_{k'm}^t, m = 1, \cdots, M;$$

$$\sum_{k=1}^{K} z_k^t b_{ki}^t = (1-\beta) b_{k'i}^t, i = 1, \cdots, I;$$

$$\sum_{k=1}^{K} z_k^t x_{kn}^t \leqslant x_{k'n}^t, n = 1, \cdots, N; z_k^t \geqslant 0, k = 1, \cdots K \qquad (9.5)$$

方向性距离函数的值如果等于零，表明这个城市在效率边界上生产，具有技术效率，否则表示技术无效率。在方向性距离函数的基础上，我们下面介绍 Metafrontier 模型。

一、共同边界(Metafrontier)模型

Hayami(1969)年提出了 Metafunction 方法，来解决各个经济体在不同技术水准下共同面对的总生产函数，从而探讨跨国农业生产率的大小。Battese et al. (2004)提出共同边界方法以分析不同技术组群(Group)下的效率分析并比较技术差距比例(Technology Gap Ratio,TGR)。图 9—1 是单一产出与单一投入的共同边界，两个不同的组群 1 和组群 2 分别构成两个不同的技术边界。这两种边界面的差别在于，共同边界表示的是评价对象的潜在技术水平，而组群边界则表示实际的技术水平。为了区分包含"坏"产出的不同的决策单位的组群，本书构造第 G 个组群的生产技术集合 T^G ：

$$T^G = \{(x,y,b): x \text{ 可以生产}(y,b)\} \qquad (9.6)$$

为了确保技术边界满足凸集定理，将各个组群的共同边界 MetafrontierT^M 定义为所有 G 个组群的凸壳：

$$T^M = 凸壳\{T^1 \cup T^2 \cdots \cup T^G\} \qquad (9.7)$$

T^M 满足所有的生产公理，更重要的是它允许可以比较不同群组的投入产出集合。如果生产技术涵盖了所有评价单位，即生产边界为所有评价单位投入产出项的最优生产边界，这时的生产技术为 T^M ，对应的产出集合为 $P^M(x)$ ，方向性距离函数可表示为(9.6)。如果将所有的样本分成 G 个组群，其对应投入的产出技术组合为 T^G 、子群组产出集合为 P^G ，方向性距离

函数可表示为(9.7)式：

$$\vec{D}_O^M(x,y,b;g) = \max\{\beta:(y+\beta_y,b-\beta_b)\in P^M(x)\} \tag{9.8}$$

$$\vec{D}_O^G(x,y,b;g) = \max\{\beta:(y+\beta_y,b-\beta_b)\in P^G(x)\} \tag{9.9}$$

$\vec{D}_O^M(x,y,b;g)$ 与 $\vec{D}_O^G(x,y,b;g)$ 分别是以共同边界和组群边界为基准得到的方向性距离函数。在下文中，我们将 $\vec{D}_O^M(x,y,b;g)$ 下的包络曲线称为 Metafrontier 边界，将 $\vec{D}_O^G(x,y,b;g)$ 下的包络曲线称之为 Group 边界。

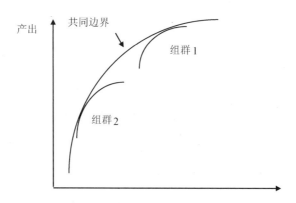

图 9—1　单产出与单投入的共同边界与组群边界

二、Metafrontier－Malmquist－Luenberger 生产率指数（MML）

根据 Chung et al.（1997），在共同边界的基础上，可定义 MML 为：

$$MML_t^{t+1} = \left\{\frac{[1+\vec{D}_o^{tM}(x^t,y^t,b^t;g^t)]}{[1+\vec{D}_o^{tM}(x^{t+1},y^{t+1},b^{t+1};g^{t+1})]}\times\frac{[1+\vec{D}_o^{t+1M}(x^t,y^t,b^t;g^t)]}{[1+\vec{D}_o^{t+1M}(x^{t+1},y^{t+1},b^{t+1};g^{t+1})]}\right\}^{\frac{1}{2}} \tag{9.10}$$

MML 指数亦可以分解为效率变化（$EFCH^M$）和技术进步指数（$TECH^M$），即：

$$MML_t^{t+1} = EFCH^M \times TECH^M \tag{9.11}$$

$$EFCH^M = \frac{[1+\vec{D}_o^{tM}(x^t,y^t,b^t;g^t)]}{[1+\vec{D}_o^{t+1M}(x^{t+1},y^{t+1},b^{t+1};g^{t+1})]} \tag{9.12}$$

$$TECH^M = \left\{\frac{[1+\vec{D}_o^{t+1M}(x^t,y^t,b^t;g^t)]}{[1+\vec{D}_o^{tM}(x^t,y^t,b^t;g^t)]}\times\frac{[1+\vec{D}_o^{t+1M}(x^{t+1},y^{t+1},b^{t+1};g^{t+1})]}{[1+\vec{D}_o^{tM}(x^{t+1},y^{t+1},b^{t+1};g^{t+1})]}\right\}^{\frac{1}{2}} \tag{9.13}$$

同理可以将各组群的 ML 指数定义为 GML：

$$GML_t^{t+1} = \left\{\frac{[1+\vec{D}_o^{tG}(x^t,y^t,b^t;g^t)]}{[1+\vec{D}_o^{tG}(x^{t+1},y^{t+1},b^{t+1};g^{t+1})]}\times\frac{[1+\vec{D}_o^{t+1G}(x^t,y^t,b^t;g^t)]}{[1+\vec{D}_o^{t+1G}(x^{t+1},y^{t+1},b^{t+1};g^{t+1})]}\right\}^{\frac{1}{2}}$$

$$(9.14)$$

$$GML_t^{t+1} = EFCH^G \times TECH^G \tag{9.15}$$

$$EFCH^G = \frac{[1 + \vec{D}_o^{tG}(x^t, y^t, b^t; g^t)]}{[1 + \vec{D}_o^{t+1G}(x^{t+1}, y^{t+1}, b^{t+1}; g^{t+1})]} \tag{9.16}$$

$$TECH^G = \left\{ \frac{[1 + \vec{D}_o^{t+1G}(x^t, y^t, b^t; g^t)]}{[1 + \vec{D}_o^{tG}(x^t, y^t, b^t; g^t)]} \times \frac{[1 + \vec{D}_o^{t+1G}(x^{t+1}, y^{t+1}, b^{t+1}; g^{t+1})]}{[1 + \vec{D}_o^{tG}(x^{t+1}, y^{t+1}, b^{t+1}; g^{t+1})]} \right\}^{\frac{1}{2}}$$

$$(9.17)$$

根据 Battese et al. (2004)，评价对象在组群边界下的技术效率（TE^G）对应于在共同边界下的技术效率（TE^M）的比值，可以定义为技术差距比（TGR）[①]。正是 TGR 连接组群边界和共同边界衡量了同一评价对象在不同边界面下的效率差异，TGR 值越高，意味着城市的实际生产效率越靠近潜在的生产效率[②]：

$$TE^M = TE^G \times \frac{TE^M}{TE^G} = TE^G \times TGR \tag{9.18}$$

根据陈谷荔等（2008），在组群边界和共同边界之间的转化可以得到一个"技术调整因子"（Technology Adjustment Factor, TAF），其代表两种不同技术水平下转换时的调整参数，由不同基期变量 TGR 跨期变动的几何平均数表示：

$$TAF = \frac{MML}{GML} = \frac{EFCH^M \times TECH^M}{EFCH^G \times TECH^G}$$

$$= \left[\frac{TGR_{t+1}(x_{t+1}, y_{t+1}, b_{t+1})}{TGR_t(x_t, y_t, b_t)} \times \frac{TGR_t(x_{t+1}, y_{t+1}, b_{t+1})}{TGR_{t+1}(x_t, y_t, b_t)} \right]^{\frac{1}{2}} \tag{9.19}$$

TAF 可以继续分解为纯粹技术追赶（Pure Technology Catch-up, PT-CU）和潜在技术相对变动（Potential Technological Relative Change, PTRC）：

$$TAF = \frac{TGR_{t+1}(x_{t+1}, y_{t+1}, b_{t+1})}{TGR_t(x_t, y_t, b_t)} \times \left[\frac{TGR_t(x_t, y_t, b_t)}{TGR_{t+1}(x_{t+1}, y_{t+1}, b_{t+1})} \times \frac{TGR_t(x_{t+1}, y_{t+1}, b_{t+1})}{TGR_{t+1}(x_t, y_t, b_t)} \right]^{\frac{1}{2}}$$

---

① 关于环境约束下的技术效率文献中有两种定义：一种定义是 $\vec{D}_o(x, y, b; g) = (>)0$，表示技术完全有效率（无效率）；另一种定义是 $TE = 1/[1 + \vec{D}_o(x, y, b; g)] = (<)1$，表示技术术完全有效率（无效率）。本书采取后一种定义。

② 比如某城市的 $TE_M = 0.4$，$TE_G = 0.8$，则 $TGR = 0.4/0.8 = 0.5$。这表示这个城市在其组群的生产技术下，以相同的投入和产出组合只能达到共同边界生产技术的50%。

$$= PTCU \times PTRC \tag{9.20}$$

其中 PTCU 为 TGR 跨期变动的比值,当 PTCU 大于 1,表示生产技术与潜在技术之间的差距缩小;其次,再通过本章(9.11)与(9.15)式对 $TECH^M$ 与 $TECH^G$ 的定义,(9.18)式的第二项分别为以共同边界及群组边界的技术进步比值,即:

$$PTRC = \left[\frac{TGR_t(x_t, y_t, b_t)}{TGR_{t+1}(x_{t+1}, y_{t+1}, b_{t+1})} \times \frac{TGR_t(x_{t+1}, y_{t+1}, b_{t+1})}{TGR_{t+1}(x_t, y_t, b_t)} \right]^{\frac{1}{2}}$$

$$= \left[\frac{\dfrac{1 + \vec{D}_o^{tG}(x^{t+1}, y^{t+1}, b^{t+1}; g^{t+1})}{1 + \vec{D}_o^{t+1G}(x^{t+1}, y^{t+1}, b^{t+1}; g^{t+1})}}{\dfrac{1 + \vec{D}_o^{tM}(x^{t+1}, y^{t+1}, b^{t+1}; g^{t+1})}{1 + \vec{D}_o^{t+1M}(x^{t+1}, y^{t+1}, b^{t+1}; g^{t+1})}} \times \frac{\dfrac{1 + \vec{D}_o^{tG}(x^t, y^t, b^t; g^t)}{1 + \vec{D}_o^{t+1G}(x^t, y^t, b^t; g^t)}}{\dfrac{1 + \vec{D}_o^{tM}(x^t, y^t, b^t; g^t)}{1 + \vec{D}_o^{t+1M}(x^t, y^t, b^t; g^t)}} \right]^{\frac{1}{2}}$$

$$= \frac{TECH_{t,t+1}^M}{TECH_{t,t+1}^G} \tag{9.21}$$

式(9.19)隐含以当前生产技术的变动为基准,衡量潜在技术的提升速度,当 PTRC 大于 1,表示潜在技术水准提升的速度高于当前的技术水准,意味着决策单位的发展潜力或空间的提高;因此,此项可称为潜在技术相对变动。

则我们可以得到 MML 生产率指数的分解式如下:

纯粹技术追赶值(PTCU)和潜在技术相对变动(PTRC)分别为:

$$PTCU = \frac{TGR_{t+1}(x_{t+1}, y_{t+1}, b_{t+1})}{TGR_t(x_t, y_t, b_t)} = \frac{\dfrac{TE_{t+1}^M}{TE_{t+1}^G}}{\dfrac{TE_t^M}{TE_t^G}}$$

$$= \frac{\dfrac{1 + \vec{D}_o^{t+1G}(x^{t+1}, y^{t+1}, b^{t+1}; g^{t+1})}{1 + \vec{D}_o^{t+1M}(x^{t+1}, y^{t+1}, b^{t+1}; g^{t+1})}}{\dfrac{1 + \vec{D}_o^{tG}(x^t, y^t, b^t; g^t)}{1 + \vec{D}_o^{tM}(x^t, y^t, b^t; g^t)}}$$

$$= \frac{\dfrac{1 + \vec{D}_o^{tM}(x^t, y^t, b^t; g^t)}{1 + \vec{D}_o^{t+1M}(x^{t+1}, y^{t+1}, b^{t+1}; g^{t+1})}}{\dfrac{1 + \vec{D}_o^{tG}(x^t, y^t, b^t; g^t)}{1 + \vec{D}_o^{t+1G}(x^{t+1}, y^{t+1}, b^{t+1}; g^{t+1})}} = \frac{EFCH^M}{EFCH^G} \tag{9.22}$$

$$PTRC = \left[\frac{TGR_t(x_t, y_t, b_t)}{TGR_{t+1}(x_{t+1}, y_{t+1}, b_{t+1})} \times \frac{TGR_t(x_{t+1}, y_{t+1}, b_{t+1})}{TGR_{t+1}(x_t, y_t, b_t)} \right]^{\frac{1}{2}}$$

$$= \left[\frac{\dfrac{1 + \vec{D}_o^{tG}(x^t, y^t, b^t; g^t)}{1 + \vec{D}_o^{tM}(x^t, y^t, b^t; g^t)}}{\dfrac{1 + \vec{D}_o^{t+1G}(x^{t+1}, y^{t+1}, b^{t+1}; g^{t+1})}{1 + \vec{D}_o^{t+1M}(x^{t+1}, y^{t+1}, b^{t+1}; g^{t+1})}} \times \frac{\dfrac{1 + \vec{D}_o^{tG}(x^{t+1}, y^{t+1}, b^{t+1}; g^{t+1})}{1 + \vec{D}_o^{tM}(x^{t+1}, y^{t+1}, b^{t+1}; g^{t+1})}}{\dfrac{1 + \vec{D}_o^{t+1G}(x^t, y^t, b^t; g^t)}{1 + \vec{D}_o^{t+1M}(x^t, y^t, b^t; g^t)}} \right]^{\frac{1}{2}}$$

$$= \frac{\left\{\dfrac{[1 + \vec{D}_o^{t+1M}(x^t, y^t, b^t; g^t)]}{[1 + \vec{D}_o^{tM}(x^t, y^t, b^t; g^t)]} \times \dfrac{[1 + \vec{D}_o^{t+1M}(x^{t+1}, y^{t+1}, b^{t+1}; g^{t+1})]}{[1 + \vec{D}_o^{tM}(x^{t+1}, y^{t+1}, b^{t+1}; g^{t+1})]}\right\}^{\frac{1}{2}}}{\left\{\dfrac{[1 + \vec{D}_o^{t+1G}(x^t, y^t, b^t; g^t)]}{[1 + \vec{D}_o^{tG}(x^t, y^t, b^t; g^t)]} \times \dfrac{[1 + \vec{D}_o^{t+1G}(x^{t+1}, y^{t+1}, b^{t+1}; g^{t+1})]}{[1 + \vec{D}_o^{tG}(x^{t+1}, y^{t+1}, b^{t+1}; g^{t+1})]}\right\}^{\frac{1}{2}}}$$

$$= \frac{TECH^M}{TECH^G} \tag{9.23}$$

$$MML = GML \times \frac{MML}{GML} = EFCH^G \times TECH^G \times \frac{EFCH^M}{EFCH^G} \times \frac{TECH^M}{TECH^G}$$

$$= EFCH^G \times TECH^G \times PTCU \times PTRC \tag{9.24}$$

对于每一个城市不同时期的生产率指数需要解四个线性规划,包括求解两个当期线性规划(即利用 t 期的技术和 t 期投入产出值),以及求解混合线性规划(即利用 t 期的技术和 t+1 期的投入产出值)。当 t+1 期的投入产出在 t 期的技术下不可行,则相应的线性规划无解,本书将运用序列 DEA 来减少 ML 指数不可行解的数量。运用上述方法,本书测度了长三角和珠三角总共 25 个城市 1998—2008 年环境约束下的生产率指数及其成分。

三、数据来源及统计性描述

本书将分别选取长三角和珠三角城市 1998—2008 年的"好"产出,"坏"产出和投入数据[①]。长三角选取包括上海、南京、苏州、扬州、镇江、泰州、无锡、常州、南通、杭州、宁波、湖州、嘉兴、绍兴、舟山、绍兴 16 个城市,珠三角选取包括广州、深圳、珠海、佛山、惠州、东莞、中山、江门、肇庆 9 个城市。"好"产出、"坏"产出和投入的基础数据主要来源于《历年中国城市统计年鉴》和《广东省统计年鉴》和长三角各个城市的地方统计年鉴和统计公报。

1."好"产出。"好"产出选用长三角和珠三角各个城市以 2000 年为基期的实际地区生产总值(GDP)。

2."坏"产出:不同的文献中对于"坏"产出的选择不同。胡鞍钢等(2008)将废水、工业固体废弃物排放总量、化学需氧量(Chemical Oxygen Demand,COD)、SO_2、CO_2 排放总量五个指标作为坏产出;Wu(2007)与程丹润和李静(2009)将废水、废气和固体废物作为坏产出。根据数据的可得性

---

① 选择 1998—2008 年主要基于以下几个原因:一是,早期一些年份的污染数据无法得到;第二,1998 年之前,影响全要素生产率增长因素的一些数据无法得到。

和统计指标的一致性,本书选取工业废水,工业 SO_2 和工业烟尘工业三废作为"坏"产出指标。

3.劳动投入:本书采用长三角和珠三角各个城市的年末社会从业人员作为劳动投入。

4.资本投入:本书采用各个市的资本存量来作为资本投入的指标,用"永续盘存法"来估算按可比价格计算的资本存量。"永续盘存法"主要涉及期初资本存量的计算、折旧率的选择和投资平减三个问题。由于部分城市统计资料中缺少固定资产投资价格指数,我们用 2000 年为基期的每个城市的 GDP 平减指数来代替固定资产投资价格指数对各市每年的固定资产投资进行平减,从而得到各市不变价格的实际投资序列数据。本书选取张军(2004)的 9.6% 作为这两个城市群的折旧率。对于期初资本存量,根据 Nehru et. al (1993)资本的处理方法我们可以用式(9.25)求得 1998 年的初始资本存量:

$$K_{1998} = I_{1998}/(\delta + g) \tag{9.25}$$

我们利用式子(3—26)得到历年的资本存量:

$$K_t = I_t + (1-\delta)K_{t-1} \tag{9.26}$$

K_t 是 t 期的资本存量,δ 是折旧率,g 代表了经济增长率,I_t 是 t 期投资额。

根据上述数据处理方法,本书可以得到各个变量的具体数据,表 9—1 是对得到数据的统计性描述。从产出方面看,珠三角地区经济平均增长率高于长三角经济平均增长率,但是伴随着经济高速增长的是排污平均增长率高于长三角地区。然而从排污份额来看,长三角所占排污份额却大于珠三角排污份额,长三角"三废"排放份额分别是 74%、80% 和 80%。这可能跟两个区域的土地面积有关,长三角的土地面积是 5 万多平方公里,珠三角的土地面积是 1 万多平方公里。同时,投入方面,无论是长三角还是珠三角城市群,资本投入的增长速度最快,远高于劳动力投入的增长。珠三角投入的平均增长率快于长三角的平均增长率,由此生产率高低情况值得进一步研究。另一方面,即使长三角"三废"排放减少是由于生产率的提高所带动,但其决定因素,究竟是来自效率的改善还是技术的进步,也值得进一步研究。因此,有必要引入一般化共同边界的 Malmquist—Luenberger 生产力指数(MML)和对其进一步分解。

表9—1　1998—2007年长三角与珠三角各变量统计性描述

资本存量(亿元)	最大值	最小值	平均值	标准差
长三角	20401.59	123.4458	3045.371	262.0407
珠三角	10125.56	72.88623	1171.692	113.6049
总平均	20401.59	72.88623	1981.932	138.0967
从业人员(万人)				
长三角	1053.24	54.29	312.5284	13.26001
珠三角	714.54	73.1	221.3047	8.065155
总平均	1053.24	54.29	260.7528	7.662779
SO_2 排放总量(万吨)				
长三角	390900	8187	109041.3	6210.42
珠三角	223500	500	42849.4	3343.581
总平均	390900	500	71472.92	3664.999
工业烟尘排放总量(万吨)				
长三角	107400	3988	31347.64	1450.73
珠三角	58700	70	11381.67	690.3975
总平均	107400	70	20015.6	886.8642
工业废水(万吨)				
长三角	90000	700	25615.94	1769.347
珠三角	65174.6	239	7451.251	520.3454
总平均	90000	239	15306.25	932.7604
实际GRP(万元)				
长三角	1.1E+08	909009.1	16018700	1267971
珠三角	71241069	728947.1	8746088	821603.8
总平均	1.1E+08	728947.1	11891001	740735.9

第四节　实证结果

采用上述方法和样本数据,本章测算了每一年长三角、珠三角各个城市的最佳生产边界以及每个城市与这个最佳生产边际的比较情况。为了全面比较各个城市以及两个城市群的环境效率和环境全要素生产率的变化,研究环境约束对生产率的影响,本章测算了两个城市群每个城市在环境约束下和不受环境约束两种类型下的效率和全要素生产率指数及变化趋势:(1)不考虑工业三废的排放测算市场效率和市场全要素生产率;(2)测算在环境约束下的环境效率和环境全要素生产率及其成分[①]。本阶段的具体计算步骤如下:首先,我们以产出导向的方向性距离函数为基础,分别构造两个城市群的最优技术边界来计算在各自技术边界下各个城市的市场效率、市场全要素生产率及环境效率和 Malmquist—Luenberger 指数;其次,我们以两个城市群为整体构造一个最优效率边界,计算各个城市在此边界下的市场效率、市场全要素生产率及环境效率和 Malmquist—Luenberger 指数;最后,我们对两种边界下的 Malmquist—Luenberger 指数进行分解分析,计算出各个城市的纯粹技术追赶(Pure Technology Catch—up,PTCU)和潜在技术相对变动(Potential Technological Relative Change,PTRC)。

一、效率和生产效率结果分析

我们将长三角和珠三角城市群的投入产出数据分别代入 DEA 模型中,并用 Excel Solver Prem PlatformV5.5 软件包处理系统,分别得到 Group 情形下和 Metafrontier 的长三角 16 个城市与珠三角 9 个城市的环境、市场效率指数及其分解。

(一)环境效率及市场效率

要同时比较长三角与珠三角两个城市群的城市环境及市场效率,就必须基于相同的衡量基础和标准之上,因此,在两个城市群单个城市效率的比较,将以 Metafrontier 为边界进行。而科学发展观更强调经济与资源环境的协调发展方面,环境效率评价作为衡量经济发展所付出的资源环境代价的主要指标之一,是衡量城市发展是否符合科学发展观的主要标准之一(周景博、陈妍,2008)。因而,在单个城市的比较上,将基于共同边界下的环境效率指标进行。2011 年环境效率平均值排名在前 10 位的城市有中山、杭州、无锡、苏州、江门、舟山、佛山、深圳、惠州、东莞。可以看到,这些地区的特征明显,即都为经济较发达城市,在 25 个城市排名中,环境效率排名靠前的十

---

① 本书引用 Managi and Kaneko(2006)的处理方法,定义仅测算投入和好产出的效率和全要素生产率为市场效率和市场全要素生产率。

个城市中,有一半以上的城市经济总量排名在 25 个城市的前 10 位中,这些城市经济总量大,对环境和资源的依赖性也大,呈现出环境效率排名靠前的原因可能是经济总量大,对于环境治理的投入也相对充足。尤其是东莞和深圳,无论考虑还是不考虑环境约束,这两个城市的效率排名都是前两位,环境约束并未影响两个地区的总体效率排名。

表 9—2 共同边界下的市场效率、环境效率

城市	共同边界下的技术效率		城市	共同边界下的技术效率	
	环境效率	市场效率		环境效率	市场效率
广州	0.7233	0.6155	泰州	0.6687	0.4076
深圳	0.9427	0.7203	无锡	0.8498	0.6529
珠海	0.7854	0.5525	常州	0.7302	0.4923
佛山	0.9396	0.7666	南通	0.6057	0.449
惠州	0.9636	0.6744	杭州	0.8245	0.473
东莞	0.9942	0.8547	宁波	0.744	0.4855
中山	0.787	0.519	湖州	0.5786	0.4502
江门	0.8924	0.6635	嘉兴	0.6312	0.5037
肇庆	0.675	0.5315	舟山	0.8939	0.4239
上海	0.7436	0.6937	绍兴	0.6446	0.4985
南京	0.5832	0.474	台州	0.889	0.5238
苏州	0.8758	0.6095	平均 1	0.7731	0.5592
扬州	0.6156	0.4523	平均 2	0.8559	0.6553
镇江	0.747	0.4917	平均 3	0.7266	0.5051

可以发现,这两个城市都是利用毗邻港澳的优势,通过“三来一补”的贸易方式等粗放经济发展模式和增长方式发展起来的。然而,真正使这两个城市环境效率排名靠前的原因可能是东莞市在 20 世纪 90 年代经历的第二次工业革命发展战略带来的行业结构和产品结构的转型发展。通过这一转型发展,东莞市的主导产业由简单粗放的来料加工逐步过渡到电气机械及器材制造业、电子及通讯设备制造业、文化办公用品机械制造业及纺织业和仪器仪表等结合传统产业和高薪产业协调发展的产业结构上来(陈建新、邝永光,2004)。而通过回顾深圳特区成立的经济发展史,可以发现深圳第三

产业在整个产业结构中的比重一直保持在 40%—50% 之间,产业结构和经济发展的趋势都比较平稳,这表明深圳市的发展起点较两个三角地区布局层次高,经济发展的同时坚持了与生产、生活的协调安排(褚可邑、王翠林,2003)。深圳市第三产业中的房地产业、金融证券保险业、旅游业等产业发展迅猛,深圳也已经成为我国主要的金融中心之一。深圳近些年随着产业调整和升级,产业结构逐步由数量扩张、粗放型增长转向质量优化、集约型发展,已经初步建立了以高新技术产业为主导,经济特色明显的现代化工业产业结构。纵观这两个城市的发展,共同的特点都是通过对现有以劳动密集型的加工贸易为主的产业结构就地改造和升级来提高城市环境效率,而并非盲目发展新兴产业而陷入"结构型陷阱"。环境效率排名前十的城市中也有江门、惠州等相较经济发展不如上海,广州的城市。对于这一现象的解释本书参照周景博、陈妍(2008)给出的解释,即这一类地区的经济总量虽然较低,但是它们对于资源和环境的依赖和影响性也较小,因而呈现环境效率较高的现象。

1999—2008 年两个地区总体的城市效率的变化趋势如图 9—2,由图可知,两个地区在规模报酬不变的假设模型评价下,经济增长的效率在不考虑环境约束的情况下,两个地区的平均市场效率维持在 0.65—0.50 之间,其他文献如李静(2009)、杨俊等(2010)从全国范围内对上海、广东省效率或者陈清霞(2010)、王晓东(2010),由于技术边界的不同,具体市场效率值上不存在比较的可能。通过图 4—1,可以看到,按照前面定义的方向性距离函数的解释,意味着两个城市群总体上要减少投入 35%—50%,增加"好"产出 35%—50%,才能达到市场的完全有效率。当考虑到两个地区总体的市场效率发展趋势,可以看到两个地区的平均市场效率呈现出上升趋势,表明在不考虑环境和资源的约束下,城市的投入产出效率呈现出上升的趋势,这可能是由于经济发展带来的技术进步、基础实施的改善,效率水平的上升带来的城市效率的提高。当将"坏"产出考虑进效率的测算中,两个城市群的效率水平总体与市场效率水平相比有明显地上升,说明目前不考虑环境管制的效率测度高估了真实的经济效率水平与最优技术水平的差距,没有将企业在减少排放污染物的努力考虑进效率的测度中去,低估了城市的效率水

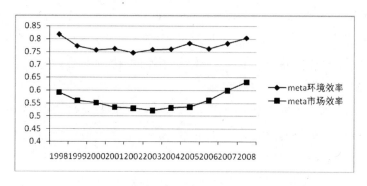

图 9—2 共同边界下的历年环境效率及市场效率趋势图

平,也意味着不考虑环境约束的效率评价是不符合真实科学发展观的效率评价,进一步证明将环境因素纳入到测算模型中,能够避免对传统的效率评价不完善的缺点。环境约束下的城市效率值维持在 0.70—0.85 之间,按照前面定义的包含坏产出的方向性距离函数的解释,这意味着两个城市群总体上要减少投入 15%—30%,增加"好"产出 15%—30%,减少坏产出 15%—30%,就能达到环境的完全有效率。另一方面,环境效率与市场效率的变化趋势不同,如图所示,两个城市群总体环境效率总体波动,并未出现上升趋势。李静等(2009)通过运用 SBM 模型测算中国省区的环境效率,发现总体趋势呈下降趋势,这与本书对两个城市群的测算结论不相一致,但也能说明中国目前的环境问题严重;环境恶化已经成为制约两个三角洲经济发展的重要难题,为了避免工业化国家走先污染、后治理的道路,寻找出符合科学发展观道路的发展模式尤为重要。

为了比较两个城市群环境污染对经济效率影响的地区差异,下面将从长三角和珠三角两个城市群的角度对城市效率进行分析。两个城市群考虑环境约束的效率测算如图 9—3。图 9—3 显示,在环境约束下的城市效率测度中,长三角与珠三角城市群的环境效率存在着差异。珠三角地区的平均环境效率维持在 0.80 到 0.90 之间,其中珠三角城市的环境效率在 2008 年呈现上升趋势,这可能跟 2007 年、2008 年的珠三角各城市推行的"节能减排"活动有关,使得环境和谐度得以提高;长三角地区的平均环境效率维持在 0.65—0.80 之间,珠三角城市的环境效率总体上高于长三角的环境效率。如果从经济发展水平上来看这一现象,根据李静(2009)的观点,经济发达地区可能在经济发展和污染治理上都高于经济落后地区,长三角地区的经济总量虽然远高于珠三角地区,但是显示出来的环境效率却远不如珠三角地区。另一方面,如果是从两个地区的污染情况来看,长三角 30 年的城市化进程也对自身生态环境产生了极大的冲击,比如整个区域内的污水量,长江流域的污水排放占全国的 40％以上,多达 250 多亿吨,其中的 80％是未经有效处理直接排进长江的。长三角内其他省区如浙江临近海鱼的海水含氮与磷在中国各海区内排名靠前。同时,长三角内的其他工业污染物也呈现出较高的增长趋势(赵静,2011);再看珠三角,经过多年的经济高速增长,经济指标连续多年领先全国,但是环境逐渐恶化,工业"三废"增多,空气中的污染物二氧化硫和二氧化氮逐年增多,酸雨出现的频率达 52％以上,环境综合水平呈下降趋势。两个地区都存在着较大的环境污染问题(吕秀芬,2010)。通过经济发展和环境污染无法推出两个地区环境效率高低的原因,根据樊纲、张泓俊(2005)通过对两个三角洲地区的市场化改革进程比较的结果显示,珠三角的市场化程度高过长三角,经济体制改革的进程也走在了长三角的前面,这说明珠三角城市环境效率高于长三角城市群可能是由于市场化程度高的原因,表明市场化对于提高环境效率水平也是有优势的。

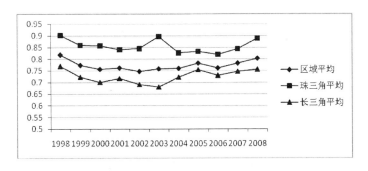

图 9—3　共同边界下的历年环境效率趋势图

当对两个地区的测算不包含"坏产出"时,污染排放治理对两个地区的效率影响保持逐渐变小,两个地区的效率差距变动方向不明显,珠三角从 2005 年开始,效率值呈上升趋势,这可能与 2004 年 1 月中央政府通过 CEPA 制度安排有关,CEPA 是一个 WTO 下的自由贸易协定,根据此协议,中国香港公司享有内地市场的优惠准入,使得珠三角及周边华南、西南地区受惠;长三角从 2002 年开始,效率开始上升,这可能是因为真正启动长三角发展战略构想的是 20 世纪 90 年代末期,1998—2002 年三次经济协调会的举行,真正意义上协调了该地区的经济发展。

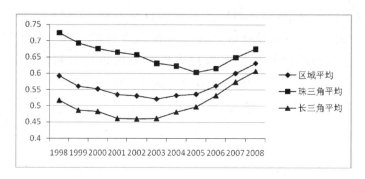

图 9—4　共同边界下的历年市场效率趋势图

不考虑环境约束,两个地区的效率值有一定程度上的低估,总体上仍然是珠三角地区的效率值高过长三角地区,在不包含环境约束下的长三角、珠三角城市群效率变化如图 9—4 所示。加入环境约束条件后,长三角地区的效率值平均上升了约 0.22,珠三角地区的效率值上升了约 0.20,这说明在污染的管制上对城市群的效率差异程度有着不同的影响;对长三角城市的效率提高比珠三角更为明显,这也意味着长三角城市群在环境保护方面的成效较珠三角城市高,说明长三角的经济结构在环境的控制方面效果明显。林承亮(2000)通过对比两个三角洲城市群的改革与发展的不同发展条件,发现作为最早获得区域倾斜优惠政策的城市群,"珠三角"的体制环境要好过"长三角"。其次,相对于长三角的区位,珠三角毗邻港澳,较好地承接了港澳产业的转移,而转移的产业又往往倾向于是污染较大的低级产业链。可能正是市场化和产业转移使得珠三角的经济结构在环境控制方面的效果不如长三角。

（二）市场全要素生产率及其分解

效率的测度给出了既定时期内各城市与潜在最优生产边界的相对位置的关系,属于静态范围的分析。而为了比较生产技术的变动情况,必须引入全要素生产率分析,全要素分析属于一种动态分析。全要素生产率分析可以比较每个城市与生产边界的相对位置变化的情况即为效率变化的情况，和各个最优生产边界随时间移动的情况即技术进步情况。表9—3是共同边界下1998—2008年历年长三角和珠三角城市群不包含环境因素的生产率及各成分变动情况，表9—2是长三角与珠三角各城市生产率变动情况。

表9—3　共同边界下的历年城市平均全要素生产率指数及其分解

	Malmquist	EFCHi	TECHi		Malmquist	EFCHi	TECHi
1998—1999	0.9914	0.9515	1.0412	2004—2005	1.0115	1.0115	1
1999—2000	1.0122	0.9824	1.0293	2005—2006	1.0472	1.0472	1
2000—2001	0.9843	0.8974	1.0959	2006—2007	1.0639	1.0639	1
2001—2002	0.9989	0.9371	1.0652	2007—2008	1.0549	1.0549	1
2002—2003	0.9894	0.9894	1	总体平均	1.0172	0.9943	1.0227
2003—2004	1.022	1.022	1	总体累计	1.1861	0.9449	1.2512

通过表9—3可以看出，不包含环境约束下的两个区域内的平均Malmquist指数呈逐年上升的趋势，平均生产力指数从1998—1999年的0.9914上升到2007—2008年的1.0549。意味着，两个城市群的生产率增长率由1999年的－0.0086上升到2008年的0.549。需要指出的是，该生产率指数只是相对于两个地区的最优生产技术而言，在现有的不少DEA的生产率测算中，都有从不同的范围和层次去研究这两个地区的生产率，这些生产率指数是不能相互比较的，因为生产技术边界不一样，造成的测算结果也是不一致的。本书进一步从10年间的生产率平均指数来考察生产率变动的情况（根据生产率的计算过程，生产率平均值计算时应该采用几何平均），在不考虑环境因素的情况下，两个城市群总体平均生产率指数为1.0172，即整个区域内的生产率年均增长率为1.72%，这也表明两个区域内的生产率水平在不断上升。为了进一步分析两个区域内的不考虑环境因素总体生产率水平进步的具体原因，根据前文的生产率分解公式将生产率进行分解，测算结果显示十年间年均EFFCH指数为0.9943，年均TECH指数为1.0227，表明总体生产率水平进步的主要原因是技术进步。可以看到，在不考虑环境因素的情况下，10年间出现技术进步的年份为前几年，尤其是2001年与2002年，分别出现9.59%与6.52%的增长。虽然总体技术水平呈上升趋势，但是近些年两个地区的技术维持不变，说明两个地区的技术创新性不

足,发展后劲乏力。这可以从以下两个方面解释,对于珠三角,由于其产业集聚在我国发展较早,但是由于缺少引导,造成低级产业迅速发展,低等产业集聚不断提高,初期能够促进当地经济快速发展,但是产业升级缓慢(刘哲明,2010)。而对于长三角地区来说,许亦楠(2011)空间计量的集聚图得出长三角16个城市群的创新集聚不明显,创新行为较分散,这些都会影响地区的技术进步。与此现象相反,在样本期间,不考虑环境因素的两个城市群的效率改进平均值为0.9943,表明两个城市群10年间的效率以年均0.67%的速度下降。在不考虑环境因素下,虽然总体为负,但是近些年的效率上升明显,从2005年就出现了逐年上升的情况。这可以借用邵军(2010)的观点来解释,随着我国城市化的加速,投资规模、建设规模的增大,城市的各项基础设施有了较大程度的改善,促进了城市效率的提升。

为了对各个城市的生产率情况进行更为具体地评价,我们对两个城市群分别作了进一步地分析。在目前的文献中,往往有从多个层面研究两个城市群城市生产率的情况,但是测算出来的生产率不能简单进行对比,这也是metafrontier理论的关键所在,为了对比不考虑技术边界相同情况下的生产率,本书给出了在各自边界测度下的生产率对比,就两个地区总体平均来说,不采用metafrontier测度的市场生产率指数为1.009,在共同技术边界下测度的生产率指数为1.0172;其中长三角城市平均来说,不采用metafrontier测度的市场生产率指数为1.0125,在共同技术边界下测度的生产率指数为1.0254,两种测度出来的结果存在较大差异,因此对比两个城市群各个城市的生产率的差距因采用共同边界进行。根据表9—4,珠三角9市在不考虑环境约束的条件下的平均Malmquist指数值为1.0024,说明珠三角10年来的年均市场全要素生产率为0.24%,即10年间的市场全要素生产率以年均0.24%的速度增长。考察珠三角9市的市场全要素生产率出现上升的原因主要是技术进步指数的增长率为2.47%,抵消了效率下降带来的对生产率的负面。分城市来看,9个城市中,不考虑环境因素下,有3个城市的市场全要素生产率为正,分别是广州、深圳、珠海。其中市场全要素生产率最高的为广州,达到了1.0958,10年间市场生产率进步了95.8%,增长了将近一倍。

表 9—4　长三角与珠三角各城市市场全要素生产率变化

城市	共同边界下的市场全要素生产率			组群边界下的市场全要素生产率		
	Malmquist	EFCHi	TECHi	Malmquist	EFCHi	TECHi
广州	1.0958	1.0387	1.055	1.0958	1.0387	1.055
深圳	1.051	0.9963	1.055	1.051	0.9963	1.055
珠海	1.0781	1.0394	1.0373	1.0781	1.0394	1.0373
佛山	0.9986	0.9891	1.0096	0.9986	0.9891	1.0096
惠州	0.9277	0.9219	1.0063	0.9278	0.9219	1.0063
东莞	0.9955	0.9618	1.035	0.9955	0.9618	1.035
中山	0.9778	0.9693	1.0087	0.9778	0.9693	1.0087
江门	0.9549	0.9482	1.0071	0.9549	0.9482	1.0071
肇庆	0.93	0.9252	1.0052	0.93	0.9252	1.0052
上海	1.0804	1.0241	1.055	1.0755	0.9986	1.077
南京	1.0932	1.038	1.0532	1.0586	1.0089	1.0493
苏州	1.0907	1.0369	1.0519	1.0553	1.0126	1.0421
扬州	1.0072	0.9987	1.0084	1.0059	1.0051	1.0008
镇江	1.0359	1.0259	1.0097	1.013	1.0109	1.002
泰州	0.9798	0.9722	1.0078	0.9954	0.9949	1.0005
无锡	1.0721	1.0277	1.0433	1.0279	0.9978	1.0302
常州	0.9903	0.9813	1.0091	0.9758	0.9746	1.0012
南通	0.9627	0.9557	1.0073	0.9793	0.9787	1.0006
杭州	1.0191	1.008	1.011	1.0096	1.0076	1.002
宁波	1.0294	1.0196	1.0096	1.0082	1.006	1.0022
湖州	0.998	0.9891	1.009	0.9828	0.9809	1.0019
嘉兴	1.074	1.0326	1.0401	1.0432	0.9999	1.0433
舟山	0.9999	0.9918	1.0081	0.9925	0.9914	1.0012
绍兴	0.998	0.9892	1.0089	0.99	0.9889	1.0011
台州	0.9517	0.9448	1.0073	0.9767	0.9763	1.0004
总平均	1.0172	0.9943	1.0227	1.009	0.9899	1.0193
珠三角	1.0024	0.978	1.0247	1.0024	0.978	1.0247
长三角	1.0254	1.0035	1.0215	1.0125	0.9964	1.0161

　　分析不考虑环境因素的城市生产率进步,可以发现:广州生产率的进步是技术进步和效率改善共同的结果,其中技术进步的比重更大一些,为年均5.5%,而效率改善为年均3.87%。在珠三角9个城市中,仅广州和珠海的市场效率改善为正,其余7个城市的效率改善均为负。再看长三角16个城市的

市场全要素生产率,长三角的 Malmquist 指数的均值相比较珠三角 9 个城市的市场生产率较高,为年均 1.0254,即每年以 2.54% 的速度增长,表明在不考虑环境因素的条件下,长三角的生产率水平远高于珠三角。其中累积生产技术进步率为 21.5%,低于长三角的累积技术进步指数 24.7%,而累积效率改善为 3.5%,高于珠三角的 22%,表明长三角的市场生产率高过珠三角,而且是效率改善高过珠三角带来的。从市场全要素生产率的对比中可以发现,经济较为发达的城市,Malmquist 指数一般都会高过经济欠发达的城市,同时也发现长三角与珠三角的生产率对比中存在明显差异,表明我国经济增长区域不平衡的一个显著特征,这种现象在我国城市经济中也存在。

(三)环境全要素生产率及其分解

表 9—5　历年长三角与珠三角城市群环境全要素生产率指数及其分解

城市群组	平均数/累计值	MML	EFCHM	TECHM	PTCU	PTRC	EFCHG	TECHG
长三角城市群	1999—2001	1.0111	0.9856	1.0261	0.9939	0.9924	0.992	1.035
	2002—2004	1.0362	0.9929	1.0442	0.9971	0.9999	0.9949	1.0464
	2005—2008	1.0382	0.981	1.058	0.9882	1.0007	0.9927	1.0577
	整体平均	1.0294	0.9859	1.0442	0.9926	0.9979	0.9932	1.0475
	整体累计	1.3363	0.8679	1.5411	0.9281	0.9796	0.9338	1.59
珠三角城市群	1999—2001	1.0157	0.9736	1.0427	0.9989	1.0144	0.9747	1.0284
	2002—2004	1.0284	1.0011	1.0269	0.9993	1.0083	1.0031	1.0188
	2005—2008	1.0648	0.9976	1.0672	0.9933	0.9709	1.0078	1.1019
	整体平均	1.039	0.9914	1.0476	0.9967	0.995	0.9964	1.0542
	整体累计	1.4654	0.9172	1.5922	0.9678	0.9507	0.9642	1.6956
全部城市	整体平均	1.033	0.9879	1.0455	0.9941	0.997	0.9944	1.0501
	整体累计	1.3837	0.8858	1.561	0.9426	0.9702	0.9454	1.6306

　　由于不考虑环境约束的生产力评价上的不完善,本书在下面将对环境约束下的城市群生产率进行分析。表 9—5 是长三角与珠三角两个城市群的 MML 指数及其分解的结果[①]。我们发现以单个城市群为基准,1998—

　　[①]　将 10 年的生产率指数分成 3 个区间是为了节省篇幅;在对全要素生产率的测度中,虽然我们使用序列 DEA 最大限度地避免了不可行解的问题,但是仍然存在不可行解。由于不可行解主要影响到技术进步,使得技术进步为负值。我们在分析时,按照 Yörük and Zaim(2005)的思路,假设这些年份的技术进步值为零,生产率指标也作了相应的调整。

2008年间长三角城市群的表现出技术进步,平均每年进步的幅度为4.75%,效率平均每年以0.68%速度恶化;珠三角城市群生产技术呈现平均每年5.42%的速度进步,效率却表现出平均每年0.36%的退步。由于前面在不考虑环境因素下,技术在最近几年维持不变,然而将环境因素纳入到测算中后,技术却保持增长,这说明两个城市群的技术进步很大一部分是用作控制环境污染上去了,说明技术改善对于促进环境好转的重要作用。同时,在考虑环境因素后,效率却出现了退步,表明城市效率的改进会带来环境的恶化,比如基础设施的修建会带来更多的排放。虽然各个城市群每年的平均幅度变化不大,然而生产率的增长不同于产出的波动,生产率的增长是一个长期潜移、渐近的过程,随着时间跨度的增大,变动的幅度将显现(陈谷劢、杨浩彦,2008)。在1998—2008年间,长三角城市群的生产技术累计增长了59%,而效率出现了6.62%的累计退步,总体生产率呈进步趋势,这与蔡锋伟(2008)采用索洛余值法测算出来的长三角城市群1990—2004年生产率增长的结论一致。相对而言,珠三角城市群在1998—2008年间生产技术累计进步了69.56%,而效率出现了3.58%的累计退步,这与陈新林(2008)采用数据包络分析和Malmquist指数测度出来的广东省生产技术和效率都呈现上升趋势结果不一致,这可能是本书的测度考虑了环境因素。但是由于上述结果是来自两条不同的群组边界,隐含的衡量基础和标准是不一致的,因此,这些比较仅适合于城市群内的生产率及其分解指数比较,不适用于跨城市群的比较。本书全要素生产率的比较,将以Metafrontier为边界进行。

从共同边界全要素生产率的比较上来看,长三角城市群的年平均增长率为2.94%,相对而言,珠三角城市群的年平均生产率增长了3.9%。因此,出现珠三角城市群各年度全要素生产率总体高于长三角城市群的情形。分析其原因,从表9—5中可以看到,在Metafrontier情况下,长三角城市群的效率平均以每年1.41%的速度下降,珠三角平均每年以0.86%的速度下降;而长三角城市群的技术进步指数年均增长率为4.42%,低于珠三角城市群4.76%的增长率。由此可知,珠三角城市群之所以呈现出较高的全要素生产率,主要是基于其技术进步快于长三角城市群。这与前面不考虑环境因素的情况出现了反转,说明珠三角的技术进步很大一部分努力都体现在对环境的管制上。这与米云生等(2008)使用参数分析方法得出的珠三角城市群全要素生产率高于长三角城市群全要素生产率的结论相同。但由于测度方法和指标选取不相同,米云生等(2008)测度的珠三角城市群的年均全要素生产率以0.55%的速度增长,而长三角城市群1992—2004年的年均全要素生产率以0.05%的速度下降,这与本书测算结果不同,本书测度结果表明两个城市群的生产率都出现上升趋势。

由MML的进一步分解,我们还可以得到追赶的意义。通过式(3—20),进一步将技术调整因子分解成PTCU与PTRC。PTCU为由t期到t+1期的衡量实际生产位置TGR的跨期变动,当PTCU大于1时,表示跨期下TGR的变大,城市群的生产技术靠近共同边界,实际生产技术与潜在生产技术的相对位置变小,隐含生产技术的潜在追赶。长三角的PTCU大多小于1,并且每年以0.74的速度下降,表明长三角城市群的生产技术水平在1998—2008年间与潜在的生产技术水准差距扩大。相应地,珠三角在1999—2008年平均追赶潜在生产技术边界的速度也为-0.33%,表明珠三角的生产技术与潜在生产技术水准差距也在逐步扩大。另外,PTRC为技术水平在t期到t+1期的整条边界相对于群组边界的跨期变动,反映了潜在技术水平的变动情况。当PTRC大于1,表明潜在技术边界上移的速度高于当前的技术水准。表9—5中,长三角1999—2004年的PTRC小于1,但2005—2008年出现反转,为0.07%;表明长三角的潜在技术改善虽然总体为负,但近些年出现技术潜力上升的势头。相反,珠三角在1999—2004年间的PTRC呈上升趋势,但2005—2008年出现下降趋势,总体以年均0.5%的速度呈现出下降趋势。由PTRC结果可知,在样本期间,长三角的技术发展潜力在近些年呈现上升的势头,珠三角的技术发展潜力则呈下降趋势。

两个城市群各个城市1998—2008年MML指数及其分解的结果见表9—6。所有的城市中,MML指数前五位的排名依次为无锡、深圳、惠州、广州和上海。其中,广州和上海是由于技术进步和效率改善双重推动的,其中技术进步分别贡献了61%和79%,而无锡、深圳和惠州完全是由于技术进步推动的。可以看出,从各个城市层面得到的结论与城市群是一致的,技术进步对全要素生产率的增长贡献大于效率变化的贡献。张小蒂、李晓钟(2005)认为长三角城市全要素生产率进步主要在于市场化、国际化取向的制度变迁,结论与本书技术进步是城市生产率增长的主要原因不同。这可能是因为他们的样本时期是 1978—2003 年,改革开放对于生产率有着极大的解放,而本书考察的是 1998—2008 年的生产率变动,制度性因素的影响已逐步减退。

表 9—6　历年长三角与珠三角各城市平均环境全要素生产率指数及其分解

城市	MML	EFCHM	TECHM	TGR	PTCU	PTRC	EFCHG	TECHG
广州	1.0741	1.0275	1.0453	0.9868	1.0005	0.9662	1.027	1.0819
深圳	1.1225	1	1.1225	1	1	1.0016	1	1.1207
珠海	1.0228	0.9909	1.0322	0.9636	0.9949	0.98	0.996	1.0533
佛山	1.0334	1	1.0334	0.9938	1	0.9834	1	1.0508
惠州	1.0949	1	1.0949	0.989	1	1.0354	1	1.0575
东莞	1.017	1	1.017	1	1	0.9925	1	1.0248
中山	1.0012	0.97	1.0322	0.9207	0.97	0.9805	1	1.0527
江门	0.9938	0.9746	1.0197	0.9721	1	1.0066	0.9746	1.013
肇庆	0.9612	0.9464	1.0156	0.9961	0.9986	0.9986	0.9477	1.017
上海	1.0727	1.0144	1.0574	0.9632	1.0144	0.9384	1	1.1268
南京	1.0228	0.9665	1.0582	0.9093	0.9841	1.0115	0.9821	1.0462
苏州	1.0701	1	1.0701	0.974	1	1.0468	1	1.0222
扬州	0.9791	0.9519	1.0286	0.7555	0.9677	1.0031	0.9837	1.0254
镇江	0.9977	0.9709	1.0276	0.8865	0.9829	1.0062	0.9878	1.0212
泰州	0.9702	0.947	1.0245	0.7029	0.959	0.9784	0.9875	1.0471
无锡	1.1386	1	1.1386	0.977	1	1.0167	1	1.1199
常州	1.0273	0.9764	1.0521	0.8607	0.9875	1.0012	0.9887	1.0508
南通	1.0086	0.9819	1.0272	0.6892	0.9864	1.0028	0.9954	1.0243
杭州	1.0276	1.0121	1.0153	0.9503	1.0112	0.9996	1.0009	1.0157
宁波	1.0308	0.9863	1.0451	0.8415	0.9903	1.0133	0.996	1.0314
湖州	1.0154	0.9885	1.0272	0.7478	1.0039	0.9947	0.9847	1.0326
嘉兴	1.0073	0.9659	1.0428	0.8406	0.9878	0.9918	0.9778	1.0514
舟山	0.9875	0.9807	1.007	0.9152	0.9807	0.9973	1	1.0097
绍兴	1.0303	0.9871	1.0438	0.7504	0.9871	1.0032	1	1.0404
台州	0.9919	0.9707	1.0219	0.9159	0.9707	0.9502	1	1.0755

技术差距比 TGR 表示经济结构、制度环境等因素造成的城市群边界与

共同边界之间的距离,其值越大表示特定经济结构和制度环境下的技术水平越高。为了考察各个城市的纯粹技术追赶和潜在技术变动,我们首先将所有城市按照技术水准即 TGR 高低排序,排在前 12 位的是深圳、东莞、肇庆、佛山、惠州、广州、无锡、苏州、江门、珠海、上海、杭州,排在后 13 位的城市分别为中山、台州、舟山、南京、镇江、常州、宁波、嘉兴、扬州、绍兴、湖州、泰州和南通。按照技术水准的排名,我们可以发现,纯粹技术追赶水平最高的城市为上海,这可能与 2002 年上海申办世界博览会成功带来的技术发展有关。同时,技术水准排名前 12 位城市的纯粹技术追赶水平的平均值大于排名后 13 位城市的平均值,并且前 12 位城市的技术追赶水平大多数为正,而后 13 位城市的技术追赶水平大多数为负。这说明技术水准排名前 12 位的城市与潜在技术水平的差距缩小,而后 13 位的城市与潜在技术水平的差距拉大。陈谷劦等(2008)认为技术追赶的过程一方面可以通过学习效仿来完成,通过学习效仿的技术追赶速度较快;另一方面技术追赶的过程也可以依赖于技术创新,技术创新的速度较低,因而其追赶的速度较低。技术水准排名靠前城市的纯粹技术追赶水平较高可能是因为这些城市学习能力和创新能力都高于技术水准排名靠后的城市。这也表明:扬州、绍兴、湖州、泰州和南通等城市可以通过学习排在前几位的深圳、东莞、肇庆、佛山和惠州等城市快速提高技术水准。

二、影响城市环境效率、环境全要素生产率的因素分析

本书在第三节介绍了共同边界即 Metafrontier 情形下的城市效率、城市生产率、技术进步、效率进步、纯粹技术追赶和潜在技术相对变动,这一部分我们将分析影响共同边界下的城市群环境效率、环境全要素生产率和分组边界下两个城市群各自环境效率、环境全要素生产率的因素。

为了检验包含"坏"产出的城市效率及生产率和分组边界下两个城市群各自效率及生产率的因素及其影响其因素的关系,我们运用回归模型进行分析。影响因素包括:1. 发展水平:用不变价格的人均 GRP(RGRP)的表示,人均 GRP 的平方($RGRP^2$)也包含在回归方程中,主要是考察城市城市生产率、纯粹技术追赶和潜在技术相对变动和人均 GRP 之间的二次型关系;2. 科研投入水平:用政府财政支出中的科技支出代表 R&D 水平;3. 外商工业企业投资水平;张海洋(2005)用外商直接投资数额表示外资的外部性,为了更好地考察外资工业企业的外部性,本书将选取外商直接投资占GRP的比重(FDI)考察外资的外部性;4. 结构因素:资本—劳动比的对数(LN(K/L))表示禀赋结构,第二产业的比重表示产业结构(CYJG)。

(一)城市环境效率的影响因素分析

对于环境效率和影响其因素的回归分析,本书将采用 Tobit 模型进行回归分析[①]。Tobit 模型是由 Tobit 1958 年提出来的,该模型的一个重要假定条件为因变量 T,y_t 为截断数据,意味着因变量 y_t 的值要大于或者小于某个特定的值。Tobit 模型的一般的形式如下:

$$y_t = \begin{cases} c_t^-, & \text{若 } y_t^* \leqslant c_t^- \\ y_t^*, & \text{若 } c_t^- \leqslant y_t^* \leqslant c_t^+ \\ c_t^+, & \text{若 } y_t^* \geqslant c_t^+ \end{cases} \tag{9.27}$$

综上建立模型如下:

$$TE_{it} = \alpha_1 X_{1t} + \alpha_2 X_{2t} + \alpha_3 X_{3t} + \alpha_4 X_{4t} + \alpha_5 X_{5t} + + \alpha_6 X_{6t} + u_t,$$

$$u_t \sim N(0, \delta^2), i = 1, 2, 3, 4 \tag{9.28}$$

$x_{1t}, x_{2t}, x_{3t}, x_{4t}, x_{5t}, x_{6t}$ 依次代表发展水平、人均 GRP 的平方、R&D 水平、外商工业企业投资水平、资本—劳动比的对数、产业结构。回归结果见表9—7。

除了对两个城市群 Metafrontier 边界下环境效率进行回归检验,本书也分别对分群组下的环境效率进行了分析。回归结果显示,在对环境效率的分析中,只有 R&D、资本—劳动比的对数、产业结构对环境效率显著,其余变量都不显著。在发展水平上,无论是人均 GRP 还是人均 GRP 的平方都对城市的环境效率影响不显著。表明,经济发展的水平跟环境效率的高低并没有直接的关系。杨俊等(2010)认为根据环境库兹涅茨曲线,人们对于环境的需求会随着人们生活水平的提高而提高,这与本书的结论不符合,可能是各个地区的发展阶段不同,对环境的需求状况还不能反映在总体环境效率上。其次,研发水平上,R&D 对环境效率有负向影响,根据张海洋

---

① 由于本书的环境效率定义采用定义是 $TE = 1/[1 + \vec{D}_o(x, y, b; g)] = (<)1$,表示技术完全有效率(无效率)。由于采用该公式后的环境效率值在 0 与 1 之间,所以选用 Tobit 回归模型。

(2005)的观点,R&D 对生产率有正向作用,然而在短期,由于 R&D 会加重经济负担,所以造成对效率的负向影响。

表 9—7 环境效率的影响因素分析

自变量＼因变量	环境效率					
	TEmeta		TE 珠三角		TE 长三角	
	系数	Z－Stat	系数	Z－Stat	系数	Z－Stat
C	4.3882	1.3835	5.6834	1.0485	−0.4329	−0.1647
RGRP	−0.4205	−0.657	−0.7863	−0.7147	0.6434	1.2003
RGRP2	0.0423	1.3583	0.0599	1.121	−0.0128	−0.4964
R&D	−0.003	−0.2954	−0.0026	−0.1187	−0.0121	−1.4494‡
FDI	−0.1863	−0.9071	0.4127	1.0463	−0.1354	−0.5333
KL	−0.3251	−9.4429**	−0.3072	−3.8213**	−0.3198	−7.6564**
CYJG	−0.1454	−0.9871	0.5652	2.6693**	−0.267	−1.6092‡
OBS	250		90		160	

注:** 表示估计系数在 1% 水平上显著,* 表示估计系数在 5% 水平上显著,‡ 表示估计系数在 15% 水平上显著,Sigma 是 Tobit 回归的规模参数。

再次,在结构因素中,外资投资水平对环境效率也没有影响。这说明在不考虑时间因素的静态效率分析上,外资投资水平对于经济效率的影响并不明显。最后,在结构因素中,资本劳动的比重无论是对 Metafrontier 边界下的环境效率,还是各个组群边界下的环境效率都存在负向影响。涂正革(2008)认为资本密集型产业和劳动密集型产业分别倾向于重污染产业和轻污染产业,表明资本密集型产业短期内会给当地带来污染。本书结论证实这一假说,说明从静态来看,资本密集型企业会给当地带来污染。再看第二产业比重的影响上,第二产业的比重对珠三角地区的环境效率有正向影响,对长三角地区的环境效率有负向影响。这可能与产业结构有关,根据周玉翠等(2005)的观点,作为广东省的一个部分,珠三角的产业结构偏向于制造业,制造业目前可能会给当地经济效率带来正向的效应。

(二)城市环境全要素生产率的影响因素分析

对于城市生产率与其影响因素的分析,本书采用面板数据回归进行分析。建立的回归模型如下:

$$TFP = a_0 + a_1 X_{1t} + a_2 X_{2t} + a_3 X_{3t} + a_4 X_{4t} + a_5 X_{5t} + a_6 X_{6t} + u_t \tag{9.29}$$

其中 $x_{1t},x_{2t},x_{3t},x_{4t},x_{5t},x_{6t}$ 依次代表发展水平、人均 GRP 的平方、R&D 水平、外商工业企业投资水平、资本—劳动比的对数、产业结构。

表 9—8　城市环境全要素生产率的影响因素分析

因变量 自变量	城市环境全要素生产率					
	MML		GML 珠三角		GML 长三角	
	系数	t—stat	系数	t—stat	系数	t—stat
C	−44.7629	−5.408**	−61.6078	−4.1255**	−45.4585	−3.7043**
RGRP	7.2657	4.1544**	10.4508	3.475**	7.5471	2.8033**
RGRP2	−0.2928	−3.6772**	−0.4193	−3.0325**	−0.3244	−2.7203**
R&D	0.2494	7.4921**	0.1853	4.2165**	0.368	6.9406**
FDI	−2.6089	−4.8779**	−2.3988	−3.325**	−1.2884	−1.2616
KL	0.0333	0.1896	−0.2077	−0.9404	0.1754	0.5683
CYJG	0.9454	2.2733*	2.006	4.9988**	−1.7371	−1.7815‡
R2	0.8991		0.9292		0.9091	
OBS	250		90		160	

注:** 表示估计系数在 1% 水平上显著,* 表示估计系数在 5% 水平上显著,‡ 表示估计系数在 15% 水平上显著。

Hausman 检验表明对城市生产率回归分析应选择固定效应模型,表 9—8 给出了回归结果[①]。首先,人均 GRP 无论是对于共同边界下的城市生产率,还是群组边界下长三角和珠三角各自的生产率都有显著的正影响,表明人均 GRP 的改善能够改进城市生产率。同时人均 GRP 的二次方回归结果表明过高的人均 GRP 也不利于生产率改善,这可能是在我们的研究样本期内,发展水平过高的城市,要进一步提高生产率的难度加大。其次,在研发水平上,本书的研究结果验证了张海洋(2005)的观点,即研发投入对于生产率增长有显著正向作用。再次,考虑外资企业外部性对于城市生产率的影响。FDI 对共同边界下的城市群生产率和群组边界下的珠三角生产率的回归结果支持"污染天堂"假说。根据"污染天堂"假说,因为发展中国家的环境规制水平相对发达国家较低,因此必然有大量 FDI 投入发展中国家的

---

① 为了考虑生产率在各年间的动态变化,以及克服生产率指标在 1 附近变化不显著造成的计量不显著问题,我们在分析时运用累积生产率指标。并且根据 Managi and Ranjan(2008),对全要素生产率进行了对数转换。

污染密集型产业。回归结果也显示共同边界下 FDI 对城市生产率负的外部性主要来自于珠三角城市。这与魏丹(2008)认为珠三角 FDI 能够通过水平和后向关联对内资企业的生产率有正向促进作用的结论不相一致。结论的不一致可能与研究对象和生产率衡量中产出变量的选取有关。朱道才等(2009)通过运用半对数增长模型得出 FDI 对长三角的经济增长有显著正向作用,但是本书的回归结果指出,这种经济增长对长三角环境约束下的全要素生产率增长并无显著关系。

最后,结构因素中,反映禀赋结构的资本—劳动比对共同边界下的城市生产率和群组边界下的长三角城市生产率的回归结果都没有影响。这与涂正革的结论不一致,可能是因为资本密集型产业带来的技术进步能够抵消负的环境效应,造成对生产率的影响不显著。在对第二产业的比重对城市生产率的回归中,第二产业的比重对于共同边界下和群组边界下珠三角的城市生产率有显著的正向影响,而对群组边界下的长三角的城市群生产率有显著负向影响。这与周玉翠等(2005)的观点相一致,即广东产业结构调整应该走强化制造业核心,用高科技发展制造业,发展现代化的制造业的道路;上海等长三角地区应该优先发展国际金融、国际信息、国际航运和国际贸易等第三产业。段兆广(2006)通过将人均工业增加值作为劳动生产率对长三角和珠三角的工业效益进行比较,发现长三角的综合工业效益高于珠三角。这可能是因为段兆广是从绝对值上对工业效益进行比较,而本书是从对环境全要素的相对影响进行比较,得出珠三角发展工业更有利。

第五节　结　论

本书运用 Malmquist－Luenberge 指数测度了在 Metafrontier 下包含"坏产出"下的 1998—2008 年长三角与珠三角 37 个城市的城市生产率,并在 Metafrontier 下测算了包含"坏产出"下的 1998—2008 年长三角与珠三角两个城市群的纯粹技术追赶和潜在技术相对变动。最后,本书运用最小二乘回归模型对 Metafrontier 下影响城市生产率、纯粹技术追赶和潜在技术相对变动的因素进行了实证研究。本书研究结果显示:

(1)在 Metafrontier 下,从群组的比较来看,长三角城市群 1998—2008
年考虑"坏产出"的平均城市生产率高过珠三角的平均城市生产率,长三角
城市群之所以呈现出较高的全要素生产率,主要是基于其技术水平上升的
幅度大于珠三角城市群。通过对 PTCR 在样本期间的比较,可以发现长三
角与珠三角的技术发展潜力都呈现持续上升的势头。

(2)在对城市具体分析的层面上,通过对所有城市的技术水准排名可以
发现,技术水准排名高的城市能维持技术水准不退步;技术水准排名中等的
城市的技术追赶速度较快;技术排名靠后的城市纯粹技术追赶水平较低。
究其原因,纯粹技术追赶速度的快慢与该城市的技术学习和技术创新能力
有关。在对潜在技术变动的分析中可以发现,技术水平高的城市潜在技术
相对变动水平也较高。

(3)在对影响城市生产率、纯粹技术追赶和潜在技术相对变动的外资水
平分析结果显示,外资结构对于城市生产率、纯粹技术追赶和潜在技术相对
变动有显著负影响,表明外资比重占 GDP 的权重对生产率等有负影响。外
资工业企业和台商企业对于城市生产率有显著的正影响,表明外资工业企
业和台商企业能够给内资企业带来正的外部性;说明我们在引进外资时要
注意控制外资比例,最大化外资的外部性效应。在对影响城市生产率、纯粹
技术追赶和潜在技术相对变动的产业结构和资本劳动比例上,回归结果表
明,资本劳动比对于城市生产率有正面影响,工业比重有负面影响。

最后,由于本书研究时期相对较短,只测算了两个城市群,没有将其他
污染物考虑进模型,对于影响城市生产率、纯粹技术追赶和潜在技术相对变
动的因素的选择的主观性,都有可能影响到评价各个城市生产率研究的准
确性和结论的说服力。

第十章　结论与展望

第一节　本书的主要结论

转变经济发展方式已经成为共识。在节能减排下,其主要的内涵之一就是经济发展的动力由投资驱动转为全要素生产率的提高。把节能减排作为加快转变经济发展方式的重要着力点,则意味着存在节能减排对全要素生产率提高的机制,即节能减排对加快转变经济发展方式的倒逼机制。全要素生产率就成为连接节能减排与经济发展方式转变之间的桥梁。本书运用数据包络分析方法对 APEC17 个国家、中国省际、区域工业、区域能源效率、工业行业、火电行业、广东工业行业、珠三角与长三角城市群环境约束下的效率和生产率进行了研究。本书的基本结论如下:

第一,运用 Malmquist－Luenberger 生产率指数测度并比较了对 CO_2 排放作出不同管制的三种情形下,APEC17 个国家和地区 1980—2004 年的全要素生产率增长。我们发现,如果不考虑环境管制,APEC 的生产率平均每年的增长率为 0.44%。然而,如果政策的目标是保持 CO_2 排放量不变或者减少 CO_2 排放量,生产率的增长率为 0.55% 或者 0.56%,并且主要是由于技术进步的推动。因此,从平均意义上讲,考虑环境管制后,APEC 的生产率增长水平提高了。其他的研究也支持了我们的发现。我们还发现 17 个国家和地区中,有 7 个国家和地区至少移动生产可能性边界 1 次。我们也考察了在两种不同环境管制假设下,影响全要素生产率增长的因素。结果发现,人均 GDP 和生产率指数正相关,并且人均 GDP 平方的系数为负;工业份额与生产率指数负相关,然而工业份额平方的系数则为正;生产率水平和滞后一期的技术无效率同方向变化,与劳均资本反向变化,这意味着趋同假设的存在;人均能源使用量和国家的开放度与生产率增长负相关,签订气候协定的虚拟变量与生产率水平的关系不确定。

第二,在发展 SBM 方向性距离函数的基础上,测度了考虑资源环境因素下中国 30 个省份 1998—2007 年的环境效率及其无效率的来源,并运用卢恩伯格生产率标测度了中国 30 个省份 1998—2007 年环境全要素生产率增长及其成分。能源的过度使用以及 SO₂ 和 COD 的过度排放是环境无效率的主要来源。环境效率较高的省份均集中在东部地区。中西部两大内陆地区无论是市场全要素生产率还是环境全要素生产率增长率均低于东部沿海地区,出现了中国区域经济发展中的"双重恶化"。资源环境因素对于各省份全要素生产率增长的排名有显著的影响。我们也考察了影响环境效率和环境全要素生产率增长的因素。环境无效率和环境全要素生产率均支持"环境库兹涅茨曲线"假说,FDI 对于环境效率和环境全要素生产率均有显著的正影响,并不支持"污染天堂假说"。禀赋结构对环境效率有显著的负作用,与环境全要素生产率具有显著的正相关关系;产业结构对于环境效率和环境全要素生产率有显著的负影响;所有制结构对于环境效率和环境全要素生产率有显著的正影响;能源结构对于环境效率和环境全要素生产率具有显著的负影响。政府环境管理能力与环境效率和环境全要素生产率负相关。企业的管理能力对环境绩效有显著的影响,但其作用具有不对称性;公众的环保意识与环境效率显著的正相关,与生产率的增长没有显著的关系。

第三,运用序列 DEA 方法和 Malmquist—Luenberger 生产率指数法测量环境约束下中国 1998—2007 年 29 个省区市的工业的技术效率、环境管制所导致的生产率损失量(环境管制成本)及工业全要素生产率,并运用动态 GMM 估计方法对影响技术效率和生产率的因素进行实证分析。无论在强可处置性下还是在弱可处置性下,东部地区的技术效率值大于中部地区的技术效率值,中部地区的技术效率值高于西部地区的技术效率值。我国环境技术效率呈现东、中、西依次递减,并且技术效率越高的地区,环境管制成本越低。考虑环境因素中国各地区工业全要素生产率低于不考虑环境因素的全要素生产率,各地区工业全要素生产率的增长主要是由技术进步推动。无论从静态还是动态指标观察,我国中西部地区的环境保护与工业增长都处于失衡状况,而东部沿海发达地区的工业发展与环境关系较为和谐。双环境约束情形下,"创新者"地区主要集中在东部地区。我们发现处在生产前沿面上的省份大多位于东部地区,中西部地区的省份很少。"创新者"地区主要集中在北京、上海、广东和江苏四个省市。

人均 GDP、FDI、工业结构、能源结构、人口密度因素对全要素生产率和技术效率有不同程度的影响。我们对影响我国地区环境约束下工业的技术效率和全要素生产率进行了实证分析。分析表明,对环境技术效率来说,滞后一期的效率指数值、代表发展水平的人均 GDP、FDI、反映要素禀赋的资本—劳动比、能源结构对环境技术效率有显著的影响,值得一提的是,"资本劳动比"对技术效率有显著的负作用;对生产率来说,滞后一期的生产率指数值、代表发展水平的人均 GDP、代表我国产业结构的工业化指标对生产率有显著的影响,能源结构对我国地区工业全要素生产率有显著的负作用,人口密度对我国地区工业全要素生产率有显著的正作用。

第四,结合经济增长理论、环境经济学理论、生产率理论以及计量经济模型和数据包络分析方法,对中国省际能源效率进行了研究,对影响中国能源效率的因素进行了探讨。中国全要素能源效率整体下滑。在样本期,全国水平的纯能源效率在 12 年间不仅没有提升,反而在波动中略有下滑。除了在 1998—1999 年和 2007—2009 年两个阶段的纯能源效率有所提升外,其他阶段的纯能源效率持续下滑。从东中西部地区间的差异来看,中部高于西部,东部的纯能源效率值最低。东中西部三大地区的环境能源效率,同纯能源效率的结果一致,仍然是中部最高,西部次之,东部最低。节能减排的环境管制政策虽然减少了污染物的排放量,但也造成了大幅的 GDP 减少。由于东中西部地区不同的经济发展水平,导致环境管制对东部地区影响较小,对中西部地区影响较大。在保证经济增长的前提下,以目前我国所具有的最高技术水平为标准,我国经济仍然有较大的节能减排潜力。人均 GRP、FDI、所有制结构、能源结构对全要素能源效率有促进作用;产业结构、禀赋结构、价格指数及企业环境管制能力则阻碍了全要素能源效率。但是,各因素对东中西部三大地区的影响不尽一致,应区别对待。

第五,借助曼奎斯特—卢恩伯格生产指数和数据包络分析对我国制造业 28 个子行业产出投入面板数据进行了测算分析。1999—2008 年制造业 28 个行业的环境全要素生产率为大幅低于市场全要素生产率水平,环境管制导致了中国全要素生产率的下降;制造业全要素生产率增长主要源自技术进步,效率改进出现恶化,环境技术效率已经严重阻碍了全要素生产率的提高,成为中国制造业发展的瓶颈。制造业各行业之间全要素生产率差别较大,技术进步和技术效率同时导致了行业之间全要素生产率差距。分析期间,轻工业环境技术效率好于重工业。28 个行业中,行业发展与环境协调的有 6 个,协调性一般的行业有 6 个,很不协调的行业有 16 个,超过总行业的半数。这表明环境污染严重的行业全要素生产率较低与其低水平的环境技术效率有关。

第六,在考虑环境约束的前提下,运用方向性距离函数,采用投入、产出的数据测算 2001—2007 年我国各省及各地区火电行业的技术效率值,推测了增长方式与技术效率的关系,并对火电行业技术效率的影响因素以及污染物总量变化的驱动因素进行了分析。经济发达和煤炭资源丰富的省份的环境技术效率一般要高于其他省份,中西部地区技术效率低于东部地区。这样的省份和地区差异与经济发达地区领先的整体技术水平、开放的市场体制以及煤炭大省丰富的资源存在着密切关系。火电行业增长方式与环境技术效率变化率存在显著的负相关关系。也就是说,一个省份火电行业的增长模式越是接近集约型,其环境技术效率进步越快;而其增长模式越是接近粗放型,其技术效率进步越慢。机组容量利用率、燃料效率和环境约束对环境技术效率都具有显著影响。机组容量利用率和燃料效率越高以及环境管制越严厉越有利于技术效率的提高。同时,机组容量利用率和燃料效率的提高有利于增加某省处于生产前沿的可能性。从横向来看,大部分省份的火电行业的 SO_2 和 CO_2 在研究期间都出现了不同程度的正增长,尤其是 CO_2 增长率较快,使得我国的环境状况不容乐观;就地区而言,东部地区的 SO_2 增长率要低于中西部,而 CO_2 增长率的地区差距并不明显,都保持较快的增长。从纵向来比较, SO_2 增速逐年下降而 CO_2 没有出现明显的下降趋势。研究发现较高的投入增长率是大部分省份、各地区和多数年间 SO_2 和 CO_2 排放出现增长的主要原因。而较高的投入增长率又主要是由于燃料投入增长率引起的。虽然污染排放总量基本上逐年增加,但是部分省份的减排项目或者措施正在逐渐地发挥作用,使得生产一单位电力所产生的 SO_2 和 CO_2 有所下降。东部的减排效率要好于中西部。就各年间来看,整个火电行业的减排效率在逐步提高,而 SO_2 减排效率的提高要比 CO_2 的明显。

第七,根据广东省 21 个市要素资源投入、工业产出和污染排放的数据,运用 Malmquist—Luenberger 生产率指数,分别测度并比较了在考虑和不考虑环境管制的情形下广东各市工业的全要素生产率增长。如果不考虑环境管制,广东省的生产率平均每年的增长率为 11.02%;如果考虑减少工业废水的排放量,生产率的增长率为 11.2%;如果考虑减少二氧化硫的排放量,生产率的增长率为 9.5%;如果考虑同时减少工业废水和二氧化硫的排放量,生产率的增长率变为 10.5%。在四种情形下,对生产率的增长作出主要贡献的是技术进步而非效率提高。环境管制对效率变化的影响不大,但是对技术进步的影响较为明显。珠三角城市尤其是深圳向生产可能性边界移动次数最多,是广东省工业的技术"创新者"。另外,我们也考察了在环境管制假设下,影响全要素生产率增长的因素。结果发现,城市发展水平、从事 R&D 的职工人数、产业结构与生产率指数正相关,而能源消费量、海关出口总额与生产率指数是负相关。

第八,为了克服决策单位具有不同技术边界的问题,解决评价多群体效率的问题,本书运用 MML 指数测度了环境约束下 1998—2008 年长三角与珠三角 25 个城市的全要素生产率及其成分,并对影响城市生产率、纯粹技术追赶和潜在技术相对变动的因素进行了实证研究。在共同边界的比较下,从单个城市的比较来看,深圳和东莞不论是市场效率还是环境效率都高居前两位。两个城市的产业结构和产业升级经验值得其他城市借鉴。从城市群组的比较来看,珠三角的城市环境效率高过长三角。其中,对污染的管制上对两个城市群的效率差异程度有着不同的影响,具体来说,环境因素对长三角城市群的影响比对珠三角城市群的影响要大。最后,不考虑环境因素下的长三角全要素生产率要高过珠三角。在共同边界的比较下,从群组的比较来看,考虑环境约束下,珠三角城市群 1998—2008 年的平均城市生产率高过长三角的平均城市生产率,同时两个地区的平均城市生产率都为正,这主要是由于两个城市群技术水平上升;长三角和珠三角城市群的生产技术与潜在的生产技术水准差距也在逐步扩大;长三角的技术发展潜力在近些年呈现上升的势头,珠三角的技术发展潜力则呈下降趋势。在对影响共同边界和群组边界下的城市生产率的回归分析中,人均 GRP 无论对于共同边界下,还是群组边界下的两个城市群各自的城市生产率都有显著的正向影响,表明人均 GRP 的改善能够改进生产率;人均 GRP 的二次方对城市生产率有显著负向影响;研发水平无论对于共同边界下,还是群组边界下的两个城市群各自的城市生产率都有显著的正向影响;结构因素中,反映禀赋结构的资本—劳动比对共同边界下的城市生产率和群组边界下的长三角和珠三角城市生产率都没有显著影响;第二产业比重对共同边界下城市生产率和群组边界下的珠三角城市生产率有显著正向影响,对群组边界下的长三角生产率有显著负向影响。

第二节 政策建议

考虑到在过去和当前的经济增长模式下环境的不可持续性,以及经济繁荣所需环境基础面临的不可逆转的风险,中国政府在"十二五"规划中提出绿色发展的新路径(世界银行,2013)。本书在对环境约束下中国生产率经济多层面和多角度研究的基础上,为中国未来实现绿色发展提出若干建议。

一、对促进我国工业经济可持续发展的政策建议

1. 加快产业结构的调整,加快经济发展方式的转型

本书的实证研究表明,技术进步是我国工业 TFP 提高的主要动力,技术效率对工业 TFP 贡献偏低。我国已进入工业化中期阶段,我国工业经济增长明显具有重化工业主导的特征,能耗和排放密集型的重化工业快速发展,重化工业在本质上是资本密集型的高耗能产业,具有较高的资本劳动比,资源消耗大。我国在工业化发展的一定时期内,高能耗和高排放的电

力、钢铁、汽车、造船、化工等资本密集型的重化工业将在经济中发挥不可替代的作用。资本深化所带来的重化工业的快速发展及由此带来的污染排放的增加将会加剧我国经济发展与生态环境之间的矛盾,给我国带来资源的全面紧张,同时会造成巨大的环境压力。因此,在工业化和城市化的过程中,政府要大力发展低碳经济,严格控制重化工业的粗放型扩张及重复建设,积极发展资源消耗少、环境污染轻的第三产业,这样既有利于减轻资源环境压力,又有利于促进生产率的提高。同时,政府要加大对基础性研究的扶持和投入力度,加快推进企业自主创新,提高工业产品技术含量的附加值,提高要素投入的利用效率。

2. 全面贯彻落实科学发展观,实现中西部地区的可持续发展

实证研究结果表明:我国东部地区有力地促进了工业向"又好又快"的方向发展,东部沿海发达地区的工业发展与环境关系较为和谐;中西部地区的工业增长与环境保护处于失衡状态。中部地区对东部地区不断追赶,技术效率提高,但是环境管制对中部地区的工业经济造成较大的负担;我国"西部大开发"战略虽然使得西部地区生产率增长迅速,但是技术效率偏低,增长模式趋于"粗放",西部地区工业发展则依赖较高的污染排放水平。

在今后的经济发展中,要全面贯彻落实科学发展观,加大环境保护和治理的力度,实现经济增长和环境的协调发展。发展相对滞后的中西部地区要科学规划,紧密结合当地实际,积极改善投资环境,防止对自然环境资源的掠夺性开发,不能以牺牲环境为代价换取短期的经济利益。

3. 大力发展新型能源,实现工业经济的稳步发展

研究结果表明:我国地区工业应当继续加强经济增长模式的转变,加快工业经济结构升级;深化产权结构改革,进一步强化新型工业化道路;实现集约型增长,以促进工业增长和环境的协调发展;要大力发展新型能源,加大对可再生能源的开发和使用,在保护环境的前提下,实现工业经济的稳步发展。

二、环境约束下促进中国省际全要素能源效率提高的建议

1. 宏观层面。切实推动经济结构和产业结构调整,加快转变经济增长方式。推进中国经济的市场化改革,改变我国工业经济对能源的刚性需求。

减少高污染高排放型产业的投入。推动能源供给的市场化进程,打破能源供给的垄断局面和严重能源市场分割。改革中央地方财政分配机制,减少各地区之间的恶性竞争,打破区域间壁垒,提高生产要素和商品在全国流动性,以减少重复建设所带来的能源等生产要素的浪费。考察外资的质量和产业特征,结合中国具体国情,有选择地引进外资来获得技术的外溢效应。根据各个地区之间经济发展的实际和吸收外资的能力,引入不同产业和水平的外资进入,可针对性地提高能效水平。结合我国经济的资源禀赋,充分发挥地区的比较优势,避免过度依赖投资拉动经济增长。要根据区域经济发展阶段和特点,结合产业结构的转变,逐步推进价格的市场化进程。加快能源利用技术的创新研发,依靠技术解决资源和环境的约束。

2. 区域层面,扩大东中西部之间的学习交流。充分发挥我国疆域广阔,人口资源众多的优势。整体布局,进行合理的区域功能区规划。加快技术、生产要素等在区域间的流动。提高中西部地区技术水平,加快中西部地区市场化推进,进而提升其经济发展的水平和质量。

3. 鉴于节能减排的机会成本,环境管制政策目标的制定要合理。目前,东部地区企业能够承受环境管制的影响,而中西部地区企业在当前技术水平下,在不阻碍全要素能源效率的情况下还无力承担环境管制的压力。而且,各地区之间节能减排的成本也不相同。因此,要根据各地区不同的承受能力来制定有区别的减排目标。同时,要建立节能减排的内在动力机制。通过强制目标和内在动力机制的结合,来促使经济体改善能效减少污染排放。

三、节能减排约束下促进中国制造业行业的效率和生产率提高的政策建议

1. 提升企业经营管理水平,探讨企业发展新模式,提高行业技术效率。制造业在 1999—2008 年间发展较快,全要素生产率持续较快增长,实力进一步增强。但这主要是技术进步,效率改进贡献较小,局部行业有进展但整体比较缓慢,在一些行业,效率恶化已经阻碍了全要素生产率的增长。与此同时,工业行业整体增长主要是依靠技术进步,但技术进步对工业增长的贡献出现边际递减的趋势,效率改进的贡献逐步增加。这一方面说明我国制造业发展技术效率的薄弱,但从另一方面来讲,技术效率有很大的提升空间,会成为中国制造业持续快速增长的新动力。技术效率的提升需要企业提升经营管理决策水平,工业发展的技术含量在逐步增加,企业要开始着手"软实力"的开发,即依靠高水平的企业管理经营提高企业效率,从而促进经济的发展。效率改进对全要素贡献较小,说明在企业自主经营管理决策和公司法人治理、产权结构和市场化等方面还需要加强,通过管理来提升企业的经营效率。在技术进步出现饱和时,提升效率将会是企业竞争的重点,我国企业在这方面有很大的潜力,这也是未来中国企业努力的方向。未来中国制造业需要的是技术革新,但更需要的是组织管理方式的革新,不断探讨改善现代企业经营管理、公司治理的新模式;加大员工的职业培训和规划;营造和谐、融洽的企业文化,这些都有利于企业所拥有的各种资源达到最大的使用。

2. 引进国外先进技术和自主研发不断提升制造业技术水平,实现产业升级。技术冲击、环境管制政策等外部因素导致全要素生产率内部结构发生较大变化,技术进步波动较大,效率改进有了稳定且明显的增长。加大对制造业科研投入,从西方各国制造业发展历程来看,充足的资金投入是实现制造业技术创新所必不可少的条件,政府在增加科研投入的同时,建立相关激励机制,鼓励企业技术创新,实现技术水平升级。企业应该成为技术创新的主体,通过自主创新,模仿创新和合作创新,不断提升行业科技水平。在未来相当长的一段时期内,技术进步仍将是中国工业行业发展的主要动力。工业企业在发展中,继续提升行业的技术水平,通过技术引进或者自主研发保持后发优势。

3. 在实现制造业快速发展的同时,加强对环境的保护和工业增长方式的转变。大力发展高技术制造业,鼓励技术创新和转移,尤其是传统制造业内的技术创新和转移,利用高技术产业提升传统制造业的技术水平。技术水平较高的电气机械制造业除了为低水平的资源加工业、轻纺制造业提供精良高效环保的设备之外,还需要实现技术共享,将最先进的技术引入到轻纺制造业和资源加工业中。调整工业经济结构,特别是改善工业的重型化问题是目前制造业工业之中存在的尤为突出的问题。环境污染严重是环境技术效率下降和影响经济绩效的重要原因,制造业是导致环境污染最主要的源头,因此实现经济又快又好地发展要求之一就是行业发展必须与环境保护协调。制造业必须减少工业废水、SO_2的排放,对环境污染严重的制造业行业实现改造、减产、迁移等措施。一方面利用高新技术行业改造传统制造业,加快工业经济结构升级、改善制造业与环境之间的关系;另一方面同时加大对传统重工业的转型整顿治理,对一些污染严重、产值较低的行业实行限产,乃至停产。有利于环境技术效率的提高,可以促进我国工业企业的环境与工业产值增长的协调有序发展,也有利于当前我国经济增长方式的调整和优化。

四、优化火电行业环境技术效率和减少污染的政策建议

1. 促进各地区技术、人才、资金、资源的自由流动。缩短各地区火电行业技术效率的差距,提高火电行业整体效率;继续推动类似"西电东送"的大型能源项目,充分发挥西部地区资源的优势。这对于火电行业效率的改善和缓解东部地区电力供需紧张的局面具有重要的意义。

2. 电力生产增长要走"集约化"道路。要依靠技术水平的提高和管理的改善,促进火电生产"集约化"。在我国当前资源稀缺的国情下,实现"集约型"发展,促进火电行业的节能非常必要和急迫。

3. 解决煤炭运输瓶颈,提高燃料效率。解决煤炭运输瓶颈,保证燃料供应,使发电机组能够开足马力进行生产,将有利于火电行业技术效率的提高。煤炭运输瓶颈的解决,还要靠煤运通道建设的大力发展。让煤炭企业资本加入铁路建设,或许是煤炭与铁路双赢的一个选择。而提高电厂燃料利用效率改善技术效率,主要是靠提高发电设备的蒸汽参数。因此,"十五"和"十一五"期间在加快清洁高效机组建设的同时,继续加快淘汰能耗高、污染重的小火电机组的做法是正确的,应该继续贯彻。除了在资金方面大力支持外,解决电厂脱硫运行中的问题对于提高技术效率也是很重要的。只有规范脱硫市场,才能有效保证脱硫工程的质量,使脱硫项目建成后能够正常运行。

4. 以竞争为导向,进一步深化电力体制改革。应该打破行业垄断,实现电价改革,促进市场作用的充分发挥。在确保国家能源安全的前提下,吸引民间资本入股电力企业,拓展企业资金来源和激发企业活力。当前进行的电价改革提高了生产用电的价格,除了实现电力价格的多元化外,还应实行电力定价的灵活化(如分时分区灵活定价,而不是单单地提价),并应将改革的范围扩大到生活用电领域,以电价改革来带动电力体制的整体改革。

5. 大规模整顿或关闭小火电。小火电具有"建设手续不全、环境污染严重、能耗指标高、安全隐患多"等特点。大规模整顿和关闭小火电,有利于技术效率的提高和污染排放的减少。管理层需要抓紧电力需求放缓的时机,扩大小火电机组淘汰的范围;同时,加快高效、节能火电机组的建设,弥补小火电被关停所引起的电力供给缺口。此外,应引入市场机制,减少关闭小火电的阻力。例如,北京交易所就启动的"关停小火电机组处置专栏",把那些被关停的"小火电"机组变成了投资人竞价争夺的"宝贝",使资产得到了保值增值,从而减少了顾虑和阻力,有助于加快关停"小火电"的步伐。

6. 重视 CO_2 的减排工作。纵向上,我们可以看到 SO_2 排放的增长率和 SO_2 减排效率分别出现逐年下降和提高的良好趋势,但是 CO_2 并没有这样明显的现象。这说明在现阶段,我国火电行业对降低 SO_2 排放取得了不错的效果,但是 CO_2 的减排并没有得到同样的重视。首先,需要提高技术、完善管理,减少单位火电的生产投入,尤其是减少化石燃料的消费;加快火电厂脱碳装置的建设,从污染源开始,发展捕获温室气体 CO_2 并将其永久封存的"碳捕集与存储技术"等;引入碳排放交易机制,征收碳税等。

7. 大力调整能源结构。由于较高的投入增长率是大部分省份、各地区和多数年间 SO_2 和 CO_2 排放出现增长的主要原因。与此同时,也应该意识到,火电生产大量增长,是离不开燃料投入和非燃料投入的增多。因此,从长期看来,要从根本上解决火电生产与环境保护之间的矛盾,必须发展清洁与经济的新能源来替代火电。调整能源结构,推进我国节能减排工作,应多措并举,尤其要发挥价格杠杆作用,不应止于关停小火电上。要进一步提高认识,把大力发展可再生能源作为深入贯彻落实科学发展观的重要措施。

五、环境管制下广东省工业全要素生产率增长的政策建议

1. 政府的政策引导要落到实处

节约能源资源、保护生态环境,是保持经济健康可持续发展的基础条件,也是贯彻落实科学发展观、构建社会主义和谐社会的重要内容。对政府而言,相关的政策引导要落到实处,例如对实施清洁生产的企业进行税收减免和资金扶持,对污染超标的企业进行严格监管和处罚等。政府可将"环境保护"作为政府采购供应商的资格条件,对屡查屡犯或屡教不改的重大污染企业,政府采购监督管理部门可以将其排除在政府采购的大门之外,以遏制其污染环境的恶劣行为;对于环保企业,政府可采取优先采购这些企业的产品等措施,引导和推动社会消费,并免费向社会推介,以增强这些产品的社会知名度。这样就能促进企业加大资金投入和技术改造的力度,增强其开发环保产品、提高环保技术含量的积极性,从而就能推动我国环保事业的进一步发展。

2. 警惕"产业转移"变"污染转移"

在现实生活中,有的地方为了增加地方财源,或维持、解决其地方职工的就业问题等,地方政府盲目承接产业转移的现象屡见不鲜,而大部分转移产业属于高耗能、高耗材产业。随着落后地区这类企业的增加,必然伴随着资源的大规模开发,一旦资源开发过度、保护不力,资源破坏的代价将超过资源开发的收益,这会对落后地区的可持续发展造成不利影响。据此东西两翼和粤北山区在承接产业转移时,地方政府可以授权环保部门严格把关,警惕"产业转移"变"污染转移"。如果承接污染较高、能耗较大的产业转移项目,要在改造后再投入运营,不能盲目引进。

3. 在生产的全过程控制工业污染

对企业而言,不仅要解决污染排放与治理的问题,更重要的是用高新技术改造传统生产工艺和流程,将工业污染控制从传统的末端治理向源头控制和生产全过程控制转变,即实现清洁生产。清洁生产对生产过程要求节约原材料与能源,淘汰有毒原材料,减降所有废弃物的数量与毒性;对产品要求减少从原材料提炼到产品最终处置的全生命周期的不利影响;对服务要求将环境因素纳入设计与所提供的服务中。

六、改善城市群效率和生产率的政策建议

1. 加强高新技术对传统产业的改造,推动产业结构升级。对比经济发展中的各项效率,无论是经济效率、环境效率还是全要素生产率,深圳都名列前茅,研究深圳的发展经验可以发现,除了对于经济发展选择优先发展第三产业外,在不同的发展时期,注重对自身经济发展的结构调整,促进产业高级化也是一大特色。总结产业结构升级的规律,首先都是注意引进先进技术,结合自身发展情况和产业结构,吸收消化先进技术,形成自己的技术体系。其次,政府主要做好统筹规划,主导产业升级。产业的集聚具有一定的盲目性,只有政府通过制定当地经济发展战略,指导经济发展的方向,才能对当地产业进行结构升级。

2. 注意平衡市场与宏观调控的比例,坚持市场为主,政府做好引导和调控。总结两个城市群的发展经验,珠三角无论是环境效率还是全要素生产率都高于长三角,但是也要看到,环境因素对珠三角的影响较长三角更为敏感。作为市场化程度更高的珠三角,市场调控手段可以促进经济效率的极大提高。但是也要看到,经济发展对于环境因素过于敏感也会带来经济发展的不确定性,只有结合政府的宏观调控,降低对环境因素的敏感度,在市场化的同时加强对环境的保护力度,才能确保经济的长期、持续、稳定发展。

3. 发挥城市群的扩散发展效应,控制区域经济发展的不平衡。我们的研究一方面表明,以中心城市为主,构造城市群区域能够使得各个城市通过区域规划发展政策使得整个区域发展水平的提高;另一方面也表明,区域与区域之间的发展存在不平衡的现象。政府一方面可以通过制定区域发展政策,扩大城市化的范围和进程。同时也要注意制定区域协调政策和机制,控制区域发展不平衡现象,实现区域共同发展。

4. 加强两个地区的效率水平建设,包括发展污染少的公共基础设施建设和引进先进的管理经验。根据分析结果,一方面城市化的加速,投资规模、建设规模的增大会提高城市的效率水平;另一方面,城市化的加速,投资规模的扩大又会带来更多的排放,因此发展污染少的公共基础设施建设势在必行。同时可以看到,两个地区 11 年间的生产率进步主要是由技术进步带来的,因此,改善效率水平对于提高两个地区的生产率水平有重大意义。说明政府要重视管理知识的普及和居民素质的提高教育。

5. 加强落后地区的技术学习能力,通过学习先进地区的发展经验和技术水平,实现跨越式发展。我们的研究结论表明,技术先进地区的技术追赶速度快于技术落后地区的技术追赶速度。要加快落后地区的发展,可以从两方面入手,提升自身学习能力或者创新能力。创新能力的提升不是一朝一夕可以实现的,现阶段通过学习本地区先进发展经验能更快提升自身技术水平。邓小平曾提出,要先富带动后富,最终达到共同富裕。落后地区的经济发展可以通过学习和引进先进地区的技术水平来实现跨越式发展。

6. 在长三角与珠三角控制外资企业水平,注意引导外资投向有利于生产率提高的产业。根据研究结果,在对环境效率的影响中,外资水平的效果并不明显,但在对动态的生产率分析中,外资水平在两个地区的影响已经为负。外资给两个地区的经济发展带来的影响弊已经大于利了,合理控制两个地区的外资水平能够改善两个地区的生产率,促进产业转型和发展。因此,现阶段,在长三角与珠三角,可以实时取消对外资的优惠政策。加强对先进入外资投资方向的限制和引导,对于污染大的产业要限制其投资。

第三节　不足与未来的研究

虽然本书从理论和实证研究两个层面对我国经济绩效问题进行了探讨,但是仍有很多方面的工作需要进一步深入。

首先,由于研究数据的限制。部分研究考察的时间段太短,难以形成纵向的、宏观的把握,短期的时间段数据研究得出的结论可能难以支撑更严格的考察。

其次,在研究方法上。本书着重使用了非参数的 DEA 数据包络分析法,没有用参数化的方法对比分析,更详细地对比分析可能会使研究的结论更具说服力。

再次,对环境管制的考察有待深入。没有对环境管制的成本进行全面的衡量,也没有对环境管制的效果进行更深入的研究。

最后,在对能源效率影响因素的考察中,没有考虑其他的污染排放物,选取影响因素指标的主观性等,这些研究的不足都可能影响到一些研究结论的准确性和说服力。

当然,这些不足就构成了未来研究的方向。

参考文献

一、中文参考文献

白雪洁、宋莹:《中国各省火电行业的技术效率及其提升方向——基于三阶段 DEA 模型的分析》,《财经研究》2008 年第 10 期。

白雪洁、宋莹:《环境规制、技术创新与中国火电行业的效率提升》,《中国工业经济》2009 年第 8 期。

蔡金续:《1995—2000 年中国地区工业生产率的测定与分析》,《河北经贸大学学报》2001 年第 2 期。

陈勇、唐朱昌:《中国工业的技术选择与技术进步:1985—2003》,《经济研究》2006 年第 6 期。

陈昭、刘巍、茹纯子:《中国经济增长与环境污染的关系》,《当代财经》2008 年第 11 期。

陈诗一:《能源消耗、二氧化碳排放与中国工业的可持续发展》,《经济研究》2009 年第 4 期。

陈诗一:《节能减排与中国工业的双赢发展:2009—2049》,《经济研究》2010 年第 3 期。

陈丹润、李静:《环境约束下中国区域效率差异及影响因素分析》,硕士学位论文,合肥工业大学,2008 年。

陈谷劦、杨洁彦:《共同边界 Malmquist 生产力指数的延伸:跨国总体资料的实证分析》,《经济论文业刊》2008 年第 36 期。

陈清霞、朱启贵:《长三角地区节能减排效率实证研究》,《陕西农业科学》2010 年第 4 期。

陈新林:《广东技术效率、生产率与经济增长实证分析》,《科技管理研究》2008 年第 7 期。

　　陈茹、王兵、卢金勇：《环境管制与工业生产率增长：东部地区的实证研究》，《产经评论》2010 年第 2 期。

　　陈媛媛、王海宁：《FDI 对省际工业能源效率的影响》，《当代财经》2010 年第 7 期。

　　陈军、成金华：《内生创新、人文发展与中国能源效率》，《中国人口、资源与环境》2010 年第 4 期。

　　成金华、李世祥：《结构变动、技术进步以及价格对能源效率的影响》，《中国人口、资源与环境》2010 年第 4 期。

　　柴志贤、黄祖辉：《集聚经济与中国工业生产率的增长——基于 DEA 的分析》，《数量经济技术经济研究》2008 年第 11 期。

　　程丹润、李静：《环境约束下的中国省区效率差异研究：1990—2006》，《财贸研究》2009 年第 1 期。

　　董利：《我国能源效率变化趋势的影响因素分析》，《产业经济研究》2008 年第 1 期。

　　段晓庆：《广东制造业全要素生产率的实证研究》，《特区经济》2010 年第 2 期。

　　樊茂清、任若恩、陈高才：《技术变化、要素替代和贸易对能源强度影响的实证研究》，《经济学（季刊）》2009 年第 1 期。

　　傅晓霞、吴利学：《随机生产前沿方法的发展及其在中国的应用》，《南开经济研究》2006 年第 2 期。

　　付加峰、刘毅、张雷：《基于 GANN 和 DEA 的我国工业经济与环境协调发展研究》，《干旱区资源与环境》2007 年第 6 期。

　　宫俊涛、孙林岩、李刚：《中国制造业省际全要素生产率变动分析》，《数量经济技术经济研究》2008 年第 4 期。

　　郭庆旺、贾俊雪：《中国全要素生产率的估算：1979—2004》，《经济研究》2005 年第 6 期。

　　郭克莎：《新时期工业发展战略与政策》。人民出版社 2004 年 7 月版。

　　杭雷鸣、屠梅曾：《能源价格对能源强度的影响——以国内制造业为例》,《数量经济技术经济研究》2004 年第 12 期。

　　何文强、汪明星:《全要素能源效率的 DEA 模型评价——基于中国 1991—2007 年数据的实证检验》,《上海商学院学报》2009 年第 5 期。

　　黄勇峰、任若恩:《中美两国制造业全要素生产率比较研究》,《经济学》2002 年第 2 卷第 1 期。

　　胡鞍钢、郑京海、高宇宁、张宁、许海萍:《考虑环境因素的省级技术效率排名(1999—2005)》,《经济学季刊》2008 年第 7 卷第 3 期。

　　韩先锋、师萍、宋文飞:《中国工业行业全要素生产率增长的实证研究》,《西安电子科技大学学报(社会科学版)》2010 年第 20 卷第 1 期。

　　蒋金荷:《提高能源效率与经济结构调整的策略分析》,《数量经济技术经济研究》2004 年第 10 期。

　　姜磊、吴玉鸣:《外商直接投资与能源效率关系的实证分析》,经济发展论坛工作论文,2009 年。

　　李静:《中国区域环境效率的差异与影响因素分析》,《南方经济》2009 年第 12 期。

　　李华伟、吴海民:《中国工业经济运行效率研究综述》,《价格月刊》2009 年第 1 期。

　　李国璋、霍宗杰:《中国全要素能源效率、收敛性及其影响因素——基于 1995—2006 年省际面板数据的实证分析》,《经济评论》2009 年第 6 期。

　　李国璋、霍宗杰:《我国全要素能源效率及其收敛性》,《中国人口资源与环境》2010 年第 1 期。

　　李融荣:《关于国有企业改革发展的报告》,2009 年。

　　李世祥、成金华:《中国工业行业的能源效率特征及其影响因素——基于非参数前沿的实证分析》,《财经研究》2009 年第 7 期。

　　李善同、吴廷瑞、侯永志、刘培林:《生产率增长与中国经济增长的可持续性》,《调查研究报告》第 108 号。

　　李小平、朱钟棣:《中国工业行业的全要素生产率测算——基于分行业面板数据的研究》,《管理世界》2002 年第 4 期。

　　李胜文、李大胜:《中国工业全要素生产率的波动:1986—2005》,《数量经济技术经济研究》2008 年第 5 期。

李森、陈江:《环境管制下北京制造业全要素生产率研究》,硕士学位论文,首都经济贸易大学,2010 年。

李兰冰、胡均立、黄国章:《海峡两岸证券商经营效率之比较研究:meta-frontier 方法之应用》,2010 年两岸产业效率与产业发展研讨会。

林毅夫、刘培林:《地方保护和市场分割:从发展的战略角度考察》,北京大学中国经济研究中心讨论稿,2004 年。

林孔团、魏下海、鄢琳:《福建制造业全要素生产率变动的实证研究》,《福建师范大学学报(哲学社会科学版)》2010 年第 2 期。

刘红玫、陶全:《大中型工业企业能源密度下降的动因探析》,《统计研究》2002 年第 9 期。

刘华、蒋伏心:《长三角与珠三角:经济发展比较研究述评》,《上海经济研究》2007 年第 8 期。

刘立涛、沈镭:《中国区域能源效率时空演进格局及其影响因素分析》,《自然资源学报》2010 年第 12 期。

刘云枫、周建明:《背景制造业全要素生产率变动的实证研究》,《经济论坛》2008 年第 2 期。

刘勇:《中国工业全要素生产率的区域差异分析》,《财贸问题研究》2010 年第 6 期。

楼旭明、窦彩兰、汪贵浦:《基于 DEA 的中国电力改革绩效相对有效性评价》,《当代财经》2006 年第 4 期。

罗道平、肖笛:《数据包络分析(DEA)在电力工业的应用》,《系统工程理论与实践》1996 年第 4 期。

米云生、易秋霖:《全球化、全要素生产率与区域发展差异——基于珠三角、长三角和环渤海的面板数据分析》,《国际贸易问题》2008 年第 4 期。

庞瑞芝、杨慧:《中国省际全要素生产率差异及经济增长模式的经验分析——对 30 个省(市、自治区)的实证考察》,《经济评论》2008 年第 6 期。

彭海珍、任荣明:《所有制结构与环境业绩》,《中国管理科学》2004 年第 3 期。

齐绍洲:《中欧能源效率差异与合作》,《国际经济评论》2010 年第 1 期。

齐志新、陈文颖、吴宗鑫:《工业轻重结构变化对能源效率的影响》,《中国工业经济》2007 年第 2 期。

任艳玲、原鹏飞:《中国工业生产率水平与变迁——基于模型的实证研究》,《统计与决策》2006 年第 2 期。

孙巍、叶正波:《转轨时期中国工业的效率与生产率》,《中国管理科学》2002 年第 4 期。

沈能:《中国制造业全要素生产率地区空间差异的实证研究》,《中国软科学》2006 年第 6 期。

史丹:《中国能源效率的地区差异与节能潜力分析》,《中国工业经济》2006 年第 10 期。

师博、张良悦:《区域能源效率收敛性分析》,《当代财经》2008 年第 2 期。

世界银行:《中国循环经济的发展:要点和建议》,世界银行"促进中国循环经济发展"技援项目政策报告,2009 年。

Selin ozyurt:《中国工业的全要素生产率:1952—2005》,《世界经济文汇》2009 年第 5 期。

孙建国、李文博:《电力行业技术效率和全要素生产率增长的国际比较》,《中国经济问题》2003 年第 6 期。

宋树龙、孙贤国、单习章:《论珠江三角洲城市效率及其对城市化影响》,《地理学与国土研究》1999 年第 3 期。

邵军、徐康宁:《我国城市的生产率增长、效率改进与技术进步》,《数量经济技术经济研究》2010 年第 1 期。

涂正革、肖耿:《中国的工业生产力革命——用随机前沿生产模型对中国大中型工业企业全要素生产率增长的分解及分析》,《经济研究》2005 年第 3 期。

涂正革、肖耿:《中国工业增长模式的转变——大中型企业劳动生产率的非参数生产前沿动态分析》,《管理世界》2006 年第 10 期。

涂正革、肖耿:《非参数成本前沿模型与中国工业模式研究》,《经济学季刊》2007 年第 1 期。

涂正革、肖耿:《我国工业企业技术进步的随机前沿模型分析》,《华中师范大学学报》2007 年第 4 期。

涂正革:《全要素生产率与区域经济增长的动力——基于对 1995—2004 年 28 个省市大中型工业的非参数生产前沿分析》,《南开经济研究》2007 年第 4 期。

涂正革:《环境、资源与工业增长的协调性——基于方向性距离函数对中国规模工业 1998—2005 的分析》,《经济研究》2008 年第 2 期。

涂正革、肖耿:《环境约束下中国工业增长模式的转变》,《世界经济》2009 年第 11 期。

涂正革:《工业二氧化硫(SO_2)的影子价格:一个新的研究框架》,《经济学》2009 年第 9 卷第 1 期。

陶洪、戴昌钧:《中国工业劳动生产率增长率的省域比较》,《数量经济技术经济研究》2007 年第 10 期。

陶峰、郭建万、杨舜贤:《电力体制转型期发电行业的技术效率及其影响因素》,《中国工业经济》2008 年第 1 期。

唐清泉、卢博科、袁莹翔:《工业行业的资源投入与创新效率》,《数量经济技术经济研究》2009 年第 2 期。

王兵:《技术效率、技术进步与中国生产率增长:基于 DEA 的实证分析》,博士学位论文,武汉大学,2006 年。

王兵、颜鹏飞:《技术效率、技术进步与东亚经济增长》,《经济研究》2007 年第 5 期。

王兵、吴延瑞、颜鹏飞:《环境管制与全要素生产率增长:APEC 的实证研究》,《经济研究》2008 年第 5 期。

王兵、吴延瑞、颜鹏飞:《中国区域环境效率与环境全要素生产率增长——基于 SBM 方向性距离函数的实证分析》,《经济研究》2010 年第 5 期。

王小鲁、樊纲:《中国地区差距的变动趋势和影响因素》,《经济研究》2004 年第 1 期。

王小鲁:《中国经济增长的可持续性与制度变革》,《经济研究》2000 年第 7 期。

王志刚、龚六堂、陈玉宇:《地区间生产效率与全要素生产率增长率分解(1978—2003)》,《中国社会科学》2006 年第 2 期。

王群伟、周鹏、周德群:《我国二氧化碳排放绩效的动态变化、区域差异及影响因素》,《中国工业经济》2010 年第 1 期。

王国顺、谷金花:《湖南制造业全要素生产率变动的实证研究》,《统计观察》2005 年 5 月刊。

王争、郑京海、史晋川:《中国地区工业生产绩效:结构差异、制度冲击及动态表现》,《经济研究》2006 年第 6 期。

王晓东:《产业升级和转移背景下广东工业行业效率变化实证研究》,《预测》2010 年第 4 期。

吴玉鸣、李建霞:《中国区域工业全要素生产率的空间计量经济分析》,《地理科学》2006 年第 8 期。

汪克亮、杨宝臣、杨力:《考虑环境效应的中国省际全要素能源效率研究》,《管理科学》2010 年第 12 期。

王霞、淳伟德:《我国能源强度变化的影响因素分析及其实证研究》,《统计研究》2010 年第 10 期。

魏楚、沈满洪:《能源效率及其影响因素:基于 DEA 的实证分析》,《管理世界》2007 年第 8 期。

魏楚、沈满洪:《结构调整能否改善能源效率:基于中国省际数据的研究》,《世界经济》2008 年第 11 期。

魏楚、沈满洪:《能源效率研究发展及趋势:一个综述》,《浙江大学学报(人文社会科学版)》2009 年第 3 期。

韦苇:《中国西部经济发展报告 2005》,中国社会科学文献出版社 2005 年版。

吴军:《环境约束下中国地区工业全要素生产率增长及收敛分析》,《数量经济技术经济研究》2009 年第 11 期。

吴军、笪凤媛、张建华:《环境管制与中国区域生产率增长》,《统计研究》2010 年第 1 期。

吴琦、武春友:《基于 DEA 的能源效率评价模型研究》,《管理科学》2009

年第 1 期。

吴琦、武春友:《中国省域能源效率评价研究》,博士学位论文,大连理工大学,2010 年。

吴巧生、成金华:《中国工业化中的能源消耗强度变动及因素分析——基于分解模型的实证分析》,《财经研究》2006 年第 6 期。

吴巧生、成金华、王华:《中国工业化进程中的能源消费变动——基于计量模型的实证分析》,《中国工业经济》2005 年第 4 期。

吴延瑞:《生产率对中国经济增长的贡献:新的估计》,《经济学季刊》2008 年第 7 卷第 3 期。

谢垩:《环境规制与中国工业生产率增长》,《产业经济研究》2008 年第 1 期。

谢千里、罗斯基、张轶凡:《中国工业生产率的增长与收敛》,《经济学季刊》2008 年第 3 期。

谢姝琳、李强、房俊峰:《环渤海、长三角、珠三角的经济发展战略比较分析》,《环渤海经济瞭望》,博士论坛,2009 年。

许冬兰、董博:《环境规制对技术效率和生产力损失的影响分析》,《中国人口、资源与环境》2009 年第 6 期。

夏炎、陈锡康、杨翠红:《产出技术的能源效率新指标——生产能耗综合指数》,《管理评论》2010 年第 2 期。

徐盈之、管建伟:《中国区域能源效率趋同性研究:基于空间经济学视角》,《财经研究》2011 年第 1 期。

徐盈之、朱依曦:《基于随机前沿模型的中国制造业全要素生产率研究》,《统计观察》2009 年第 23 期。

颜鹏飞、王兵:《技术效率、技术进步与生产率增长:基于 DEA 的实证分析》,《经济研究》2004 年第 12 期。

杨中东:《中国制造业能源效率的影响因素:经济周期和重化工工业化》,《统计研究》2010 年第 10 期。

杨洋、王非、李国平:《能源价格、产业结构、技术进步与我国能源强度的实证检验》,《统计与决策》2008 年第 11 期。

杨俊、邵汉华:《环境约束下的中国工业增长状况研究》,《数量经济技术经济研究》2009 年第 9 期。

杨红亮、史丹:《能效研究方法和中国各地区能源效率的比较》,《经济理论和经济管理》2008 年第 3 期。

杨继生:《国内外能源相对价格与中国的能源效率》,《经济学家》2009 年第 4 期。

杨文举:《技术效率、技术进步、资本深化与经济增长:基于 DEA 的经验分析》,《世界经济》2006 年第 5 期。

杨文举:《适宜技术理论与中国地区经济差距》,《经济评论》2008 年第 3 期。

杨文举:《中国地区工业的动态环境绩效:基于 DEA 的经验分析》,《数量经济技术经济研究》2009 年第 6 期。

岳书敬、刘朝明:《人力资本与区域全要素生产率分析》,《经济研究》2006 年第 4 期。

岳书敬、刘富华:《环境约束下的经济增长效率及其影响因素》,《数量经济技术经济研究》2009 年第 5 期。

尹宗成、丁日佳、江激宇:《FDI、人力资本、R&D 与中国能源效率》,《财贸研究》2008 年第 9 期。

袁晓玲、张宝山、杨万平:《基于环境污染的中国全要素能源效率研究》,《中国工业经济》2009 年第 2 期。

易纲、樊纲、李岩:《关于中国经济增长与全要素生产率的理论思考》,《经济研究》2003 年第 8 期。

殷醒民:《中国工业生产力"数量革命"的经验解释》,《经济学家》2009 年第 4 期。

姚先国、薛强军、黄先海:《效率增进、技术创新与 GDP 增长——基于长三角 15 城市的实证研究》,《中国工业经济》2007 年第 2 期。

曾胜、黄登仕:《中国能源消费、经济增长与能源效率:基于 1980—2007 年的实证分析》,《数量经济技术经济研究》2009 年第 8 期。

曾贤刚:《我国能源效率、CO_2 减排潜力及影响因素分析》,《中国环境科学》2010 年第 10 期。

张军:《中国的工业改革与经济增长:问题与解释》,上海人民出版社
2003 年版。

张军、施少华:《中国经济全要素生产率变动:1952—1998》,《世界经济
文汇》2003 年第 2 期。

张军、吴桂英、张吉鹏:《中国省际物质资本存量估算:1952—2000》,《经
济研究》2004 年第 10 期。

张军、陈诗一、Gary H. Jefferson:《结构改革与中国工业增长》,《经济研
究》2009 年第 7 期。

张贤、周勇:《外商直接投资对我国能源强度的空间效应分析》,《数量经
济技术经济研究》2007 年第 1 期。

张炎治、聂锐:《我国进出口贸易对能源强度的影响效应》,《中国矿业》
2009 年第 4 期。

张建华、吴孔丽:《武汉制造业全要素生产率变动及其影响因素》,硕士
学位论文,华中科技大学,2007 年。

张海洋:《R&D 两面性、外资活动与中国工业增长》,《经济研究》2005
年第 5 期。

张学良、孙海鸣:《探寻长三角地区经济增长的真正源泉:资本积累、效
率改善抑或 TFP 贡献》,《中国工业经济》2009 年第 5 期。

张小蒂、李晓钟:《对我国长三角地区全要素生产率的估算及分析》,《管
理世界》2005 年第 11 期。

赵伟、马瑞永、何元庆:《全要素生产率变动的分解》,《统计研究》2005 年
第 7 期。

赵伟、张萃:《中国制造业区域集聚与全要素生产率增长》,《上海交通大
学学报(哲学社会科学版)》2008 年第 16 期。

郑京海、刘小玄、Arne Bigsten:《1980—1994 期间中国国有企业的效率、
技术进步和最佳实践》,《经济学季刊》2002 年第 3 期。

郑京海、胡鞍钢:《中国改革时期省际生产率增长变化的实证分析
(1979—2001 年)》,《经济学》2005 年第 4 卷第 2 期。

朱松丽:《国外控制 SO_2 排放的成功经验以及对我国 SO_2 控制的政策建议》,《能源环境保护》2006 年第 1 期。

朱钟棣、李小平:《中国工业行业资本形成、全要素生产率变动及其趋异化:基于分行业面板数据的研究》,《世界经济》2005 年第 9 期。

周燕、蔡宏波:《中国工业行业全要素生产率增长的决定因素:1996—2007》,《北京师范大学学报(哲学社会科学版)》2011 年第 1 期。

二、英文参考文献

Arcelus, F. J. , and P. Arocena. "Productivity differences across OECD countries in the presence of environmental constraints. " *Journal of the Operational Research Society* Vol. 56, No. 12 (2005), pp. 1352—1362.

Arelleno, M. , and Olympia Bover. "Another Look at instrumental variable estimation of error component models. " *Journal of Econometrics* Vol. 68, No. 1 (1995), pp. 29—51.

Assaf, Albert. "Accounting for size in efficiency comparisons of airports. "*Journal of Air Transport Management* Vol. 15, No. 5 (2009), pp. 256—258.

Assaf, A. , C. P. Barros, and A. Josiassen. "Hotel efficiency: A bootstrapped metafrontier approach. " *International Journal of Hospitality Management* Vol. 29, No. 3 (2010), pp. 468—475.

Athanassopoulos, Antreas D. , Nikos Lambroukos, and Lawrence Seiford. "Data envelopment scenario analysis for setting targets to electricity generating plants. " *European Journal of Operational Research* Vol. 115, No. 3 (1999), pp. 413—428.

Barros, Carlos Pestana. "Efficiency analysis of hydroelectric generating plants: A case study for Portugal. " *Energy Economics* Vol. 30, No. 1 (2008), pp. 59—75.

Battese, George E. , and DS Prasada Rao. "Technology gap, efficiency, and a stochastic metafrontier function. "*International Journal of Business and Economics* Vol. 1, No. 2 (2002), pp. 87—93.

Battese, George E. , DS Prasada Rao, and Christopher J. O'Donnell. "A metafrontier production function for estimation of technical efficiencies and technology gaps for firms operating under different technologies." *Journal of Productivity Analysis* Vol. 21, No. 1 (2004), pp. 91—103.

Beede, D. , D. E. Bloom, and D. Wheeler. "Measuring and explaining cross—establishment variation in the generation and management of industrial waste." *World Bank mimeo* (1992).

Blundell, Richard, and Stephen Bond. "Initial conditions and moment restrictions in dynamic panel data models." *Journal of econometrics* Vol. 87, No. 1 (1998), pp. 115—143.

Bond, Stephen, Anke Hoeffler, and Jonathan Temple. "GMM estimation of empirical growth models." (2001).

Bos, Jaap WB, and Heiko Schmiedel. "Is there a single frontier in a single European banking market?" *Journal of Banking & Finance* Vol. 31, No. 7 (2007), pp. 2081—2102.

Boussemart, Jean – Philippe, et al. "Luenberger and Malmquist productivity indices: theoretical comparisons and empirical illustration." *Bulletin of Economic Research* Vol. 55, No. 4 (2003), pp. 391—405.

Cao, Jing. "Measuring Green Productivity Growth for China's Manufacturing Sectors: 1991 – 2000." *Asian Economic Journal* Vol. 21, No. 4 (2007), pp. 425—451.

Caves, Douglas W. , Laurits R. Christensen, and W. Erwin Diewert. "The economic theory of index numbers and the measurement of input, output, and productivity." *Econometrica: Journal of the Econometric Society* (1982), pp. 1393—1414.

Caves, Douglas W. , Laurits R. Christensen, and W. Erwin Diewert. "Multilateral comparisons of output, input, and productivity using superlative index numbers." *The economic journal* Vol. 92, No. 365 (1982), pp. 73—86.

Chambers, Robert G. , Rolf Färe, and Shawna Grosskopf. "Productivity growth in APEC countries. " *Pacific Economic Review* Vol. 1, No. 3 (2007), pp. 181—190.

Chang, Ching—Cheng, and Yir—Hueih Luh. "Efficiency change and growth in productivity: the Asian growth experience. " *Journal of Asian Economics* Vol. 10, No. 4 (2000), pp. 551—570.

Chen, Ku—Hsieh, Yi—Ju Huang, and Chih—Hai Yang. "Analysis of regional productivity growth in China: A generalized metafrontier MPI approach. "*China Economic Review* Vol. 20, No. 4 (2009), pp. 777—792.

Chen, Zhuo, and Shunfeng Song. "Efficiency and technology gap in China's agriculture: A regional meta—frontier analysis. " *China Economic Review* Vol. 19, No. 2 (2008), pp. 287—296.

Chung, Yangho H. , Rolf Färe, and Shawna Grosskopf. "Productivity and undesirable outputs: a directional distance function approach. " *Journal of environmental management* Vol. 51, No. 3 (1997), pp. 229—240.

Coelli, Tim, and Sergio Perelman. "A comparison of parametric and non—parametric distance functions: With application to European railways. "*European journal of operational research* Vol. 117, No. 2 (1999), pp. 326—339.

Coggins, Jay S. , and John R. Swinton. "The Price of Pollution: A Dual Approach to Valuing SO_2 Allowances. " *Journal of environmental economics and management* Vol. 30, No. 1 (1996), pp. 58—72.

Coelli, Timothy J. , et al. *An introduction to efficiency and productivity analysis.* Springer, 2005.

Cooper, William W. , Lawrence M. Seiford, and Kaoru Tone. "Data Envelopment Analysis: A Comprehensive Text with Models, Applications, References and DEA—Solver Software. " (2007).

Diewert, W. Erwin. "Index number theory using differences rather than ratios. " *American Journal of Economics and Sociology* Vol. 64, No. 1

(2005), pp. 311-360.

Domazlicky, Bruce R. , and William L. Weber. "Does environmental protection lead to slower productivity growth in the chemical industry?. " *Environmental and Resource Economics* Vol. 28, No. 3 (2004), pp. 301 -324.

Domazlicky, Bruce R. , and William L. Weber. "Does environmental protection lead to slower productivity growth in the chemical industry?. " *Environmental and Resource Economics* Vol. 28, No. 3 (2004), pp. 301 -324.

Economy, Elizabeth C. "The River Runs Black: The Environmental Challenge to China's Future. " (2004).

Ekins, Paul, Carl Folke, and Robert Costanza. "Trade, environment and development: the issues in perspective. " *Ecological Economics* Vol. 9, No. 1 (1994), pp. 1-12.

Färe, R. , Grosskopf, S. , Logan, J. , "The relative performance of publicly-owned and privately-owned electric utilities. " *Journal of Public Economics* Vol. 26, No. 1 (1985), pp. 89-106.

Färe, Rolf, et al. "Multilateral productivity comparisons when some outputs are undesirable: a nonparametric approach. " *The review of economics and statistics* (1989), pp. 90-98.

Färe, Rolf, Grosskopf, S. , Lindgren, B. and Roos, P. "Productivity Developments in Swedish Hospitals: A Malmquist Output Index Approach. " Discussion Paper No. 89-3. Southern Illinois University at Carbondale, 1989a.

Färe, Rolf, et al. "Productivity growth in Illinois electric utilities. " *Resources and Energy* Vol. 12, No. 4 (1990), pp. 383-398.

Färe, Rolf, et al. "Derivation of shadow prices for undesirable outputs: a distance function approach. " *The review of economics and statistics* (1993), pp. 374-380.

Färe, Rolf, et al. "Productivity growth, technical progress, and efficiency change in industrialized countries." *The American Economic Review* (1994), pp. 66—83.

Fare, Rolf, Shawna Grosskopf, and CA Knox Lovell. *Production frontiers*. Cambridge University Press, 1993.

Färe, Rolf, Shawna Grosskopf, and Runar Brännlund. *Intertemporal production frontierspp. with dynamic DEA*. Boston, MA: Kluwer Academic, 1996.

Färe, Rolf, Shawna Grosskopf, and Daniel Tyteca. "An activity analysis model of the environmental performance of firms—application to fossil — fuel — fired electric utilities." *Ecological economics* Vol. 18, No. 2 (1996), pp. 161—175.

Fare, Rolf, et al. "Accounting for Air Pollution Emissions in Measures of State Manufacturing Productivity Growth." *Journal of Regional Science* Vol. 41, No. 3 (2001), pp. 381—409.

Färe, Rolf, Shawna Grosskopf, and Dimitri Margaritis. "APEC and the Asian economic crisis: early signals from productivity trends." *Asian Economic Journal* Vol. 15, No. 3 (2002), pp. 325—341.

Färe, Rolf, and Shawna Grosskopf. *New directions: efficiency and productivity*. Vol. 3. Springer, 2005.

Färe, Rolf, and Shawna Grosskopf. "Modeling undesirable factors in efficiency evaluation: comment." *European Journal of Operational Research* Vol. 157, No. 1 (2004), pp. 242—245.

Färe, Rolf, et al. "Characteristics of a polluting technology: theory and practice." *Journal of Econometrics* Vol. 126, No. 2 (2005), pp. 469—492.

Färe, Rolf, Shawna Grosskopf, and Carl A. Pasurka. "Pollution abatement activities and traditional productivity." *Ecological Economics* Vol. 62, No. 3 (2007), pp. 673—682.

Färe, Rolf, Shawna Grosskopf, and Carl A. Pasurka. "Environmental production functions and environmental directional distance functions."*Energy* Vol. 32, No. 7 (2007), pp. 1055—1066.

Färe, Rolf, et al. "Substitutability among undesirable outputs." *Applied Economics* Vol. 44, No. 1 (2012), pp. 39—47.

Färe, Rolf, Shawna Grosskopf, and Dimitri Margaritis. "Efficiency and productivity: Malmquist and more." *The measurement of productive efficiency and productivity growth* (2008), pp. 522—622.

Färe, Rolf, and Shawna Grosskopf. "Directional distance functions and slacks—based measures of efficiency." *European Journal of Operational Research* Vol. 200, No. 1 (2010), pp. 320—322.

Färe, Rolf, and Shawna Grosskopf. "A comment on weak disposability in nonparametric production analysis." *American Journal of Agricultural Economics* Vol. 91, No. 2 (2009), pp. 535—538.

Farrell, Michael J. "The measurement of productive efficiency." *Journal of the Royal Statistical Society. Series A (General)* Vol. 120, No. 3 (1957), pp. 253—290.

Fukuyama, Hirofumi, and William L. Weber. "A directional slacks—based measure of technical inefficiency." *Socio—Economic Planning Sciences* Vol. 43, No. 4 (2009), pp. 274—287.

Gilbert, R. Alton, and Paul W. Wilson. "Effects of deregulation on the productivity of Korean banks." *Journal of Economics and Business* Vol. 50, No. 2 (1998), pp. 133—155.

Gollop, Frank M., and Mark J. Roberts. "Environmental regulations and productivity growth: the case of fossil—fueled electric power generation." *The Journal of Political Economy* (1983), pp. 654—674.

Grifell—Tatjé, Emili, and C. AK Lovell. "A generalized Malmquist productivity index." *Top* Vol. 7, No. 1 (1999), pp. 81—101.

Grosskopf, Shawna. "Some remarks on productivity and its decompositions. "*Journal of Productivity Analysis* Vol. 20, No. 3 (2003), pp. 459 —474.

Hailu, Atakelty, and Terrence S. Veeman. "Environmentally sensitive productivity analysis of the Canadian pulp and paper industry, 1959—1994: an input distance function approach. " *Journal of Environmental Economics and Management* Vol. 40, No. 3 (2000), pp. 251—274.

Hailu, Atakelty, and Terrence S. Veeman. "Non—parametric productivity analysis with undesirable outputs: an application to the Canadian pulp and paper industry. " *American Journal of Agricultural Economics* Vol. 83, No. 3 (2001), pp. 605—616.

Hayami, Yujiro. "Sources of agricultural productivity gap among selected countries. " *American Journal of Agricultural Economics* Vol. 51, No. 3 (1969), pp. 564—575.

Huang, Yi—Ju, Ku—Hsieh Chen, and Chih—Hai Yang. "Cost efficiency and optimal scale of electricity distribution firms in Taiwan: An application of metafrontier analysis. " *Energy Economics* Vol. 32, No. 1 (2010), pp. 15—23.

Hu, Jin—Li, Her—Jiun Sheu, and Shih—Fang Lo. "Under the shadow of Asian Brown Clouds: Unbalanced regional productivities in China and environmental concerns. " *The International Journal of Sustainable Development* & *World Ecology* Vol. 12, No. 4 (2005), pp. 429—442.

Hu, Zuliu F. , and Mohsin S. Khan. "Why is China growing so fast?" *Staff Papers—International Monetary Fund* (1997), pp. 103—131.

Hu, Jin—Li, and Shih—Chuan Wang. "Total—factor energy efficiency of regions in China. " *Energy Policy* Vol. 34, No. 17 (2006), pp. 3206—3217.

Jaffe, Adam B. , et al. "Environmental regulation and the competitiveness of US manufacturing: what does the evidence tell us?. " *Journal of Economic literature* Vol. 33, No. 1 (1995), pp. 132—163.

Jeon, Byung M. , and Robin C. Sickles. "The role of environmental factors in growth accounting. " *Journal of Applied Econometrics* Vol. 19, No. 5 (2004), pp. 567—591.

Kaneko, Shinji, and Shunsuke Managi. "Environmental productivity in China. "*Economics Bulletin* Vol. 17, No. 2, (2004), pp. 1—10.

Koop, Gary. "Carbon dioxide emissions and economic growth: A structural approach. " *Journal of Applied Statistics* Vol. 25, No. 4 (1998), pp. 489—515.

Kuosmanen, Timo. "Weak disposability in nonparametric production analysis with undesirable outputs. " *American Journal of Agricultural Economics* Vol. 87, No. 4 (2005), pp. 1077—1082.

Kumar, Surender. "Environmentally sensitive productivity growth: a global analysis using Malmquist – Luenberger index. " *Ecological Economics* Vol. 56, No. 2 (2006), pp. 280—293.

Lall, Pooran, Allen M. Featherstone, and David W. Norman. "Productivity growth in the Western Hemisphere (1978 - 94): the Caribbean in perspective. "*Journal of Productivity Analysis* Vol. 17, No. 3 (2002), pp. 213—231.

Lam, Pun—Lee, and Alice Shiu. "Efficiency and productivity of China's thermal power generation. " *Review of Industrial Organization* Vol. 24, No. 1 (2004), pp. 73—93.

Lindenberger, Dietmar. *Measuring the economic and ecological performance of OECD countries*. No. 04. 01. EWI working paper, 2004.

Lindmark, Magnus, and P. Vikstrom. "Lobar convergence in Productivity—A Distance Function Approach to Technical Change and Efficiency Improvements. " *Paper for the conference" Catching — up growth and technology transfers in Asia and Western Europe "*, *Groningen*2003, (10). 2003.

Li, Sung—Ko, and Yuk—Shing Cheng. *Technical Efficiency Versus*

Environmental Efficiency：*An Application to the Industrial Sector in China*. Business Research Centre, School of Business, Hong Kong Baptist University, 2004.

Loko, Boileau, and Mame Astou Diouf. *Revisiting the Determinants of Productivity Growth*：*What's New*? Vol. 9. International Monetary Fund, 2009.

Luenberger, David G. "Benefit functions and duality." *Journal of mathematical economics* Vol. 21, No. 5 (1992), pp. 461—481.

Luenberger, David G. *Microeconomic theory*. Vol. 486. New York：McGraw—Hill, 1995.

Makiko, Nakano, and Shunsuke Managi. "Regulatory reforms and productivity：An empirical analysis of the Japanese electricity industry." *Energy Policy* Vol. 36, No. 1 (2008), pp. 201—209.

Managi, Shunsuke, and Shinji Kaneko. "Productivity Change, FDI, and Environmental Policies in China, 1987 — 2001." *Unpublished manuscript, April*(2004).

Managi, Shunsuke, and Shinji Kaneko. "Economic growth and the environment in China：an empirical analysis of productivity." *International journal of global environmental issues* Vol. 6, No. 1 (2006), pp. 89—133.

Managi, Shunsuke, and Pradyot Ranjan Jena. "Environmental productivity and Kuznets curve in India." *Ecological Economics* Vol. 65, No. 2 (2008), pp. 432—440.

Manish, Pandey, and Xiao—yuan Dong. "Manufacturing productivity in China and India：The role of institutional changes." *China Economic Review* Vol. 20, No. 4 (2009), pp. 754—766.

Matawie, K. M., and Albert Assaf. "A metafrontier model to assess regional efficiency differences." *Journal of Modelling in Management* Vol. 3, No. 3 (2008), pp. 268—276.

Mukherjee, Kankana. "Measuring energy efficiency in the context of an emerging economy: The case of indian manufacturing. " *European Journal of Operational Research* Vol. 201, No. 3 (2010), pp. 933—941.

Murty, M. N. , Surender Kumar, and Mahua Paul. "Environmental regulation, productive efficiency and cost of pollution abatement: a case study of the sugar industry in India. " *Journal of environmental management* Vol. 79, No. 1 (2006), pp. 1—9.

Newell, Richard G. , Adam B. Jaffe, and Robert N. Stavins. "The induced innovation hypothesis and energy—saving technological change. " *The Quarterly Journal of Economics* Vol. 114, No. 3 (1999), pp. 941—975.

Oh, Dong—hyun, and Almas Heshmati. "A sequential Malmquist—Luenberger productivity index. " IZA Discussion Papers4199, Institute for the study of labor(IZA), (2009).

Oh, Dong—hyun. "A metafrontier approach for measuring an environmentally sensitive productivity growth index. " *Energy Economics* Vol. 32, No. 1 (2010), pp. 146—157.

Korhonen, Pekka J. , and Mikulas Luptacik. "Eco—efficiency analysis of power plants: An extension of data envelopment analysis. " *European Journal of Operational Research* Vol. 154, No. 2 (2004), pp. 437—446.

Patterson, Murray G. "What is energy efficiency?: Concepts, indicators and methodological issues. " *Energy policy* Vol. 24, No. 5 (1996), pp. 377—390.

Picazo—Tadeo, Andres J. , Ernest Reig—Martinez, and Francesc Hernandez—Sancho. "Directional distance functions and environmental regulation. "*Resource and Energy Economics* Vol. 27, No. 2 (2005), pp. 131—142.

Pittman, Russell W. "Multilateral productivity comparisons with undesirable outputs. " *The Economic Journal* (1983), pp. 883—891.

Rao, D. S. , Christopher J. O'Donnell, and George E. Battese. *Metafrontier functions for the study of inter—regional productivity differences*. No. Working Paper No. 01/2003. 2003.

Ray, S. and E. Desli, "Productivity Growth, Technical Progress and Efficiency Change in Industrialized countries: A Deja Vu", *American Economic Review* Vol. 87(1997), 1033—1039.

Ray, Subhash C. , and Kankana Mukherjee. "Efficiency in managing the environment and the opportunity cost of pollution abatement. " (2007).

Repetto, Robert, et al. "Has environmental protection really reduced productivity growth?. " *Challenge* (1997), pp. 46—57.

Reig—Martínez, Ernest, Andrés Picazo—Tadeo, and Francesc Hernandez—Sancho. "The calculation of shadow prices for industrial wastes using distance functions: An analysis for Spanish ceramic pavements firms. " *International Journal of Production Economics* Vol. 69, No. 3 (2001), pp. 277—285.

Roodman, David. "How to do xtabond2: An introduction to difference and system GMM in Stata. " *Center for Global Development working paper* 103 (2006).

Scheel, Holger. "Undesirable outputs in efficiency valuations. " *European Journal of Operational Research* Vol. 132, No. 2 (2001), pp. 400—410.

Seiford, Lawrence M. , and Joe Zhu. "Modeling undesirable factors in efficiency evaluation. " *European Journal of Operational Research* Vol. 142, No. 1 (2002), pp. 16—20.

Shestalova, Victoria. "Sequential Malmquist indices of productivity growth: An application to OECD industrial activities. " *Journal of Productivity Analysis* Vol. 19, No. 2 (2003), pp. 211—226.

Shephard, R. W. , "Indirect Production Functions Mathematical Systems in Economics. " *Verlag Anton Hain, Meisenheim Am Glan* No. 10 (1974).

Shunsuke Manggi, Shinji Kaneko, "Economic Growth and Environtment in China: an Empitical Analysis of Productivity", Global Environmental issues, Vol. 6, No. 1(2006).

Simar, Leopold, and Paul W. Wilson. "Estimation and inference in two—stage, semi—parametric models of production processes. " *Journal of econometrics* Vol. 136, No. 1 (2007), pp. 31—64.

Spence, Michael. "Wealth of nations: why China grows so fast. " *Wall Street Journal (Eastern Edition)*, *New York*, *Jan*23 19 (2007).

Taskin, Fatma, and Osman Zaim. "The role of international trade on environmental efficiency: a DEA approach. " *Economic Modelling* Vol. 18, No. 1 (2001), pp. 1—17.

Tsai, Diana H. "Environmental Policy and Technological Innovation: Evidence from Taiwan Manufacturing Industries. " *5th Annual Conference on Global Economic Analysis*, *Taipei*. *Available at http://www. gtap. agecon. purdue. edu/resources/res_display. asp.* 2002.

Telle, Kjetil, and Jan Larsson. "Do environmental regulations hamper productivity growth? How accounting for improvements of plants' environmental performance can change the conclusion. " *Ecological Economics* Vol. 61, No. 2 (2007), pp. 438—445.

Tone, Kaoru. "A slacks—based measure of efficiency in data envelopment analysis. " *European Journal of Operational Research* Vol. 130, No. 3 (2001), pp. 498—509.

Tone, Kaoru. "Dealing with undesirable outputs in DEA: A slacks—based measure (SBM) approach. " *GRIPS Research Report Series* 1 (2003), p. 0005.

Tulkens, Henry, and Philippe Vanden Eeckaut. "Non—parametric efficiency, progress and regress measures for panel data: methodological aspects. "*European Journal of Operational Research* Vol. 80, No. 3 (1995), pp. 474—499.

Tyteca, Daniel. "On the measurement of the environmental performance of firms—a literature review and a productive efficiency perspective. " *Journal of Environmental Management* Vol. 46, No. 3 (1996), pp. 281 −308.

Wang, Hua, and David Wheeler. *Endogenous enforcement and effectiveness of China's pollution levy system*. Vol. 2336. World Bank Publications, 2000.

Watanabe, Michio, and Katsuya Tanaka. "Efficiency analysis of Chinese industry: A directional distance function approach. " *Energy Policy* Vol. 35, No. 12 (2007), pp. 6323−6331.

Weber, William L. , and Bruce Domazlicky. "Productivity growth and pollution in state manufacturing. " *Review of Economics and Statistics* Vol. 83, No. 1 (2001), pp. 195−199.

The World Bank. "China 2020: Development challenges in the new century. " (1997).

The World Bank. "World development indicators. " (2006).

Wu, Yanrui. "Has productivity contributed to China's growth?. " *Pacific Economic Review* Vol. 8, No. 1 (2003), pp. 15−30.

Wu, Yanrui. "Is China's economic growth sustainable? A productivity analysis. " *China Economic Review* Vol. 11, No. 3 (2001), pp. 278−296.

Wu, Yanrui. "Openness, productivity and growth in the APEC economies. "*Empirical Economics* Vol. 29, No. 3 (2004), pp. 593−604.

Wu, Yanrui. "Analysis of Environmental Efficiency in China's Regional Economies. " *presentation at the 6th International Conference on the Chinese Economy*. 2007.

Xepapadeas, Anastasios. "Economic growth and the environment. " *Handbook of environmental economics* Vol. 3 (2005), pp. 1219−1271.

Xu, Donglan. "Productivity Growth in the Presence of Environmental Regulations in Chinese Manufacturing Industry. " The Economic Science, (2005). pp39−52.

Yaisawarng, Suthathip, and J. Douglass Klein. "The effects of sulfur dioxide controls on productivity change in the US electric power industry." *The Review of Economics and Statistics* (1994), pp. 447−460.

Yeh, Tsai−lien, Tser−yieth Chen, and Pei−ying Lai. "A comparative study of energy utilization efficiency between Taiwan and China." *Energy policy* Vol. 38, No. 5 (2010), pp. 2386−2394.

Young, Alwyn. *Gold into base metals: productivity growth in the People's Republic of China during the reform period.* No. w7856. National Bureau of Economic Research, 2000.

Yörük, Barış K., and Osman Zaim. "Productivity growth in OECD countries: A comparison with Malmquist indices." *Journal of Comparative Economics* Vol. 33, No. 2 (2005), pp. 401−420.

Yörük, Baris K., and Osman Zaim. "The Kuznets curve and the effect of international regulations on environmental efficiency." *Economics Bulletin* Vol. 17, No. 1 (2006), pp. 1−7.

Zheng, Jinghai, Xiaoxuan Liu, and Arne Bigsten. "Ownership structure and determinants of technical efficiency: An application of data envelopment analysis to Chinese enterprises (1986—1990)." *Journal of Comparative Economics* Vol. 26, No. 3 (1998), pp. 465−484.

Zheng, Jinghai, Arne Bigsten, and Angang Hu. "Can China's growth be sustained? A productivity perspective." *World Development* Vol. 37, No. 4 (2009), pp. 874−888.

Zheng, JingHai, Yuning Gao, Ning Zheng, "Provincial Productivity in China: accounting for Environmental factors", 19th Annual Conference of the CEA — Chinese Economic Association 2008 "China's Three Decades of Economic Reform (1978−2008)".

Zhengfei, Guan, and Alfons Oude Lansink. "The source of productivity growth in Dutch agriculture: A perspective from finance." *American Journal of Agricultural Economics* Vol. 88, No. 3 (2006), pp. 644−656.

后　记

　　作为一个读书人，我一直对于写书和出书怀有一种敬畏之心。这是我出的第一本学术著作，也是这么多年来做研究的一个总结。就想把自己做研究的一些历程和心得总结一下。

　　我真正开始做学问应该从 2002 年到武汉大学读博士开始。经历三年的工作之后，再以学生的身份回到学校，重新跟随我的导师颜鹏飞教授进行经济学的研究和学习。工作之后重新坐在教室里听课，使得我备感时间的宝贵和经济学知识海洋的博大。从进入武汉大学攻读博士的第一天起，颜老师便要求我阅读最新的外国文献，立足经济学研究的前沿。恰恰在这一年，武汉大学高级研究中心请了很多国外著名的经济学家来讲学，极大地点燃了我的学术热情。我开始阅读经济学顶尖的杂志如 AER、QJE、JPE 等，不断地寻找自己的研究方向和兴趣。在 AER 上我找到了论文"Technological Change, Technological Catch—up and Capital Deepening：Relative Contributions to Growth and Convergence"。但这篇论文我一直看了大半年才完全弄明白，尤其是对论文里的效率和生产率的方法数据包络分析很感兴趣。就尝试着将这个方法应用到研究中国经济可持续增长中，经过一年左右的写作，论文《技术效率、技术进步与生产率增长：基于 DEA 的实证分析》先后入选 2004 年 7 月在北京大学中国经济研究中心的第一届"发展经济学论坛"，以及 2004 年 12 月在南开大学举办的第四届中国经济学年会，最终发表在《经济研究》2004 年第 12 期，这是国内较早的将数据包络分析应用到中国宏观经济增长中的文献之一。根据中国期刊全文网的统计，目前该论文已经被引用 600 多次。2007 年，获得了由暨南大学资助到国外访问的机会。我通过邮件与澳大利亚西澳大学研究生产率的专家吴延瑞教授联系，说明希望去访问的愿望。吴教授让我将研究成果发给他,很快就收到了吴教授的邀请函。由于孩子的出生,在澳大利亚仅仅待了三个月,这三个月给了我很大的收获,不仅收获了与吴教授的友谊和学术合作关系,而且对我做学问的理念有很大的影响。

我对做学问的理念是专注、前沿、精品和人文关怀。这些年来,我一直专注于效率和生产率领域的研究,尤其是数据包络分析的应用和发展。只有专注于某一领域才能形成自己的特色,从而在自己的研究领域内具有一定的学术地位。我一直关注目前学术研究的最新动态和成果,对前沿的追求不仅可以与国际同行进行交流,而且可以实现自己的突破。如果说早期的研究是简单地将国外的研究方法运用到中国,目前已经开始对这些方法进行改进。2010年发表在《经济研究》的论文《中国区域环境效率与环境全要素生产率增长》就是对SBM模型进行了改进,并将其运用到中国区域的环境效率和环境全要素生产率的研究中。该文获得了2010—2011年度广东省哲学社会科学优秀成果奖二等奖。我对自己做学问的要求是不追求数量,如果没有好的想法宁可不写,也不能发表低档次的论文。作为哲学社会科学研究者,我认为研究应当具有人文关怀精神,应当关注对社会和国家发展有重大影响的问题。从2008年起,我开始关注环境和能源问题,代表作《环境管制与全要素生产率增长:APEC的实证研究》发表在《经济研究》2008年第5期,在由中国社会科学院经济学部、科研局和国际合作司主办的"思想的光芒——2009中国青年经济学者论文征集活动",获得"2009中国青年经济学者优秀论文奖",并获得2008—2009年度广东省哲学社会科学优秀成果奖二等奖。

本书包含了我的许多合作者的贡献,包括我的导师颜鹏飞教授、吴延瑞教授以及我的学生卢金勇、王丽、王昆、程仁、张技辉、肖海林。具体来说第一章(王兵)、第二章、第三章(王兵、吴延瑞、颜鹏飞)第四章(王兵、王丽)第五章(王兵、张技辉)、第六章(王兵、程仁)、第七章(王兵、卢金勇)、第八章(王兵、王昆)、第九章(王兵、肖海林),感谢他们在合作研究中贡献他们的智慧和辛勤的劳动。颜老师还在百忙之中欣然为本书作序,当我收到颜老师的邮件时,显示发出的时间是凌晨一点多,老师对学生的关爱也将激励我在今后的学术道路上继续奋进。也感谢唐文狮同学在格式和文字编辑中出色的工作。本书也得到了中央高校基本科研业务费专项资金（暨南远航计划：12JNYH002）、新世纪优秀人才支持计划（NCET—110856）、广东省人文社科重点研究基地暨南大学资源环境与可持续发展研究所项目（2012JDXM_0009）、广东省学科发展专项基金理论经济学学科的资助。本书能够较快地得以出版，离不开人民出版社宰艳红女士认真和高效的工作。我也要感谢暨南大学各级领导和经济学系各位老师对我工作的支持和关心。

最后，我要把本书献给我的父亲和母亲，感谢他们任劳任怨地对我和两个弟弟的教育和培养！我要把本书献给我的岳父和岳母，感谢他们对我和我们全家无私地付出和关爱！我要把本书献给我亲爱的妻子和可爱的儿子，感谢他们对我生活无微不至地关心和照顾，对我研究工作的支持和理解！

王兵

于暨南园

2013 年 5 月 24 日

责任编辑:宰艳红
封面设计:黄桂月
责任校对:吕　飞

图书在版编目(CIP)数据

环境约束下中国经济绩效研究:基于全要素生产率的视角/王兵 著.
　-北京:人民出版社,2013.6
ISBN 978－7－01－012245－8

Ⅰ.①环…　Ⅱ.①王…　Ⅲ.①环境管理-关系-中国-经济-经济增长-研究　Ⅳ.①X321.2②F124.1

中国版本图书馆 CIP 数据核字(2013)第 135467 号

环境约束下中国经济绩效研究

HUANJING YUESHU XIA ZHONGGUO JINGJI JIXIAO YANJIU

——基于全要素生产率的视角

王　兵　著

人 民 出 版 社 出版发行
(100706　北京市东城区隆福寺街 99 号)

北京中科印刷有限公司印刷　新华书店经销

2013 年 6 月第 1 版　2013 年 6 月北京第 1 次印刷
开本:710 毫米×1000 毫米 1/16　印张:20.5
字数:270 千字

ISBN 978－7－01－012245－8　定价:48.00 元

邮购地址 100706　北京市东城区隆福寺街 99 号
人民东方图书销售中心　电话 (010)65250042　65289539